安全生产应急演练实务

广东省安全生产应急救援指挥中心
华南理工大学安全科学与工程研究所　编著

U0263278

科学出版社

北　京

内 容 简 介

本书详细介绍了安全生产应急演练实施与开展各个方面的内容。全书分为 9 个部分,主要包括:安全生产应急演练的概念与分类、国外应急演练现状与启示、应急演练活动组织与策划、应急演练组织实施、应急演练评估、应急演练总结与善后、模拟演练与相关案例。

本书可供安全生产应急管理与应急救援的从业人员及相关领域的技术人员使用,也可作为高等院校安全工程、应急管理及相关专业的参考教材。

图书在版编目(CIP)数据

安全生产应急演练实务/广东省安全生产应急救援指挥中心,华南理工大学安全科学与工程研究所编著.—北京:科学出版社,2011
　ISBN 978-7-03-031462-8

　Ⅰ.①安…　Ⅱ.①广…②华…　Ⅲ.①安全生产-突发事件-处理　Ⅳ.①X93

　中国版本图书馆 CIP 数据核字(2011)第 107627 号

责任编辑:匡　敏　朱晓颖　雷　旸 / 责任校对:张小霞
责任印制:吴兆东 / 封面设计:迷底书装

科学出版社 出版
北京东黄城根北街 16 号
邮政编码: 100717
http://www.sciencep.com
北京建宏印刷有限公司印刷
科学出版社发行　各地新华书店经销
＊
2011 年 6 月第　一　版　开本:720×1000　1/16
2024 年 7 月第八次印刷　印张:16 1/4
字数:320 000
定价: 78.00 元
(如有印装质量问题,我社负责调换)

编写委员会

主　　编　章云龙

副 主 编　陈国华

编写人员　王　强　陈建国　徐　鹏

　　　　　钟东江　周永才　余　勇

　　　　　王新华　谭小群

序

　　安全生产应急演练是安全生产应急管理工作中的关键环节，也是安全生产工作的重要组成部分，主要包括应急演练准备、应急演练实施、应急演练评估与总结三个部分，其根本目的是通过科学的策划和合理的行动提高应急人员的应急救援能力和生产经营单位的应急处置水平。全面加强落实安全生产应急演练工作，可以有效地完善应急预案的不足，增强相关人员的事故防范和救援意识，提高应急部门和机构应对各类突发生产安全事故灾难的能力，最大限度地避免和减少事故造成的伤亡和损失，对加快生产经营单位的稳定发展、促进安全生产形势的根本好转、实现"无急可应、有急能应"的新局面具有重要的意义。

　　发达国家的经验表明，有效的应急救援系统可将事故损失降低到无应急救援系统的 6%，而应急演练又是提高应急救援能力、完善应急救援系统的有效途径。面对突发性、灾难性的生产安全事故，许多国家和地区纷纷通过完善应急演练体系来提高应对突发生产安全事故灾难的能力。自 2003 年以来，我国也加大了应急管理和演练工作力度，这也是应对当前安全生产形势，保障各单位正常生产经营、区域经济稳定发展、社会安全与稳定的必由之路。广东省人民政府、广东省安全生产监督管理局历来高度重视安全生产工作，始终坚持"以人为本、安全发展"的理念和"安全第一、预防为主、综合治理"的方针，全方位、全过程狠抓安全生产，近年来更加注重安全生产应急演练工作的落实与开展。加快安全生产应急演练体系建设，提高各类生产安全事故应急处置水平，对促进广东省安全生产形势稳定好转发挥了重要作用。

　　安全生产应急演练的开展，是普及应急救援知识、建设高素质应急救援队伍的有效手段，为此，广东省安全生产应急救援指挥中心组织编写了《安全生产应急演练实务》教材。该书结合政府对安全生产应急管理工作的重视及应急演练形势，紧紧围绕提高安全生产应急救援能力和加强应急人员素质建设，从安全生产应急演练实施情况和相关内容出发，阐述了安全生产应急演练的基本概念、分类方法、国外演练现状及对我国的启示，明确了安全生产应急演练的内容、组织机构、策划过程，介绍了安全生产应急演练的组织实施程序及应注意的关键问题，详细分析了安全生产应急演练的各种评估方法，为及时有效地得出演练评估结果提供了具体措施，并结合典型案例介绍了安全生产应急演练的具体实施过程等，涵盖了安全生产应急演练的各个环节。

该书将安全生产应急演练工作过程中的各项内容具体化，不仅具有科学性和指导性，更突出了可操作性，是学习安全生产应急演练科目的参考教材，也是安全生产应急管理人员、安全生产工作者以及其他相关人员的知识读本。相信该书的出版必将对推动安全生产应急演练工作的有效开展、完善应急预案的针对性与实用性、增强从业人员的应急素质、提高管理部门和机构的应急救援能力、加强安全生产应急管理工作起到积极的推动作用。

广东省安全生产监督管理局局长

2011 年 4 月

前　　言

重大生产安全事故频繁发生，严重阻碍着我国经济社会的发展和稳定。近年来，各级政府不断加强应急管理工作力度，生产安全事故带来的影响和损失有所控制，但其造成的后果依然严重。对安全生产应急演练的重视，直接影响到突发生产安全事故的应急救援是否及时、有效，事故造成的损失和影响能否降到最低。

我国从 2003 年开始启动了总体应急预案的编制工作，并强调应急演练工作的重要性，为贯彻落实国家关于加强生产经营单位安全生产工作的相关指示精神，加强对生产经营单位安全生产应急演练工作的指导，增强生产经营单位应对突发生产安全事故的能力，2009 年国家安全生产监督管理总局发布了《安全生产应急演练指南》（征求意见稿），2011 年 4 月国家安全生产监督管理总局批准通过《生产安全事故应急演练指南》（报批稿），以安全生产行业标准（AQ/T 9007—2011）形式公布并且自 2011 年 9 月 1 日起实施。在全国各地特色工业园区蓬勃发展、生产经营单位竞争与合作并存的背景下，针对生产经营单位突发事故应急处置，探索有效开展应急演练模式和绩效评估手段，提高生产经营单位应对突发生产安全事故的能力，是坚持"以人为本"和"预防为主"科学发展观的必然要求。为此，广东省安全生产应急救援指挥中心组织编写了《安全生产应急演练实务》一书，主要从演练现状、演练准备、演练策划与实施、演练评估总结等各个方面对安全生产应急演练进行了详细阐述，目的在于为生产经营单位安全生产应急演练活动的实施提供参考，对生产经营单位顺利开展应急演练活动、提高应急救援能力起到良好的推动作用。

本书对安全生产应急演练的实施细则、实施过程、策划方案和内容以及演练实施应注意的问题等各个方面进行了详细的阐述，以对我国各级政府及生产经营单位举行应急演练活动提供有效参考和指导作用。同时，本书结合相关实际应急演练案例分析及演练实施方案等内容，使参考者能够更加清晰地了解应急演练的策划和实施过程，进而有效地组织演练活动。

本书的编辑出版得到了广东省安全生产应急救援项目资助。具体的编写分工如下：广东省安全生产应急救援指挥中心的章云龙、王强、余勇和华南理工大学安全科学与工程研究所的陈国华、王新华、谭小群编写了第1、2、4～7章及第9章部分内容，清华大学陈建国博士编写了第3章，广东省信息工程有限公司钟东江高级工程师、广州市红鹏直升机遥感科技有限公司徐鹏总经理和周永才高级工程师编写了第8章及第9章的部分内容。中山大学梁栋教授、暨南大学卢文刚主任对本书的编写提出了宝贵建议。全书由广东省安全生产应急救援指挥中心章云龙主任和华南理工大学陈国华教授统稿。在编写过程中，参考了国内外相关专著、教材和文献资料，在此谨致以衷心的感谢！

由于编写时间仓促，编者水平有限，书中难免存在疏漏和不足之处，恳请读者批评指正。

编　者

2011年4月

目　　录

1 绪 论

安全生产是经济发展和社会进步的永恒话题。安全生产应急管理是安全生产工作的重要组成部分，全面加强安全生产应急管理工作、提高应对各类生产安全事故的能力、避免和减少事故造成的伤亡和损失，对促进安全生产形势的根本好转具有十分重要的意义。

近年来，经过各方的共同努力，我国安全生产状况趋于稳定好转，但由于我国正处在工业化加速发展阶段，仍处于生产安全事故的"易发期"，事故伤亡数量大，重特大事故时有发生，安全生产形势依然严峻。仅 2010 年，全国发生各类事故 363 383 起，死亡 79 552 人，其中，煤矿事故起数和死亡人数分别为 1403起、死亡 2433 人。因此，完善安全生产应急管理体系、健全应急管理机构以及全面加强应急管理工作显得尤为重要和迫切。

在当前严峻的安全生产形势下，我国通过应急救援预案的制订和救援队伍的建设大大降低了事故造成的损失。例如，2008～2009 年，全国矿山应急队伍处置矿山事故 5413 起，抢救生还 2556 人；危险化学品救援队伍处置各类事故7844 起，抢救遇险人员 3293 人，疏散 28 692 人。公安消防部队处置火灾 30.1万起，抢救人员 100 241 人；处置危险化学品泄漏等事故 11.3 万起，抢救和疏散 22.9 万人。2010 年，全国矿山救护队抢救遇险矿工 11 167 人，危险化学品救援队伍抢救遇险者 17 514 人，公安消防部队接警出动 58.9 万起，疏散和抢救遇险被困者 16 万余人。鉴于目前依然严峻的安全生产形势，我国安全生产应急救援组织体系尚需要进一步完善，应急救援工作任重道远。

随着安全生产应急管理工作的加强，安全生产应急演练逐步受到政府部门和生产经营单位的重视。应急演练则是加强安全生产应急救援队伍建设、提高应急人员素质和应急能力的重要措施，是提高事故防范和处置水平的重要途径。

1.1 基本概念

1.1.1 突发事件

根据《中华人民共和国突发事件应对法》（自 2007 年 11 月 1 日起施行），突发事件是指突然发生，造成或者可能造成严重社会危害，需要采取应急处置措施予以应对的自然灾害、事故灾难、公共卫生事件和社会安全事件。

1. 突发事件的特征

突发事件种类繁多，每个突发事件都以不同形式呈现于日常生产、生活过程中，对人们的生命财产和生存环境造成不同程度的伤害和破坏。在呈现差异性的同时，突发事件仍具有如下共同特征：

（1）突发性。突发性是突发事件的主要特征，突发事件能否发生，于何时、何地、以何种方式爆发以及爆发的程度等情况，人们都始料未及，难以准确把握。突发事件从始至终都处于不断变化过程当中，事件的起因、规模、变化方向、影响因素、形态和后果往往毫无规则，事件瞬息万变，不能事先准确预测和确定。正是这种突发性，使得突发事件预防机制的建立困难重重。

（2）紧迫性。突发事件的发生突如其来或者只有短时预兆，事态发展迅速，必须立即采取非常态的紧急措施加以处置和控制，否则将会造成更大的危害和损失。如危险化学品泄漏、火灾爆炸等事故发生后，若不及时采取措施则可能造成更大的生命财产损失和环境污染，须迅速响应，立即采取紧急措施，控制事态发展。

（3）严重性。突发事件的发生往往会导致人员伤亡、财产损失和环境破坏，具有较大危害，而且这种危害还体现在社会公众领域，事件本身会迅速引起公众关注，进而渗透到社会的各个层面，造成公众心理恐慌和社会秩序混乱。突发事件的危害范围和破坏力越大，造成的影响和后果就越严重。

（4）社会性。突发事件可能是地震、海啸等自然原因造成的，也可能是火灾、爆炸等技术原因造成的，也可能是流感、瘟疫等公共卫生原因造成的，也可能是暴乱、民族冲突等社会原因造成的，等等。尽管突发事件的起因千差万别，但有一点是相同的，即其作用对象不是个人，而是社会公众，至少是一个特定单位或区域内的一群人。因此，防范突发事件需要公众支持和参与。

2. 突发事件的分类

科学严谨地对突发事件进行分类，有利于明确责任分工，进而制定相应的应急预案，以便在突发事件袭来之时从容应对，将事件带来的损失和影响控制在最小范围内。

突发事件的分类有多种形式，按突发事件形成原因可分为由于自然界不可抗拒力量形成的自然型突发事件和由于人为原因形成的人为型突发事件；按突发事件发生的行业领域可分为军事突发事件、经济突发事件和突发公共卫生事件等；按突发事件影响范围可分为突发国际事件和突发国内事件；按突发事件的发生过程、性质和机理可分为自然灾害、事故灾难、公共卫生事件和社会安全事件四类。

按突发事件的发生过程、性质和机理分类时具体内容包括：

（1）自然灾害。自然灾害是指由于自然因素引发的与地壳运动、天体运动、气候变化有关的灾害，主要包括水旱灾害、气象灾害、地震灾害、地质灾害、海洋灾害、生物灾害和森林草原火灾等。

（2）事故灾难。事故灾难是指由于人类活动或者人类发展所导致的计划之外的事件或事故，主要包括工矿商贸等企业的各类安全事故、交通运输事故、公共设施和设备事故、环境污染和生态破坏事件等。

（3）公共卫生事件。公共卫生事件是指由细菌病毒引起的大面积疾病流行事件，主要包括传染病疫情、群体性不明原因疾病、食品安全和职业危害、动物疫情，以及其他严重影响公众健康和生命安全的事件。

（4）社会安全事件。社会安全事件是指由人们主观意愿产生、危及社会安全的事件，主要包括恐怖袭击事件、经济安全事件和涉外突发事件等。

3. 突发事件的分级

根据《国家突发公共事件总体应急预案》，各类突发公共事件按照其性质、严重程度、可控性和影响范围等因素，一般分为四级：Ⅰ级（特别重大）、Ⅱ级（重大）、Ⅲ级（较大）和Ⅳ级（一般）。其中，社会安全事件不分级，这是因为社会安全事件不同于其他三类突发事件，其演进呈现出非线性特点。

突发事件分级规定了我国各级人民政府对突发事件的管辖范围。我国政府的行政级别越高，所掌控的应急资源越多，处理突发事件的能力就越强。一般和较大的突发事件分别由县级和地级人民政府领导，重大突发事件由省级人民政府领导，特别重大的突发事件由国务院统一领导。突发事件等级与响应主体的关系如表1-1所示。

表 1-1　突发事件等级与响应主体的关系

等级 / 响应主体	Ⅰ级（特别重大）红色	Ⅱ级（重大）橙色	Ⅲ级（较大）黄色	Ⅳ级（一般）蓝色
国家	√			
省级	√	√		
市级	√	√	√	√
县级	√	√	√	√

同时,《国家突发公共事件总体应急预案》还规定了突发事件的预警级别。预警级别依据突发公共事件可能造成的危害程度、紧急程度和发展势态,一般划分为四级: I 级 (特别严重)、Ⅱ 级 (严重)、Ⅲ 级 (较重) 和Ⅳ 级 (一般),依次用红色、橙色、黄色和蓝色表示。

(1) 红色预警 (I 级)。预计将要发生特别重大的突发公共事件,事件会随时发生,事态在不断蔓延。

(2) 橙色预警 (Ⅱ 级)。预计将要发生重大以上的突发公共事件,事件即将临近,事态正在逐步扩大。

(3) 黄色预警 (Ⅲ 级)。预计将要发生较大以上的突发公共事件,事件即将临近,事态有扩大的趋势。

(4) 蓝色预警 (Ⅳ 级)。预计将要发生一般以上的突发公共事件,事件即将临近,事态可能会扩大。

突发公共事件的等级与预警级别关系密切,但并不是完全对应关系。有时发出特别严重(红色)预警,而实际上发生的却是较大突发事件(Ⅲ级)。因此,突发公共事件发生期间,应随时关注事件预警的变化,采取相应的对策和措施。

1.1.2 生产安全事故

按照国家安全生产监管总局《关于生产安全事故认定若干意见问题的函》(政法函〔2007〕39号)的规定,《安全生产法》所称的生产经营单位,是指从事生产活动或者经营活动的基本单元,既包括企业法人,也包括不具有企业法人资格的经营单位、个人合伙组织、个体工商户和自然人等其他生产经营主体;既包括合法的基本单元,也包括非法的基本单元。《安全生产法》和《生产安全事故报告和调查处理条例》所称的生产经营活动,既包括合法的生产经营活动,也包括违法违规的生产经营活动。

根据《安全生产法》和《生产安全事故报告和调查处理条例》的规定,生产安全事故是指生产经营单位在生产经营活动中发生的造成人身伤亡或者直接经济损失的事故。

生产安全事故应同时具备三个条件:

(1) 事故发生在生产经营活动中。不属于生产经营活动中的安全问题都不属于生产安全事故。

(2) 事故有人为因素的作用。即由于措施不力或行为不当造成的事故。

(3) 事故造成了直接后果。即事故直接导致了人身健康、生命安全和经济财产方面的伤害和损失。

1.1.3 生产安全事故应急预案

生产经营活动中存在许多不确定因素，生产经营过程中的生产安全事故不可能完全避免，因此，制定生产安全事故应急预案，组织及时有效的应急救援行动，可以控制和降低事故造成的后果和影响。

1. 应急预案的概念

应急预案，又称"应急计划"或"应急救援预案"，是针对可能发生的事故，为迅速、有序地开展应急行动、降低人员伤亡和经济损失而预先制定的有关计划或方案。它是在辨识和评估潜在重大危险、事故类型、发生可能性及发生过程、事故后果及影响严重程度的基础上，对应急机构职责、人员、技术、装备、设施、物资、救援行动及其指挥与协调方面预先做出的具体安排。应急预案明确了在事故发生前、事故过程中以及事故发生后，谁负责做什么，何时做，怎么做，以及相应的策略和资源准备等。

安全生产应急救援预案即针对生产安全事故而编制的抢险救援方案。

应急预案主要包括三方面内容：

（1）事故预防。通过危险辨识、事故后果分析，采用技术和管理手段降低事故发生的可能性；或将已经发生的事故控制在可控范围，预防次生、衍生事故的发生。

（2）应急处置。一旦发生事故，通过应急处置程序和方法，可以快速反应并处置事故或将事故消除在萌芽状态。

（3）抢险救援。通过编制应急预案，采用预先的现场抢险和救援方式，对人员进行救护并控制事故发展，从而减少事故造成的损失。

2. 应急预案的目的和作用

应急预案是应急救援不可缺少的组成部分，是及时、有序、有效地开展应急救援工作的重要保障。在目前安全生产条件下，突发事故危害不可能完全避免，完善的应急预案可以避免小事故的发生、控制重大事故发生发展并作出及时处理。应急预案的目的和作用体现在以下四个方面：

（1）通过危险性分析，采取各种有效措施，消除事故隐患，预防事故发生；

（2）提高事故风险防范意识，采取各种有效措施，完善预测预警工作机制，提高应急响应能力；

（3）针对可能发生的事故制订应对工作方案，明确各部门工作职责，有效控制事态发展；

（4）完善应急工作协调机制，做好人力资源、应急救援装备、应急救援技术等工作准备，有效开展应急处置，减少人员伤亡和财产损失。

3. 应急预案的分类

应急预案根据不同标准可以分为不同的种类。按责任主体分为国家应急预案、省（区、市）应急预案、市（地）应急预案、县（市）应急预案、企事业单位（社区）应急预案；按预案功能分为总体应急预案、专项应急预案、现场应急处置方案。

总体应急预案是指国家或者某个地区、部门、单位为应对所有可能发生的突发公共事件而制定的综合性应急预案。如《国家突发公共事件总体应急预案》、《广东省突发公共事件总体应急预案》等。

专项应急预案是指国家或者某个地区、部门、单位为应对某类突发公共事件或者为发挥某项重要功能而制定的应急预案。专项预案通常作为总体预案的组成部分，如《国家处置电网大面积停电事件应急预案》等。

现场应急处置方案是针对具体的装置、场所或设施、岗位所制定的应急处置措施，如石化企业储罐泄漏着火现场处置方案等。

4. 应急预案的要求

《生产安全事故应急预案管理办法》（国家安全生产监督管理总局第 17 号令）中提出了编制应急预案的基本要求。编制应急预案要遵循一定的编制程序，同时应急预案内容也应满足针对性、科学性、可操作性、完整性、符合性和相互衔接性等要求。

1.1.4 安全生产应急演练

应急演练是指各级政府部门、企事业单位、社会团体，组织相关应急人员与群众，针对特定的事故情景，按照应急预案所规定的职责和程序，在特定的时间和地域，模拟开展的预警行动、事故报告、指挥协调、现场处置等活动。事故情景（又称情景事件）指针对生产经营过程中存在的危险源或危险、有害因素而设定的事故状况（包括事故发生的时间、地点、特征、波及范围以及变化趋势等）。

安全生产应急演练（以下简称应急演练）指生产经营单位针对生产经营活动中的各类生产安全事故，根据安全生产应急预案进行的应急演练活动。

应急演练是各类事故及灾害应急准备过程中的一项重要工作，它对于评估应急准备状态、检验应急人员实际操作水平、发现并及时修改应急预案中的缺陷和不足等具有重要意义,适用于各个行业的企事业单位。

应急演练是对实际突发事件应急救援过程的模拟,包括常规的应急处置流程和设定的关键事件等。应急救援演练的目的是为了检验应急救援预案、应急装备、应急基础设施、后勤保障等,从而发现问题和薄弱环节,提高预案的可操作性及应急反应能力。

应急演练类型多种多样,较为典型的有桌面演练、功能演练和全面演练三种。不同类型的应急演练在演练功能、组织形式、目的目标等方面各有特色,但在演练组织实施过程中在演练内容、情景、评价方法等方面都必须满足一些共性要求,主要体现在以下六个方面。

(1) 遵守法律,依法实施。应急演练必须遵守国家和地方的相关法律、法规、标准和应急预案规定,依法实施演练活动。

(2) 领导重视、科学计划。开展应急演练工作必须得到有关领导的重视并给予资金、人员等方面的支持,必要时有关领导应参与演练过程并扮演与其职责相当的角色。演练策划人员对演练目标、演练内容、演练情景等事项进行精心策划、科学安排。

(3) 结合实际、突出重点。应急演练应结合预先设定的生产安全事故情景事件的特点,根据应急准备工作的实际情况进行。演练应重点检验应急过程中应急准备、应急响应、指挥决策、协调联动和应急救援等功能。

(4) 周密组织、统一指挥。演练组织人员必须制定并落实演练目标的具体措施,各项演练活动应在应急演练领导小组的统一指挥下实施。

(5) 由浅入深、分步实施。应急演练应遵循由下而上、先分后合、分步实施的原则,大型全面演练应以若干次桌面演练和功能演练为基础。

(6) 讲究实效、注重质量。应急演练机构要精简,工作程序要简明,各类演练文件要实用。

1.2 安全生产应急演练的产生背景

1.2.1 国际安全生产形势

(1) 生产安全事故带来的危害。根据 2011 年 1 月国际劳工组织发布的全球就业趋势报告及 2009 年 4 月国际劳工办公室公布的《国际生产安全健康工作日报告》,目前全世界就业总人数约 31 亿人,每年因生产安全事故及相关职业病造成的死亡人数约 230 万人，由此引发的财产损失、赔偿、工作日损失、生产中断、培训和再培训、医疗费用等损失，约占全球国内生产总值的 4%。

（2）安全生产与工业文明的关联。目前世界各国普遍采用从业人员 10 万人死亡率和单位国内生产总值事故死亡率两个指标来反映国家地区或某行业的安全情况。如果这些指标居高不下，则意味着为经济的发展付出了高昂的生命代价。从从业人员 10 万人死亡率来看，1987 年以来世界各国均成下降趋势，但是各国情况很不均衡。发达工业化国家 10 万人死亡率普遍较低，2007 年平均值为 4 左右，其中英国在 1 以下；澳大利亚为 2；德国为 2.9；美国为 4.2；日本为 4.5。发展中国家一般在 10 以上，其中巴西为 15 左右，非洲等经济相对落后国家则更高。从单位国内生产总值事故死亡率来看（以人民币计算），英国为 0.02；日本为 0.05；美国、澳大利亚、法国均为 0.04～0.06。由以上数据分析得出，一个国家或地区的安全生产状况与其工业文明所处的阶段有关。英国、美国、法国、日本等发达工业国家，生产力发展水平较高，处于工业文明高级阶段，其安全生产状况较好；亚非等经济相对落后国家，生产力发展水平普遍较低，处于工业文明初级阶段，其安全生产状况相对恶劣。

1.2.2　国内安全生产形势

从全国安全生产形势看，现在经济快速发展，道路纵横交错、车船星罗棋布，给安全生产带来了挑战。2003 年以前，事故起数和死亡的总人数呈上升趋势，2003 年开始略有下降。2003 年比 2002 年事故总起数下降 11%，死亡人数下降 1.9%；2004 年比 2003 年事故起数下降 15.7%，死亡人数下降 0.2%。近年来，全国生产安全事故总量和伤亡人数持续下降，2005 年共发生各类伤亡事故 717 938 起，死亡 127 089 人；2006 年共发生事故 627 158 起，死亡 112 822 人；2007 年共发生事故 506 376 起，死亡 101 480 人；2008 年共发生事故 413 752 起，死亡 91 172 人；2009 年共发生事故 379 244 起、死亡 83 196 人；2010 年共发生各类事故 363 383 起，死亡 79 552 人。

从反映安全生产整体水平的四项相对指标来看，我国近年来均有所下降，但仍处于较高水平。与 2008 年相比，2009 年我国亿元 GDP 事故死亡率下降 16.7%；工矿商贸就业人员 10 万人事故死亡率下降 14.9%；道路交通万车死亡率下降 15.6%；煤炭百万吨死亡率首次降到了 1 以下，为 0.892，下降 24.5%。2010 年与 2009 年相比，反映安全生产整体水平的四项相对指标降幅均在 10% 以上，亿元 GDP 生产安全事故死亡率由 0.248 降到 0.201，降幅为 19%；工矿商贸十万就业人员生产安全事故死亡率由 2.4 降到 2.13，降幅为 11.3%；道路交

通万车死亡率由 3.6 降到 3.2，降幅为 11.1%；煤矿百万吨死亡率由 0.892 降到
0.749，降幅为 16%。危险化学品、金属与非金属矿山、铁路交通、水上交通、
农业机械、渔业船舶及火灾等事故均有较大幅度下降。

虽然我国事故总量和伤亡人数呈下降趋势，但是事故总量大、伤亡人数多的
局面并没有得到根本性改变，安全生产形势依然严峻。

1.2.3　我国安全生产应急演练成因

当前，世界各地区和国家的安全生产状况差距悬殊，亚非等经济相对落后国
家的安全生产形势较欧美等发达国家严峻。在严峻的安全生产形势下，生产安全
事故后果往往会超出人们的承受能力。根本原因在于，事故发生后，生产经营单
位各部门人员不能够迅速、高效、有序地做出应急响应，员工不能及时撤离险
区，应急救援工作不能得到有效实施。要降低事故后果，重点在于预先做好准
备，提高应急处置能力，加强生产经营单位应急管理工作，而核心在于开展安全
生产应急演练。因此，根据安全生产的需要，定期开展应急演练需纳入生产经营
单位日常安全生产应急管理工作的范畴，这已成为应急管理体系不可缺少的内容
之一。通过应急演练，可以进一步提高生产经营单位应对突发事故的应急反应能
力，提高广大员工的防灾避灾意识，面临灾害能迅速有序安全撤离，最大限度地
减轻突发事故造成的损失，保障人民群众生命财产安全。

近年来，应急演练工作普遍受到重视，各行业生产经营单位积极组织开展应
急演练活动。但由于我国安全生产应急演练工作起步较晚，还处于探索阶段，存
在许多有待完善之处，如演练形式单一、内容不全面等。同时，我国安全生产应
急演练还未形成统一标准，应急演练工作还需要进一步探索和完善。

1.3　安全生产应急演练的地位

1.3.1　安全生产在国民生产中的地位

安全生产是安全和生产的统一，其宗旨是安全促进生产，生产必须安全。安
全是生产的前提条件，没有安全就无法生产。安全生产是国民生产良好稳定发展
的重要保证，主要体现在三个方面。

1) 安全生产是保障国民生产稳定发展的重要条件

安全生产关系到国家和人民生命财产安全，关系到人民群众的切身利益，关
系到千家万户的家庭幸福，每一次重大生产安全事故的发生不仅会打乱正常的生

产生活秩序，还会造成人员伤亡和财产损失，产生不良的社会影响，不仅直接影响生产经营单位的经济效益，还会引起群众恐慌和社会动荡。国民生产的良好发展需要稳定的社会环境，安全生产则是国民生产稳定发展的前提。

2）安全生产是企业管理的重要内容

我国宪法规定："在发展生产的基础上逐步提高劳动报酬，改善劳动条件，加强劳动保护。"加强劳动保护工作，搞好安全生产，保护劳动者的安全和健康，是我们党的一贯方针，是社会主义企业管理的一项基本原则。《安全生产法》规定："安全生产管理，坚持安全第一、预防为主的方针"、"生产经营单位必须加强安全生产管理，建立、健全安全生产责任制度，完善安全生产条件，确保安全生产"。生产经营单位在生产经营和管理过程中，要始终坚持安全生产的方针，以管理手段保证安全，在安全的基础上促进效益增长。

当前，我国已经把安全生产放在一个重要的位置来考虑，安全生产绝非仅仅是安全问题，已经上升为政治问题。生产经营单位日常管理要把安全管理放在首要位置，安全生产已成为生产经营单位日常管理工作中不可缺少的组成部分。

3）安全生产是生产经营单位自身发展的要求

"安全第一，预防为主，综合治理"是我国的安全生产方针，安全生产已上升到与生产经营单位经济效益发展同等重要的高度。良好的劳动条件、本质化的安全状态，才能更好地激发劳动者的生产积极性，促进生产经营单位的良好发展。因此，生产经营单位自身的良好快速发展需要以安全生产为保障。

1.3.2 应急预案在安全生产中的地位

生产经营活动中事故灾害不可能完全避免。应急预案是抵御风险、控制事故蔓延、降低危害后果的有效手段。应急预案在安全生产中的关键作用主要体现在以下四个方面。

1）应急预案是处理突发事件的核心依据

应急预案确定了应急救援的范围和体系，使应急管理不再无据可依、无章可循。尤其是培训和演练，培训可以让应急响应人员熟悉自己的职责，具备完成指定任务所需的相应技能；演练可以检验预案和行动程序，并评估应急人员的技能和整体协调性。

2）应急预案对降低事故后果至关重要

应急行动对时间要求十分敏感，不允许有任何拖延。应急预案预先明确了响应程序、应急各方的职责及应急准备工作。可以指导应急救援迅速、高效、有序地开展，将事故造成的人员伤亡、财产损失和环境破坏降到最低限度。

3）应急预案是应对各类突发生产安全事故的基础

编制生产经营单位的各类应急预案，可保证应急工作有章可循，对那些事先无法预料的突发事故，可以起到基本的应急指导作用，当发生超过本级应急能力的重大事故时，便于及时与省级、国家级等有关应急机构进行联系和协调。生产经营单位可以针对特定事故类别编制专项应急预案，并有针对性地制定应急措施、进行专项应急准备和演练，为应对突发生产安全事故奠定基础。

4）应急预案有利于提高风险防范意识

应急预案的编制，实际上是辨识生产经营单位重大风险和制定防御决策的过程，强调各方共同参与。预案的编制、评审以及发布和宣传，有利于生产经营单位各方了解可能面临的重大风险及其相应的应急措施，有利于促进生产经营单位各方提高风险防范意识。

因此，满足科学性和可操作性的应急预案是生产经营单位应对突发事故灾害的可靠依据，为生产经营单位降低突发生产安全事故后果提供了有力保障，应急预案已经成为生产经营单位安全生产必不可少的一部分，在生产经营单位安全生产与稳定发展中具有举足轻重的地位。

1.3.3 应急演练在保障应急预案实施中的地位

应急预案普遍存在三大问题：一是应急预案制定针对性、可操作性差，存在抄袭、拿来主义现象；二是应急预案内容不齐全，存在缺项漏项，造成应急准备难落实，如应急机构不严密，人员不到位，应急资金、物资、设备保障不落实等；三是应急预案维护不到位，不能及时更新，应急预案制定以后，往往被用来应付检查或者束之高阁。

应急预案的缺陷都需要通过应急演练来检验，通过应急演练找出该应急预案存在的问题，确认其是否具有实用性。由此可知，应急演练是应急预案可行的保证，它在保障应急预案及时有效实施中不可或缺。

开展应急演练工作后，可以根据演练的过程和结果，修改应急预案中不正确的地方，完善应急预案中的缺项漏项，使应急预案达到一旦发生突发事故可以起到应有的作用。应急演练是应急预案的演示，演练过程中所总结出来的经验可为应急预案的改进和完善提供依据。因此，应急预案的有效性和可操作性需要有应急演练的检验，才能在实战中发挥最大作用。

总之，安全生产应急演练的最终目的就是实现安全生产形势的稳定好转，减少生产安全事故造成的人员伤亡和财产损失，促进国民生产的良好发展。应急预案是实现安全生产的重要途径，而安全生产应急演练工作的有效实施是应急预案有效性的重要保障。因此，安全生产应急演练无论是在国民生产还是生产经营发展中，都具有重要地位。安全生产、应急预案、应急演练的关系如图 1-1 所示。

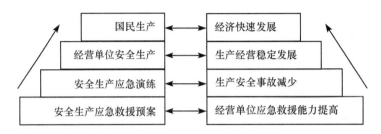

图 1-1 安全生产、应急预案、应急演练的关系

1.4 安全生产应急演练中存在的问题

当前很多生产经营单位已经开始开展生产安全事故应急演练工作，但由于我国的安全生产应急管理工作还处于起步阶段，而且安全生产应急演练的定义、目的、内容、程序、组织、实时监控与评估等方面尚未形成明确规定和标准，这就使我国应急演练中还存在许多问题，主要表现在以下五个方面。

（1）内容不够全面。首先是演练的领域比较狭窄，大多集中在自然灾害、事故灾难方面，较少拓展到其他领域。多集中在矿山、危险化学品等行业进行，对其他行业关注较少。其次是对可能出现的次生灾害重视不够，在演练设计上，较少把可能出现次生灾害等复杂情况纳入演练内容，准备预备方案。

（2）方式比较单一。有的片面追求演练层次高、场面大、综合性强、覆盖面广；有的未能根据本单位实际情况，分层次、有步骤组织演练，而是机械式照搬照抄，模式单一。例如，提高各级领导干部的组织指挥能力，不必每次都搞实战演练，可采取以会代训、图上模拟推演等方式进行；加强部门之间、军地之间的协调配合，不一定每次都搞场面宏大、非常热闹的形式，可采取桌面演练、功能演练等方式进行。

（3）保障不够健全。在组织筹划上，迫于形势发展需要、临时性安全问题、上级要求而组织应急演练，缺乏主动性和计划性；在经费保障上，缺乏财政预算，演练经费申请和筹措较为仓促；在人员组成上，缺乏专业的人才，多为临时指定人员负责演练工作。越是小型生产经营单位，保障不足的情况越突出，与实际需要相差甚远。

（4）实效性难以保证。演练大都按预先制订的应急方案组织实施，由于演练缺乏标准化的程序，导致演练缺乏严谨的策划和有力的组织，往往造成演练过程问题重重，缺乏真实性和有效性，存在比较严重的走过场现象。

（5）评估机制不完善。安全生产应急演练大多缺乏有效的演练评估机制，评估指标体系不完善，评估准则不科学，对演练绩效多采取定性化点评，而不是有依据、有数据、有分析的量化评估，难以准确、客观地反映演练的实际效果和水平。

综上所述，我国安全生产应急演练体系尚不完善，存在许多问题，如何解决这些难题使应急演练专业化、科学化、标准化，就要结合实战需要，不断改进演练形式，提高演练实效，真正实现由"演"到"练"的转变。

1.5 安全生产应急演练的作用

应急演练是通过培训、评估、改进等手段，提升应急能力，加强应急管理工作水平的有效途径。安全生产应急管理的改进是一个长期持续性过程。应急演练在此过程中可以发挥多方面的作用，主要包括六大方面，如图 1-2 所示。

图 1-2 应急演练的作用

（1）检验预案。检验预案涉及检验部门、单位、组织和个人对预案的熟悉程度，通过开展应急演练，可以发现应急预案中存在的问题，进而完善应急预案，提高应急预案的实用性和可操作性。

（2）完善准备。通过开展应急演练，检查应对突发事件所需应急队伍、物资、装备、技术等方面的准备情况，发现不足及时予以调整补充，做好应急准备工作。

（3）锻炼队伍。通过开展应急演练，增强演练组织单位、参与单位和人员等对应急预案的熟悉程度，提高应急人员在各种紧急情况下妥善处置突发事件的能力。

（4）磨合机制。通过开展应急演练，强化政府部门与生产经营单位、生产经营单位与生产经营单位、生产经营单位与救援队伍、生产经营单位内部不同部门和人员之间的协调与配合，进一步明确不同机构、人员的职责任务，理顺工作关

13

系，完善应急机制。

（5）科学研究。通过开展应急演练，可以发现突发事件的一些特定发展情景，根据演练研究出具有针对性的预防及应急处置的有效方法和途径。

（6）科普宣教。通过开展应急演练，促进公众、媒体对应急预案和应急管理工作的理解，普及应急知识，提高公众风险防范意识和自救互救等灾害应对能力。

1.6　安全生产应急演练的意义

无数生产安全事故案例警示我们：即使具备完善的应急预案和功能齐全的应急响应体系，如果缺乏有效的应急演练和有针对性的应急培训，同样会使应急救援行动效率低下或困难重重。从生产安全事故血的教训和应急救援实践中，总结得出应急演练的意义在于：

（1）应急演练是履行法定职责的根本需要。我国许多法律法规和规章都规定各级政府和生产经营单位要定期组织应急演练。《安全生产法》第五十条规定："从业人员应当接受安全生产教育和培训，掌握本职工作所需的安全生产知识，提高安全生产技能，增强事故预防和应急处理能力。"《危险化学品安全管理条例》（国务院令第 591 号）第七十条规定："危险化学品单位应当制定本单位危险化学品事故应急预案，配备应急救援人员和必要的应急救援器材、设备，并定期组织应急救援演练。"国家安监总局令第 17 号《生产安全事故应急预案管理办法》及省市出台的相关实施细则对应急演练也做出了明确规定。

（2）应急演练是有效防范事故的重要手段。应急演练是安全宣传教育的一种活动，也是安全培训的一种有效形式，更是安全生产的一项基础性工作。应急演练可以宣传安全基本知识，增强人们的安全意识，提高人们对安全的重视程度。同时，应急演练可以让人们掌握基本的应急技能，培训操作者熟练掌握安全操作技能和事故防范技能，从而降低事故后果严重度，提高事故发生初期的有效救援率，达到预防事故和防止事故扩大的根本目的。

（3）应急演练是提高应急行动成功率的有效措施。从根本上说，应急演练在增强应急人员应急自信心、提高应急人员对各种非常规情形的应急处置水平方面，在促进各类应急人员始终保持常备不懈的精神风貌、使各种应急资源处于良好备战状态方面，在提高应急组织和人员临战状态的统一性和协调性方面都具有十分重要的作用。人们通过有计划、有目的的演练，模拟各种险情，并保持一定频率的实战训练，可以提高应急人员的应急处置熟练程度，使应急人员懂得更多可能面临的紧急情况，掌握更多的应急技能，从而帮助应急人员克服在实际应急行动中的畏惧心理。通过应急演练，充分了解应急组织的备战状态和实战能力，检查各类应急装备、设施、物资的准备情况。还可以通过采取不定期抽查的方式，随机启动应急演练，暴露出常态下应急工作所存在的问题，使这些问题在突发事件真正发生前就得以解决。各级政府、有关部门和企事业单位使用这种随机抽查的方式，最容易暴露出应急预案和应急运行机制上存在的缺陷，掌握应急准备工作的实际状况。再者，通过应急演练来检查应急行动临战状态的响应状况和统一性、协调性，进一步明确各自的岗位与职责，增进各应急部门、组织和人员之间的配合，提高整体应急反应能力，提高应急行动成功率。

（4）应急演练是检验并健全应急支撑体系的内在要求。应急预案不能只停留在理论上，必须应用到实际应急行动中，通过应急演练，可以发现预案的漏洞，为修正和改进应急预案提供依据；通过演练，还可以发现应急管理体制、运行机制和法制存在的薄弱环节，发现应急救援支撑体系的不足进而不断完善。如某市在策划城市联合演练时，就发现所设定的事发单位危险化学品应急预案存在着重大缺陷，根本无法据此执行应急救援行动。再如，某生产经营单位结合演练对应急行动进行全面评估，发现在应急行动中由于缺少应急监控系统的支持，在发生危险化学品事故时，难以掌握事故现场的实际情况，无法对事件的发展方向做出比较准确的判断，还发现由于决策支持系统的运行速度太慢，难以保障决策指挥的有效实施；另外在实施具体行动时，发现由于应急通信系统不能实现整合衔接，导致应急指挥系统不能实现上下贯通，现场处置情况难以迅速传递等。通过演练对存在的问题提出解决方案，并促进生产经营单位生产安全事故应急救援系统提升。

（5）应急演练是增强社会风险防范意识，提高公众应急素质的良好方式。举行应急演练，从社会的角度上来说，就是对公众进行风险防范教育，帮助公众正确认识各种风险，理智应对风险，避免遇到紧急状况时出现恐慌心理的重要手段。

2 安全生产应急演练分类

安全生产应急演练可采用多种演练方法，如技术训练和技术比武、图上演练和沙盘演练、室内演练和室外演练、战术演练和战略演练、模拟演练和现场演练等。根据我国安全生产应急管理体制具体要求，按照组织方式及目标重点的不同，可将常用应急演练方式大致分为桌面演练、功能演练和全面演练三种类型。按照不同方式划分，安全生产应急演练具有不同的分类，应急演练一般分类如图 2-1 所示，本章主要介绍基于演练内容、形式、目的等分类方法，同时简要介绍除此之外的其他分类方法及相关内容。

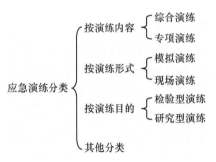

图 2-1 安全生产应急演练的分类

2.1 按演练内容分类

生产经营单位生产安全事故的应对包含预防准备、预测预警、应急响应、恢复处置等阶段，应对处置过程中的多项应急功能都是安全生产应急演练的内容。根据安全生产应急演练内容的不同，可以把应急演练分为综合演练和专项演练两类。

2.1.1 综合演练

1. 基本定义

综合演练是指针对安全生产应急预案中全部或者大部分应急功能，检验、评价应急救援系统进行整体应急处置能力的演练活动。综合演练要求应急预案所涉及的组织单位、部门都要参加，以检验他们之间协调联动能力，检验各个组织机构在紧急情况下能否充分调用现有的人力、物力等各类资源来有效控制事故并减轻事故带来的严重后果，确保公众人员人身财产安全。

如在某汽车总站进行的消防应急疏散综合演练，模拟车辆在停车场停放期间由于电线短路引起火灾事故情景，此项演练主要检验应急救援系统能否及时发现起火事故，立即向上级报告，迅速实施灭火扑救行动，组织人员和车辆疏散到安全区域，并结合现场情况收集相关数据，在演练结束后对其进行评估，检验评价应急系统的综合应急能力。这样一种过程综合、复杂的演练属于综合演练的范畴。

2. 工作内容

由于综合演练涉及较多的应急组织部门和各类资源，综合演练工作内容繁多，因此准备时间要求较长，主要包括：

（1）演练的申请和报批。应急演练组织单位需要提前向生产经营单位领导或政府相关部门提出演练申请，在得到批准回复后方可进行正式演练准备。

（2）演练方案的制定。要使演练活动顺利实施并达到预期效果，就必须在演练准备过程中制定完善的演练方案，保证演练过程按计划进行。

（3）参演组织协调合作。综合演练一般涉及多个应急组织单位或机构部门，各部门人员必须坚守自己的岗位，相互之间协调合作，才能保证演练活动稳定有序开展。

（4）演练资源的调用。综合演练涉及器材、设备等资源众多，演练过程中须确保所需的各类资源齐全。

（5）演练后期工作。演练结束后，需要对演练场所进行恢复处置，对演练结果进行评估。

3. 主要特点

安全生产综合演练的主要特点是综合性，演练由政企联动、部门协调进行，涉及环节多、规模大。综合演练是一种实操性实验活动，演练过程涉及整个应急救援系统的每一个响应要素，是最高水平的演练活动，能够系统的反映目前生产经营单位安全生产或区域应急救援系统应对突发重大事故灾难所具备的应急能力。综合演练所需动用的人力、物力、财力相当庞大，演练成本相对较高，因而不适合频繁开展。

同时，鉴于综合演练规模大和接近实战的特点，必须确保所有参演人员都已经过系统的应急培训并通过考核，确保演练保障措施全面到位，以有效保证参演人员安全及整个演练过程顺利完成。演练还需要成立评估小组，对演练过程和结果进行分析评估。演练完成后，除采用口头汇报、书面汇报以外，还应递交正式的演练总结报告给各参演单位和地方行政部门备案。

2.1.2 专项演练

1. 基本定义

专项演练是指为测试和评价应急预案中特定应急响应功能，或现场处置方案中一系列应急响应功能而进行的演练活动，注重针对一个或少数几个特定环节和功能进行检验。

专项演练除了可以像模拟实战一样在应急指挥中心内举行，还可以同时开展小规模的现场演练，调用有限的应急资源，主要目的是针对特定的应急响应功能，检验应急人员以及应急救援系统的响应能力。如在毒气泄漏情景下的应急疏散演练主要是检验应急救援系统能否根据现场检测采集的毒物数据，结合当地地理环境和气象条件制定合理的现场人员疏散策略，交付现场指挥人员落实，在演练预定的时间内把人员疏散到安全区域；又如，针对交通运输活动的演练，其目的是检验应急组织建立现场指挥所、协调现场应急响应人员和交通运载能力。

2. 工作内容

专项演练主要针对部分应急响应功能进行实施，演练侧重点明显，工作细致深入。演练主要内容包括：

（1）充分的准备工作。专项演练相对于桌面模拟演练来说，规模大，需要动用的资源多，通常需要安排较长的准备时间，且准备工作要有应急领域相关专家参与。准备的内容包括模拟器材、应急设备、演练计划等，必要时可以向上级政府或国家级应急机构提出技术支持请求。

（2）演练过程的有效实施。专项演练主要检验特定应急功能的响应水平，技术性强，整个演练过程需要应急演练相关专家亲自参与，参演人员具有事故处置经验，保证演练过程顺利进行。

（3）进行重点评估。专项演练要成立专门的演练评估小组，对演练过程进行详细记录并评估其结果，评估人员数量视演练规模而定。

3. 主要特点

专项演练的主要特点是目的明确、针对性强，演练活动主要围绕特定应急功能展开，无需启动整个生产经营单位或区域应急救援系统，演练的规模得到控制，这样既降低了演练成本，又达到了"实战"的演练效果。

演练结束后，除参演人员需要进行口头汇报外，须向生产经营单位领导层及地方行政部门提交演练活动的正式书面汇报，并针对演练中发现的问题提出整改建议。

2.2　按演练形式分类

根据安全生产应急演练形式的不同，可以把应急演练分为模拟演练和现场演练两种。

2.2.1　模拟演练

1. 基本定义

模拟演练是指应急救援系统内的指挥成员以及各应急组织负责人在约定的时间聚集在室内（一般是在应急指挥中心），设置情景事件要素，在室内设备或仪器（图纸、沙盘、计算机系统）上，按照应急预案程序模拟实施预警、应急响应、指挥与协调、现场处置与救援等应急行动和应对措施的演练活动。

模拟演练主要针对预先设定的事故情景，以口头交谈的方式，按照应急预案中的应急程序，讨论事故可能造成的影响以及应对的解决方案，并归纳成一份简短的书面报告备案。

案例1：青岛国际机场在2010年4月29日组织的航班大面积延误桌面模拟演练。此次演练在多次召开航班大面积延误研讨会和协调会的基础上，以新修订的《青岛机场航班大面积延误保障预案》为依据，针对因大雾天气导致大面积航班延误的事故情景，制订演练具体方案。演练模拟因大雾天气导致的5个备降航班（包括一个国际航班）将备降青岛，通过应急指挥中心的指挥调配，机场通信、安检、运输、服务、护卫等保障部门迅速行动，精心准备，密切配合，认真开展应急工作，保障机场秩序和群众安全。这次演练提高了机场航班大面积延误应急处置能力，强化了各保障部门之间业务工作衔接，规范了航班大面积延误处置流程，为进一步完善机场大面积航班延误保障预案，建立航班延误处置联动机制奠定了良好基础。

2. 工作内容

模拟演练最好提前一个月进行准备，准备的内容包括：

（1）确定能够容纳所有参演人员的室内场所；

（2）设定需要讨论的事故情景；

（3）准备模拟真实场景的道具、各种电子器材和其他辅助设备。

模拟演练过程中，参演人员围绕模拟场景，积极讨论，提出各种问题和见解，得出相应解决办法和措施。演练结束后，评估人员对演练结果进行评估总结，并整理成书面报告。

举行模拟演练的目的是：在友好、较小压力的情况下，提高应急救援系统中指挥人员制定应急策略、解决实际问题的能力，并解决应急组织在相互协作和权责划分方面存在的问题。在应急管理工作中，模拟演练经常作为大规模综合演练的"预演"。

3. 主要特点

模拟演练的最大优点是无须在真实环境中模拟事故情景及调用真实的应急资源，演练成本较低，有利于实现成本效益最大化。近几年，随着信息技术的发展，借助计算机技术、虚拟现实技术、电子地图以及专业的演练程序包等，在室内即能逼真地模拟多种类型的事故场景，将事故的发生和发展过程展示在大屏幕液晶显示屏上，大大增强了演练的真实感。

2.2.2 现场演练

1. 基本定义

现场演练是指事先设置突发事件情景及其后续发展情景，参演人员调集可利用的应急资源，针对应急预案中的部分或所有应急功能，通过实际决策、行动和操作，完成真实应急响应的过程，从而检验和提高相关人员的临场组织指挥、队伍调动、应急处置和后勤保障等应急能力的演练活动。现场演练与模拟演练不同之处主要体现在，现场演练通常在室外或者在可能发生情景事件的实际场所完成。

案例2：2010年4月1日下午，在广州召开的全国安全生产应急管理综合试点工作现场会期间，梅州市矿山救护队开展了梅花铁矿第一平峒工作平面发生火灾事故的应急救援现场演练活动。发生火灾后，随井下有毒气体浓度和温度升高、能见度低，部分巷道垮落，有两名矿工被困井下，着火地点和范围不明。接到事故报告后，矿山企业启动应急预案成立了抢险指挥部，组织救护队队员迅速赶到现场，讨论布置抢险路线、往返时间、携带设备、基地建立地点等注意事项后，分两分队按预定的计划，先后进入矿井内，通过互相配合协同工作，用最少的时间完成了救援。

本次演练过程中，整个演练时间控制在 7 分钟以内，达到了演练的应有效果，为实战事故处置最好了准备。通过本次现场演练，增强了对井下生产安全事故应急救援的能力，从而达到减少井下事故损失的目的。

案例 3：2010 年 5 月 12 日，宁夏石嘴山市惠农区境内组织了抗震救灾应急现场演练。演练模拟地面剧烈震动，当地居民房屋倒塌，人员被埋，道路、电路中断，供水、燃气管道断裂，出现停电、喷水、着火、氯气储存设施受损泄漏等严重险情的情景。现场应急指挥中心立即启动地震应急预案，火速组织抢险救援力量，全力投入救援抢险和医疗救护，同时，统计受灾情况，请求抢险支援。根据应急预案，医疗救护、道路抢险、供水设施抢修、燃气抢修、防化救援、电信、移动应急通信、电力设施抢险、公安消防应急警力等各支队伍也都迅速集结展开工作，从而保证了演练的圆满成功。

这次现场演练提高了政府机构应对地震灾害的能力和应急救援分队处置地震灾害能力，同时，增强了社会公众防灾减灾意识，提高了城市应急救援综合能力。

2. 工作内容

现场演练进行的是实战演练，在场人员不仅涉及参演相关工作人员，还可能包括现场群众以及路过之人。因此，现场演练的场面较大、真实、复杂，为保证演练的正常进行和现场秩序的稳定，需要进行充分准备，时间一般在三个月以上，其内容主要包括：

（1）设施设备的准备。现场演练需要准备大量设施，除了演练需要的应急器材、设备、人员配备以外，还包括维护现场秩序装备、保障生命财产设施等。

（2）演练工作的准备。现场演练准备过程包括演练的申请和报批、演练方案制订、演练计划安排及人员、资源分配等。

（3）善后工作的准备。演练结束后，必须对演练现场进行清理恢复，将演练设备整理归库；对演练进行总结，除口头、书面汇报以外，还需要将演练过程和结果制成一份正式的演练总结报告提交给上级各部门和各参演组织部门。这些都属于善后工作范畴，需要认真准备。

3. 主要特点

现场演练目的明确，针对性强，着眼于实战，实效性突出。现场演练情景逼真，氛围活跃，可以提高应急救援系统中的工作人员处理突发事件、解决实际问题的能力。现场演练亦能很好的发现应急预案中存在的问题以及应急体系在处理特定生产安全事故中的不足，通过现场演练能够完善预案、整改存在的问题，提高应急队伍的实战经验。

现场演练的最大优点是真实性、针对性和实效性，它不仅是完全模拟真实情景来布置和进行演练，更是将现实情况下可能发生的特定突发情况都考虑在内，这样就能够做到在突发事故发生时把损失降到最低。

但是，由于现场演练阵容庞大和过程复杂，所以大规模现场演练成本高，危险性大，不适合频繁举行。各级政府和生产经营单位需根据自身实际情况确定现场演练规模和演练频次，以小规模的现场演练为主。

2.3 按演练目的分类

生产经营单位为了提高生产安全性，通过开展安全生产应急演练活动，可以检验与评估应急预案、应急响应能力，总结安全生产相关问题的解决方法等。根据应急演练目的的不同，可以把应急演练分为检验型演练和研究型演练。

2.3.1 检验型演练

1. 基本定义

检验型演练是指为检验应急预案的可行性、应急准备的充分性、应急机制的协调性及相关人员的应急处置能力而组织的演练活动。

与专项演练一样，检验型演练也是用来检验应急人员和应急救援系统的响应能力，不同的是专项演练注重于测试和评价应急预案中的应急功能，检验型演练则侧重于验证应急预案、应急机制等是否具有实际可行性。

案例 4：2010 年 6 月 2 日，湖北省荆州开发区突发环境事件应急指挥部在荆州市沙市英慧纸业助剂有限公司开展了以氯气泄漏为情景事件的检验型演练。此次演练模拟了突发环境污染事件接报、应急响应、事故调查、应急监测、应急处置及信息报送的全过程。演练成果表现在：一是检验了开发区突发环境事件应急指挥组织体系成员单位的指挥调度、装备应用和协同作战等方面的实战能力。二是结合英慧纸业公司的风险源，全面检验了其应急组织体系的可操作性。三是检验了该公司应急救援预案在处置氯气泄漏事件上的可行性。

2. 工作内容

检验型演练的目的是检验应急救援体系在应对生产安全事故时的适用性和有

效性，由于其目的的特殊性，检验型演练可以以模拟演练、综合演练等其他演练相类似的方式进行，只是演练程序较为简略，侧重点不同而已。

检验型演练准备时间的长短根据所选择的演练方式而定，在进行演练之前，需要对应急预案、应急机制和应急人员进行充分了解、整体把握，针对这些内容进行演练，检验其可行性，演练结束后根据检验结果进行完善。

检验型演练重点工作在于明确需要检验的响应功能，完善演练方案，确保演练检验设备（生命探测仪、多种气体检测仪、测风表等）的齐全，尽可能提高生产经营单位应急相关人员应对突发生产安全事故的实战能力及对应急预案的熟练程度。

3. 主要特点

检验型演练的特点是目的明确、单一，演练方法灵活多变，能够更好的找出应急预案、应急机制和应急人员分配中存在的较大问题，对应急体系的完善和改进具有明显的作用。

检验型演练与其他演练的主要区别是不预先告知情景事件，由应急演练组织者随机控制，参演人员根据情景事件的发展，按照应急预案组织实施预警、应急响应、指挥与协调、现场处置与救援等全部或部分应急行动。

2.3.2 研究型演练

1. 基本定义

研究型演练是指为研究和解决突发事故应急处置的重点、难点问题，试验新方案、新技术、新装备而组织的演练活动，是为验证突发事故发生的可能性、波及范围、风险水平以及检验应急预案的可操作性、实用性等而进行的预警、应急响应、指挥与协调、现场处置与救援等应急行动和应对措施的演练活动。

案例5：2010年7月22日，"辽宁—2010"高速公路直升机救援研究型演练在沈大高速公路36公里处举行。演练以高速公路发生特大交通事故导致交通中断，多名乘客被困肇事车内，其中多人伤势严重，地面救援车辆无法及时到达事故现场为背景。省政府迅速协调当地驻军和交通运输部，调派直升机实施应急救援。演练采取实兵演练的方式，重点演练各人员与部门之间的协同配合，实施直升机转运救治伤员。在所有参演单位、参演人员的共同努力下，演练取得圆满成功。

本次高速公路直升机应急救援演练在全国应急管理实践中尚属首次，是国家交通运输部着眼高速公路立体救援提出的一个研究性课题，也是对高速公路开展空中立体应急救援的一次初步探索和有益尝试，这次演练活动对高速公路事故立体救援研究起到了较大作用。

2. 工作内容

研究型演练主要以探讨和试验的方式进行，目的是针对突发事故，研究探讨应急预案的可行性、应急指挥体系的可靠性和技术装备的实用能力等。通过研究型演练，探索安全生产应急管理体系应对突发事故时指挥机构、指挥关系和指挥机制中存在的问题，为预防和应对突发生产安全事故提供理论和实验依据，以适应现代企业应急准备的需要。

研究型演练是边探索应急体系的不足边研究解决方法的过程，演练活动复杂且难度高，需要较长的准备时间，以充分调用和协调人力、物力的使用来确保演练的效果。演练准备工作包括：

（1）演练目标的确定。确定演练需要研究的问题，列举一系列可能的解决方法。

（2）参演人员的选择。参演人员必须是应急领域的专家，最好具有资深的演练经验。

（3）演练器材的准备。演练过程需要现代科学设备辅助进行，如计算机、立体虚拟模拟环境等。

（4）演练结果处理方案的制定。对演练结束后，演练结果的处理方法、程序进行准备。研究型演练结果需要参演专家共同讨论得出最终成果。

3. 主要特点

研究型演练的特点是科学性和实用性，演练过程围绕预先制定研究目标展开，通过试验探索新事物、新问题的处理方法，完善预防突发生产安全事故的准备工作和提高应急处置能力。

与检验型演练不同的是，研究型演练着重于提出解决应急体系中各类问题的方法，以完善应急预案的可行性，提高应急体系的适用性。

研究型演练是带着疑问而进行的演练活动，每一次研究型演练的开展，都会使应急人员的协调能力、指挥能力、应对能力得到一定的提升，同时也会发现一些新事物，但演练成本的限制使其不适宜频繁举行。

根据现实情况的需要，不同类型的演练可以相互组合，形成单项模拟演练、综合模拟演练、单项现场演练、综合现场演练、检验型单项演练、检验型综合演练等。

2.4　其他分类

安全生产应急演练除了分为综合演练和专项演练、模拟演练和现场演练、检验型演练和研究型演练以外，还有其他的分类方法，如图上演练和沙盘演练、单项演练和组合演练、室内演练和室外演练、战术演练和战略演练，以及政府组织演练和生产经营单位组织演练等等。

2.4.1　图上演练和沙盘演练

图上演练是以图纸为基础，设置情景事件，将演练场所、周边情况、事件发生地点和疏散路线等绘于图上，根据应急预案，在图纸上面展开应急响应、应急处置和救援等应急行为的演练活动。图上演练简单明了、清晰易懂，演练相关人员很容易接收指挥信息，坚守各自的岗位和职责，易于提高各部门人员间的协调控制能力，达到演练目的。

沙盘演练是将现实场景按比例缩小后展现于沙盘上，现场演练人员根据预先设置的情景事件，依据应急预案在沙盘上模拟组织指挥协调、应急处置和其他应急措施的演练活动。沙盘演练形象真实，完全是现实场景的缩小化，具有很好的应用效果。

图上演练和沙盘演练都属于将实际情况简化的模拟演练活动，虽然不完全符合实际，但在一定程度上真实地反映了处置突发生产安全事故的情况，而且演练成本低，适合于经常开展。

2.4.2　单项演练和组合演练

单项演练是根据应急预案，检验预案中某一项应急响应行为或应急措施的应急功能演练活动。单项演练目的单一明确，检验应急预案单个环节、单个层次的应急行动或应对措施的针对性、可操作性、适用性，重点提高应急处置与救援能力，易于进行，对应急预案中的应急功能具有很好的检验效果。

组合演练是根据情景事件要素，按照应急预案检验包括预警、应急响应、指挥与协调、现场处置与救援、保障与恢复等应急行动和应对措施的多项或全部应急功能的演练活动。组合演练过程复杂且成本较高。目的是检验应急预案、程序的可操作性，应急救援方案和应急机制运行的可靠性，相关人员应急行动的熟练程度，多方面提高综合应对突发生产安全事故的能力。

2.4.3 室内演练和室外演练

室内演练是指应急救援人员聚集在室内（一般是指应急指挥中心）就可以根据应急预案完成某些功能的演练活动。室内演练主要是以讨论、推演、模拟为主的演练活动，通过借助各种电子器材和设备模拟事故情景，然后进行讨论得出应对事故的方案。

室外演练是指所有参演人员针对应急预案中的应急功能，在室外完成检验和评价应急系统应急处置能力的演练活动。室外演练主要以实战演练为主，规模大、真实性高，所以需要充分准备以保证演练效果和演练过程安全。

室内演练和室外演练可以结合使用，以室内模拟作为预演，再通过室外演练进行实战，可以得到更好的演练效果。

2.4.4 战术演练和战略演练

战略和战术来源于战争实践，应用于军事领域。战略是指导战争全局的策略，现泛指统领性的、全局性的、左右胜败的谋略、方案和对策；战术是指导和进行战斗的方法，现泛指为达到目标而采取的行动方法。战略是发现智谋的纲领，战术是创造实在的行为。

战术演练是针对应急预案中的一项或多项应急功能，预先制定出特定的演练方法和过程的演练活动。战术演练一般要有技巧性、创新性，且演练方案具有借鉴的价值。

战略演练是指为达到检验应急系统应急能力的目的而进行的一系列演练活动。战略演练可能是多个战术演练系统的组合。战略演练重在完成目标、制定演练策略，是从整体出发的演练活动。

战术演练侧重于局部演练计划、演练过程和方法，战略演练侧重于整体演练方针、演练结果和理论，二者既有本质区别，又有紧密的联系。

2.4.5 政府组织演练和生产经营单位组织演练

安全生产应急演练的开展需要由专门的单位或部门进行精细组织与策划，由演练组织单位安排各机构和人员根据自身职责分工合作，完成演练活动。应急演练活动一般由政府部门或生产经营单位组织开展，因此，根据演练组织主体，又可以把应急演练分为政府组织演练和生产经营单位组织演练。

政府组织是指以各级政府部门为组织主体，安排部署应急演练活动的实施。政府组织演练主要针对影响较大、与公众生活息息相关的突发事故的应急救援演练活动，例如地震应急救援、重大交通事故应急救援、重大危险化学品泄漏（爆炸）等综合性应急演练。政府组织演练通常以政府相关机构及领导组成演练领导小组，指挥演练的进行。

生产经营单位组织是指由生产经营单位安全管理部门主体组织与策划、单位管理层领导指挥演练活动实施，演练主要针对单位自身极易发生的突发生产事故、根据单位已有的应急救援预案在本单位内部开展演练活动。

应急演练活动的开展一般均由政府或生产经营单位组织进行，特殊情况下也有某些社会机构根据自身情况组织演练活动。有时开展大型应急演练，需要由政府部门及生产经营单位联合举行，政府提供部分必要的资源、政府官员作为演练领导进行指挥，也可认为政府是演练组织主体。

2.5　常用演练方式

应急演练的类型有多种，按照各种不同方式划分的演练类型在内容上相互交叉，根据政府、生产经营单位平时的演练经验，对这些类型进行归纳总结，将常用的安全生产应急演练方式大致分为桌面演练、功能演练和全面演练。

2.5.1　桌面演练

1. 基本定义

桌面演练是指在室内会议桌或相关仪器设备上模拟演练事故情景，并依据应急预案而进行交互式讨论或模拟应急状态下应急行动的演练活动，通常情况下与模拟演练相同，主要包括图上演练和沙盘演练等类别的室内演练。

桌面演练的主要作用是使演练人员在检查和解决应急预案中存在的问题的同时，获得一些建设性的讨论结果，并锻炼演练人员解决问题的能力，以及解决应急组织相互协作和职责划分问题。

2. 主要特点

桌面演练只需展示有限的应急响应和内部协调活动，应急响应人员主要来自应急参与单位，演练内容大都为本单位应急职责内的应急行动和对内对外的协调联络。活动事后一般采取口头评论形式收集演练人员的建议，并形成一份简短的书面报告，总结演练活动情况和改进有关应急响应工作的建议。提出的改进建议经有关领导批准后，负责应急救援工作的部门人员应对具体行动方案进行修改完善。

桌面演练方法成本低，针对性强，主要为功能演练和全面演练服务，是应急行动单位为应对生产安全事故做准备常采用的一种有效方式，也是政府、生产经营单位应急部门或者负有应急职责的单位、部门独立组织演练活动的一种方式。

随着科学技术的发展，计算机仿真模拟成为桌面演练的新形式，由于其效果逼真、演练功能模块全面、计算机程序化等特点，成为现在桌面演练研究的重点，计算机仿真模拟演练将开启桌面演练的新时代。

2.5.2 功能演练

1. 基本定义

功能演练是指针对某个专项领域（如电力事故、特种设备事故、交通事故、火灾、食物中毒、恐怖事件等）、特定事件级别（特大事故级别以下）、某项应急响应功能或其中某些应急响应活动举行的演练活动。

2. 工作内容

生产经营单位安全生产功能演练一般由应急救援部门的工作人员负责，通常在特定的危险场所进行，所调动的人员、装备按照预案规定满足演练要求即可。演练目的是检验该类紧急状况出现时，生产经营单位主要参与应急的部门和人员能否迅速响应，能否按照预定方案进行应急处置。

功能演练有多种类别，其各自目的和作用不同，例如：

（1）指挥和控制的功能演练。主要目的是检测、评价在多个部门参与的情况下，在一定的压力状况下，集权式的应急运行机制和响应能力能否满足实际应急需求，外部资源的调用范围和规模能否满足相应模拟紧急情况时的指挥和控制要求。

（2）生产经营单位针对某类危险化学品火灾事故的功能演练。主要目的是检验此类危险化学品的灭火方案是否完善，灭火装备是否满足扑灭该类危险化学品火灾的要求，应急人员是否熟练掌握该类火灾的灭火操作技能等。

（3）区域针对某类食物中毒事件的功能演练。主要目的是检验该类食物中毒事件的应急处置方案是否符合实际，特别是检验在当地医疗救护条件无法满足实际要求的情况下，调用外部资源时能达到的最快速度，检验医疗救护响应是否满足应对该类事件的要求，检验应急人员是否熟练掌握该类中毒事件的医疗救护操作技能等。

3. 主要特点

功能演练主要是针对某类较为单一的事件、某些应急响应功能，检验应急响应人员以及应急救援体系的指挥和协调能力，检验对某类特定应急状况的处置能力。政府、生产经营单位在策划某类紧急状况应急演练时常常采用功能演练方式。

功能演练比桌面演练规模要大，需动员更多的应急响应人员和组织，演练方案设计、协调和评估工作的难度也较大。演练完成后，除口头评论外，组织单位还应向本单位主管领导、上一级行政主管部门或应急管理部门提交有关演练活动的书面报告，提出改进建议。

2.5.3　全面演练

1. 基本定义

全面演练是指针对应急预案中绝大多数或全部应急响应功能，全面检验、评价应急体系的应急处置能力而开展的演练活动。包括综合演练和组合演练等。

全面演练主要是检验整个应急体系的适用性、应急行动的协调性、组织与人员的协调联动能力，这种演练方式也就是我们通常所说的联合演练。全面演练时间可以根据演练的规模和内容视情况而定，一般要求持续几个小时。

2. 工作内容

全面演练涉及内容广、工作量大，可由生产经营单位和政府部门独立举行，也可联合开展，不同性质和规模的全面演练工作内容、目的都不相同。全面演练的内容构成如图 2-2 所示。

全面演练 { 生产经营单位全面演练：由生产经营单位独立举行的综合性演练
区域性全面演练：本区域内政府、生产经营单位单独或联合举行的综合性演练
跨区域全面演练：相邻区域政府、生产经营单位联合举行的综合性演练

图 2-2　全面演练的内容构成

1）生产经营单位全面演练

生产经营单位全面演练，一般由本单位相关领导组织演练的策划、实施工作，由负责安全生产应急管理工作的部门承担具体工作，生产经营单位应急演练一般是针对单位本身，提高单位应急救援能力而进行。

举行演练时,生产经营单位全体动员,各部门、人员按照预定演练方案各司其职,通常要设立若干个现场分指挥所和一个总指挥部。人员、装备、资源应尽可能全方位调动,每个环节尽可能演练到位。其目的主要是检验本单位应急救援体系及各部分应急系统的响应能力,应急运转的可靠性、协调性,外部救援力量的支持程度,等等。

2)区域性全面演练

区域性全面演练,一般由当地主要领导或分管领导组织演练的策划、实施工作,由负责应急救援管理工作的部门承担具体工作。

演练时,当地市级政府、县(区)、乡镇(办事处)级政府及大部分负有应急职责的部门、社区(村委会)、有关生产经营单位、应急力量都要参加,具体依据演练地点、演练规模、演练目的和演练需要的资源而定。

3)跨区域性质的全面演练

跨区域性质的全面演练,一般是指由相邻几个区域的政府部门或生产经营单位联合组织的全面演练活动。一般由参与演练的区域领导相互协商,确定相关应急人员进行演练准备、策划、实施和恢复处置、结果评估等具体工作。

跨区域演练的地点大多设在假定的事故现场或区域应急指挥中心,一般都要同时设置一个总指挥部、若干个分应急指挥部和一个现场指挥部,在这些场所同时举行全方位的演练活动,演练活动不仅涉及区域当地政府主要负责人,必要时,省级、国家级应急响应机构都有可能参与演练过程。

3.主要特点

全面演练策划难度大,演练内容一般还包括次生灾害事故及其应急处置,涉及的内外应急资源多,协调难度高,考虑因素全面,评价体系复杂。演练不仅涉及本生产经营单位或者本级政府大部分部门、人员、装备,有时还涉及其他单位、相关政府甚至上级政府。

全面演练一般采取交互方式进行,演练过程要求尽量真实,预案规定范围内的应急部门大部分都要参加,应急人员和资源都要全面调动,演练通常采取近似实战的方式,协调性要求很高。演练目的是检验、评价在多级政府、多部门、多个生产经营单位、多种应急力量参与情况下,在最大范围、最大限度调动应急资源时,应急行动能否高效实施,生产安全事故能否得到有效控制。

演练完成后,负责牵头策划、组织的单位需对参演单位进行口头总结,向上一级行政主管部门或应急管理部门提交有关演练活动的书面汇报,并提交正式的演练评价报告。

2.5.4 三种演练类型的比较

桌面演练、功能演练和全面演练是三种不同的演练类型，它们在本质上没有优劣之分，只是具有各自的特点，各自适应不同的情况，在演练过程中呈现不同的形态。

1. 三种演练的不同点

桌面演练、功能演练和全面演练之间的比较如表 2-1。

表 2-1 三种演练的基本特点比较表

演练类型	桌面演练	功能演练	全面演练
方式	以口头讨论、仿真模拟为主	以模拟行动和实战行动相互结合为主	以实战行动为主
场所	会议室（一般为应急指挥中心）	指定一个实施应急响应功能的场所	地区或工厂的多个场所同时进行
目的	检验并完善应急救援预案；提高指挥人员制定应急策略与应急指挥的能力	检查与评估特定应急响应功能、参演人员的操作水平和局部协调能力	全方位地提高应急体系的组织指挥、相关人员的应急处置、各职能部门的协调和整体控制能力
涉及范围	在单一的应急组织内讨论或在不同职能部门代表间讨论	应急组织独立进行演练或不同职能部门联合演练	应急救援体系中所有部门参加演练
总结方式	口头评论及一份简短的正式书面报告	口头评论及正式书面汇报	口头评论、书面汇报及正式总结报告

表 2-1 对桌面演练、功能演练和全面演练细节部分的基本特点进行了简单比较，但是三种演练的特点表现在多个方面，从整体上考虑，它们在演练程度、规模、要求等方面的主要特点存在较大差别。

（1）演练复杂程度不同。不同的演练方式，演练运行的关联程度不同，演练策划、组织实施的难度、考虑的主要因素、评估体系的复杂程度、所需付出的工作量也就不同。桌面演练不安排现场演练活动，而全面演练、功能演练都要安排现场演练活动。因此，通常情况下，全面演练策划、组织实施的难度、工作量最大，要考虑的因素最多，评估体系最复杂，功能演练则次之，桌面演练最少。

（2）演练规模大小不同。演练规模大小，是选择演练类型的重要因素之一，演练级别、情景事件预警等级决定应急资源的参与程度（即参加的部门、人员、装备、设施和物资的层次、范围和数量），以及评估体系的构建和评估人员的数量。一般情况下，全面演练几乎动用所有人力、物力资源，规模庞大；功能演练

31

只需要与演练功能相关人员、设备资源参与即可，规模较小；桌面演练只需各应急组织负责人参与讨论，规模最小。

（3）演练要求标准不同。演练标准不同主要是针对策划水平、过程控制、评估要素和评估标准设置的要求不同。全面演练，对各方面要求最高，要求有较高的严谨性、行动的协同性，要求所策划的过程既紧凑又符合客观实际，要做到环环相扣，衔接紧密，要有专门的评估组对演练结果进行评估总结。功能演练只须针对响应功能的相关工作落实到位，达到演练目的即可。桌面演练为了简化过程、节约成本，在完成演练目标的基础上，其演练要求最低。

（4）演练适用对象不同。桌面演练主要用于生产经营单位应急行动的组织者或者演练策划者、应急行动的主要承担者进行的小范围、小型应急训练和应急程序讨论。功能演练则适用于单一系统或者单一应急功能的演练，一般为生产经营单位应急部门或者政府承担专项领域应急职责的部门组织专项演练时所采用。而全面演练，通常是生产经营单位在进行全方位演练、各级政府在辖区进行联合演练的情况下才会采用。

2. 三种演练的相同点

安全生产应急演练的三种典型演练类型各有特点，适用于不同情况和不同条件，也可联合形成系统，综合使用，其相同之处体现在：

（1）演练都要进行详细策划。演练的过程都有三个阶段，演练组织实施的步骤和主要工作内容基本相同，都需要有一个充分的准备过程。演练的全过程都必须要有负责演练策划和应急协调联动的人员参与，都必须建立一个强有力的组织实施体系，都必须对演练的情况进行评估、总结。

（2）演练都是为了提高应急能力。通过演练，验证应急机制运行情况，判别和改进应急工作存在的缺陷，完善应急救援体系，提高应急预案的适用性、具体操作程序的科学性，提高应急救援的快速响应和处置能力以及协同性等。

2.5.5 典型模式及发展趋势

我国安全生产应急演练还未形成有效实施模式，生产经营单位只能根据实际需要选择演练方法。为解决生产经营单位组织应急演练的盲目性，在总结以往演练经验及当前演练现状的基础上，将上述各种演练类型归纳为三种典型演练模式：实战演练模式、模拟演练模式、实战与模拟相结合模式。这三种演练模式基本涵盖了目前生产经营单位安全生产应急演练的所有形式，实质上也是桌面演练、功能演练、全面演练的另一种体现。

目前，我国安全生产应急演练工作正逐步向专业化、科学化、标准化发展，演练模式也逐渐向信息化和科技化转型，计算机仿真模拟演练技术日趋成熟，模拟演练模式逐渐受到生产经营单位重视，演练模式正逐步由实战形式向计算机仿真与模拟形式过渡，由于实战演练更接近于实际，因此实战演练模式也将一直存在并受到生产经营单位青睐。综上所述，实战与模拟相结合演练模式将会受到安全生产应急演练组织单位的重视。

2.6　演练类型的选择依据

应急演练类型的选择，应当根据生产经营单位安全生产要求、资源条件及客观实际情况，符合当地演练水平、气候等方面要求。应急演练方法的选择过程中，应充分考虑下列因素：

（1）国家法律法规及地方政府部门颁发的有关应急演练规定、准则等文件，如《生产安全事故应急演练指南》、《国家突发事件总体应急预案》等。

（2）生产经营单位长期和短期的演练规划和安排，如规划确定的演练方式和开展时间、频次等。

（3）生产经营单位安全生产应急预案编制与执行工作的进展情况。

（4）生产经营单位常见的生产事故类型及所面临风险的性质和大小，如事故发生的原因、规模、概率等。

（5）生产经营单位当前应急救援能力建设和发展的情况。

（6）演练单位现有应急演练资源状况，包括人员、物资、器材设备、资金筹措等实际情况。

针对不同性质的生产安全事故，生产经营单位选择应急演练类型的依据有：

（1）相关法律法规的规定；

（2）总体应急预案、专项应急预案的要求；

（3）针对性的情景事件；

（4）各类演练方法的不同特点等。

总之，应急演练类型、频次的选择首先应依据法律、法规、规章、标准和应急预案的规定，有针对性地组织开展安全生产应急演练活动。对于可能发生重大生产安全事故的生产经营单位，应适时联合当地政府或其他单位，组织开展全面演练，全面提高单位自身应急体系的有效性，人员应急状态下的自救互救能力和应急处置能力。

3 国外应急演练现状与启示

20 世纪 70 年代以来，建立重大事故应急管理体制和应急救援系统受到国际社会的重视，多数工业化国家和国际组织制定了一系列重大事故应急救援法规和政策，明确规定了政府有关部门、企业、社区的责任人在事故应急中的职责和作用，成立了相应的应急救援机构和政府管理部门。但是根据各国多年实践发现，由于应急组织体系结构过于复杂，难以应对突发的紧急状态，在重大事故应急响应实践中发现了一些突出问题，如决策层次过多，指挥任务不明，部门职能交叉、职责不清，难以统一指挥协调，救援速度缓慢，处置效果不好。为此，应急演练工作被提到应急管理的重点层面，逐步受到各国政府的重视。国外自"9·11"事件和炭疽事件后，尤其美国、英国、日本等发达国家，相继开展了针对恐怖主义、自然灾难事件、公共卫生事件等方面的应急演练，对于提高国土安全保障、社会稳定、经济发展及企业安全生产等应急能力给予了巨大帮助。

本章主要针对美国、英国、日本等发达国家的应急演练现状进行分析，了解它们的应急演练发展过程、应急演练水平及目前的应急演练形势等，通过分析这些国家有关应急演练方面的理论及其所具有的特色，借鉴他们的先进经验和教训，对我国进一步开展应急演练工作，提高应急能力，完善应急机制有很大的启示作用。

3.1 美国应急演练现状

作为世界上最发达的国家，美国的人为灾难与重大生产安全事故也时有发生。回溯历史，在处理各种工业生产、人为技术和社会突发事件的过程中，美国不断地调整应急管理理念，完善应急管理体制。特别是近些年来，逐步加大应急预案制订和应急救援演练工作的实施力度，以提高相关人员的应急处置能力。2003 年 1 月颁布的《国内应急管理演练分类》和 2003 年 12 月颁布的《国家应急准备指南》等均表明美国政府对应急演练的重视及提高应急救援能力的高度关注。

3.1.1　应急管理法制

美国在生产安全事故灾害处理与应急救援方面，既有专门的部门牵头协调，又有其他部门参加协助交叉进行，总的目标是一致的，即依法管理。早在 20 世纪 60 年代初，美国政府就组织有关部门、应急专家和专业人士，开展了应急管理的立法工作。1958 年，美国国会制定了《灾害救济法》，以促进联邦政府重视减灾应急工作。1966 年、1969 年和 1970 年先后对《灾害救济法》作了补充和修改，逐步扩大了援助范围和加强了联邦政府的作用。1974 年颁布了新的《灾害救济法》，进一步加强了联邦政府的减灾职责。根据这一法律，联邦政府在减灾方面的主要职责是加强联邦救灾计划，督促各地方政府制定抗灾规划，全面协调减灾、预防、响应、重建和恢复计划等方面的工作。

美国在重大事故应急方面，已经形成了以联邦法、联邦条例、行政命令、规程和标准为主体的完备的法律法规体系。美国国土安全部（DHS）、联邦应急管理署（FEMA）和其他与事故应急管理相关部门制定了大量应急管理标准。国土安全部于 2004 年 3 月制定的《国家事故管理系统》（NIMS），为美国联邦、州、地方各级政府部门对事故进行有效管理及突发事故预防、响应和恢复工作提供了一个模板，建立了统一制定和更新应急管理国家标准、导则、协议和制度的机制。联邦应急管理署制定的应急标准更多，涉及应急预案的制定，应急能力建设与评估，应急设备设施的设计、建造、维护、检测和使用。还有很多州政府制定了标准应急操作程序和其他应急标准。美国职业健康管理局（OSHA）也制定了一些应急救援相关的标准，如《应急行动计划》、《紧急通道的维护和运行》等。还有其他部门如消防局、林业局、国防部、环保署和原子能管理委员会等都制定了本部门应急救援系列标准。这些法律法规及标准都是在为提高应急救援及处置能力的基础上制定的，是美国应急管理水平上升的体现。

3.1.2　应急管理现状

美国应急管理起步较早，发展与建设较快，经过多年的探索及许多突发灾难事故经验的总结，已经形成了运行良好的应急管理体系，包括应急管理法规、管理机构、指挥系统、应急队伍、资源保障、人员培训、信息透明及应急演练等。形成了联邦、州、市、县、社区 5 个层次的应急管理与响应机构，当地方政府的应急能力和资源不足时，州一级政府向地方政府提供支持；州一级政府的应急能力和资源不足时，由联邦政府提供支持。还形成了比较完善的应急救援系统，并且逐渐向标准化方向发展，使整个应急管理工作更加科学、规范和高效。

美国的应急管理体系为联邦与州的两级制。美国联邦应急管理署（FEMA）行使国家级应急管理任务，州灾害局负责州级的应急管理任务。美国应急管理机制实行统一管理、属地为主、分级响应、标准运行。美国的联邦、州、市、县、社区都有自己的专业救援队伍，它们是紧急事务处理中心实施事故救援的主要力量。联邦紧急救援队伍被分成 12 个功能组：运输组、联络组、公共实施工程组、消防组、信息计划组、民众管理组、资源人力组、健康医疗组、城市搜索和救援组、危险性物品组、食品组、能源组，每组通常由一个主要机构牵头。各州、市、县、社区救援队也有自己的功能组，负责地区救援工作。

虽然美国目前的应急管理体系与机制已基本完善，但是各种恐怖事件、公共卫生事件、重特大生产安全事故等屡有发生，美国政府还将陆续颁布各种相应法律法规，以进一步完善应急体系，提高应急救援能力。

3.1.3 应急演练现状

应急演练是应急管理工作的一个重要组成部分，是检验、评价和保持应急能力的一个重要手段。美国应急演练工作是在各种突发事件的重大影响下产生的，起步较早，随着应急管理的发展而发展，并受到美国政府及相关机构的重视。《美国联邦应急救援法案》、《紧急状态管理法》、《国家突发事件管理系统》、《国内应急管理演练分类》和《国家应急准备指南》等法律规定中均指出了应急演练的重要性，表明各级政府部门及相关机构组织在日常应急管理工作中对应急演练的重视。

自"9·11"事件之后，美国加强了突发事件的应急准备、响应和恢复等能力建设。随着国家应急预案（National Response Plan，NRP）的颁布，应急演练方面的工作也逐渐加强。美国国土安全部是推广应急预案和应急管理系统的主责部门。下属的国土准备办公室（the Office for Domestic Preparedness，ODP）负责协助州和地方加强应急演练，提供资金支持、技术支持等工作。为此，ODP 发展了国土安全演练评估项目（the Homeland Security Exercise Evaluation Program，HSEEP），帮助州和地方准备和评估各自的应急演练工作。

在美国 FEMA 总部，建立了一个由国会委托管理的国家模拟演练中心（National Exercise Simulation Center，NESC）。该演练中心的组成成员包括灾害响应理事会、国家灾害预防理事会，首都区域应急协调办公室等单位。这些单位共同协调组织全国范围的应急演练协调工作。从 1988 年开始，FEMA 和美国军方共同设立了危险化学品仓库应急防控演练项目（Chemical Stockpile Emergency Preparedness Program Exercises，CSEPP），该项目主要协助国内七大危化品仓库（七大仓库位于阿拉巴马州、阿肯色州、科罗拉多州、印第安纳/伊利诺伊州、肯塔基州、俄勒冈州/华盛顿和犹他爵士州）周边社区发生突发事件的模拟演练工作。FEMA 还设立了放射性物质应急防控演练项目（Radiological Emergency Preparedness Program Exercises，REP），来保证核电厂发生突发事件时周边居民的健康和安全。

近些年来，美国相继开展了许多应急演练活动。特别是在“9·11”事件和“卡特里娜”飓风后，美国应急演练开展次数愈加频繁，大型全面的应急演练活动时常举行，各种小型演练更是频繁开展，主要集中在反恐、重大自然灾害、公共卫生及重特大生产事故方面，对于提高国土安全保障能力、应急能力产生了巨大影响。

美国最高级别的应急演练是“高层官员”（Top Officials，TOPOFF）全面演练系列。演练包括所有层级的政府高官，以及国际组织和私人机构的代表。数千名联邦、州、地区和当地官员参与到演练中，面对来自多方面的恐怖威胁，进行全方位的演练。通过该演练，检验应急政策法规和战略战术、测试防控和应急响应系统。TOPOFF 演练通常需要应急管理者面对特定的场景制定决策，实质性地应对突发事件。这些决策包括公众健康应对、应急通信、部门协调、媒体应对等，对应急管理者的能力提出了巨大挑战。

迄今为止，美国已经举行了从 TOPOFF1～TOPOFF4 的 4 次演练。2000 年 5 月，TOPOFF1 由美国司法局、国务院、FEMA 联合组织。本次演练的主要目标是提高政府和部门官员的应急能力，提高他们应对国内国际恐怖活动的效率、协作能力和战略素养。应急演练的主要内容是模拟应对在丹佛和科罗拉多发生的生物武器袭击，同时在新罕布什尔州发生的化学武器袭击。6500 多名联邦、州和地方官员及其他人员参加了这次演练。演练采用了当时的新技术（虚拟新闻网络），使参演人员获取最新的事件演变信息，同时考验决策人员在危机中与媒体保持沟通的能力。

2003 年 5 月，TOPOFF2 举行，本次演练由“9·11”事件之后新成立的国土安全部组织。TOPOFF2 使国土安全部有机会对其组织机构进行一次全面的检验。应急演练模拟在西雅图的一起放射性扩散装置的袭击活动，同时在芝加哥发生一起生物武器袭击。8500 多名官员参与演练，加拿大作为国际伙伴首次参与。

2005 年 4 月，TOPOFF3 举行，这次演练首次对美国的国家应急预案（National Response Plan，NRP）和国家事故管理系统（National Incident Management System，NIMS）进行检验和测试。本次演练有国际组织和私人机构参与，主要演练内容包括恐怖系统预防、应急通信、公众信息发布、灾后恢复以及补偿等。本次演练模拟康涅迪格州新伦敦的一起化学武器攻击，同时在新泽西州的一起生物武器攻击，并引发肺鼠疫疫情。共有来自国内 27 个州的近 200 个政府机构参加此次演练，另外还有来自 13 个国家的观察员观看此次演练，其中英国和加拿大官员参加了演练。10 000 多人参加本次演练，总耗资 2100 万美元。

2007 年 10 月，TOPOFF4 在俄勒冈州的波特兰和亚利桑那州的凤凰城举行。演练模拟一起放射性散布装置的袭击。本次演练吸取以往演练的经验教训，提出了新的演练目标，包括和美国国防部协作打击全球的恐怖活动，与私人组织进行更为密切的协作，更加注重预防，大规模的洗消以及灾后恢复赔偿，加强与国家组织的协作和沟通。15 000 多名联邦、州、区域、地方官员参与演练，澳大利亚、加拿大和英国的政府官员也参与演练。

除了这些反恐、公共卫生事件应急演练以外，美国还经常举行突发自然灾害、生产安全事故方面的演练活动，如地震应急演练、飓风应急演练等。例如，美国加利福尼亚州于 2010 年 10 月 21 日举行年度例行的大型地震应急演练活动，参加此次演练活动的加利福尼亚州各地民众超过 780 万。此次演练是加利福尼亚州地震演练活动历年来规模最大的一次。加利福尼亚州 2008 年首次在南部 8 个县开展这项活动，当年就有 540 万人参加，2009 年，演练范围扩大到全州 58 个县，共有 690 万人参加。本项应急演练活动的举行意在提高全州人民在地震发生时的逃生、自救、应急等能力，是应付加利福尼亚州这一地震多发地区地震灾害的有效手段。

以上案例表明，美国政府对日常应急演练工作相当重视，并且已经采取了各种措施以提高相应机构和相关人员的应急能力，且已经形成相应的应急演练体系并得到了广大民众的支持。随着科学技术的提高以及应急管理体制的完善，美国的应急演练体系也在日趋完善，全国、各州、市县等政府部门及机构对应急演练的重视程度日益加强，各企事业单位演练活动的开展次数更加频繁。

在美国，应急演练组织者把更多的时间和精力投入到演练的规划和准备活动中，图 3-1 所示是美国开展应急演练的任务程序。

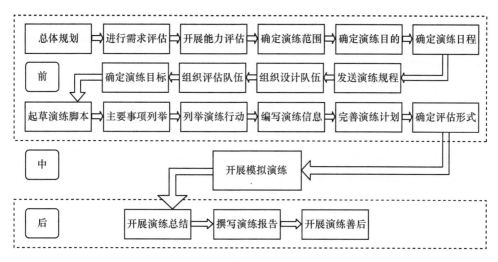

图 3-1 美国应急演练的任务程序

应急演练前、中、后三个阶段明确了各项任务的内容。美国应急演练各阶段的各项任务如表 3-1 所示。

表 3-1 美国应急演练前、中、后阶段任务

项目	演练前	演练中	演练后
演练设计	演练方案浏览； 能力评估； 花费估算； 寻求支持/下发演练指南； 组织设计队伍； 确定日程表； 设计演练	准备设施和场所； 准备道具和其他工具； 参演人员情况介绍； 开展演练	清理演练现场； 准备演练总结和评估
演练评估	选择演练评估组组长； 确定评估方法； 队伍选取和组成； 评估人员培训	观察与预定义目标关联的行动； 文档记录	评估目标的成败； 参与演练总结会议； 准备评估报告； 参与后续活动

结合应急处置流程中的目标监测监控、应急组织机构、应急处置任务分配、通信保障预案、事件情况统计等内容，对参演人员分发相关表单，进行模拟和实际操作，提高操作能力。事故控制目标表单是将演练需要展现的应急处置目标列举出来。根据演练模拟的事件，将事件发展过程中需要达到的应急处置总体控制目标由重到轻的顺序呈列出来，同时包括演练时的天气及其可能的变化情况、演

练现场的人员设备安全等控制信息，使演练控制人员和演练人员能够很好的控制和操作演练行动，保证演练达到目标、确保演练安全。应急演练事件控制目标清单见表 3-2。

表 3-2　事件控制目标表单

事件控制目标	1. 事件名称：	2. 编写日期：	3. 编写时间：
4. 事件发生时间（日期＼时间）			
5. 事件的总体控制目标（包括可选项）			
6. 事件发生时期的天气预报			
7. 总体安全信息			
8. 附件（√已附上） □组织列表　　　　　□医疗计划　　　　□ ＿＿＿＿＿ □任务列表　　　　　□事件地图　　　　□ ＿＿＿＿＿ □通信计划　　　　　□交通计划　　　　□ ＿＿＿＿＿			
9. 编制人（主要编制人）：		10. 审核人（事件主要负责人）：	

任务列表表单是将各参演部门所承担的任务及其详细信息列举成表，然后在演练开始前发放到相应参演人员手中，各部门参演人员可根据任务列表明确自身职责，使各项演练行动顺利实施。演练任务列表主要包括事件应急处置过程中人员、医疗、设备、时间等资源的合理分配情况，相关事件行动处置情况及需要注

意的特殊情况说明，各参演部门及小组的主要负责人及有关领导名单以及各小组通信联系情况等，见表 3-3。

表 3-3　任务列表表单

<table>
<tr><td colspan="2">1. 部门：</td><td colspan="2">2. 小组：</td><td colspan="3">任务列表</td></tr>
<tr><td colspan="4">3. 事件名称：</td><td colspan="3">4. 发生时间
日期：　　　　时间：</td></tr>
<tr><td colspan="7">5. 操作人员
操作主要负责人：　　　　小组主管人：
部门领导：　　　　空中支援小组主管人：</td></tr>
<tr><td colspan="7">6. 应急状态中资源分配表</td></tr>
<tr><td>行动队/专责小组/资源备号</td><td>应急医疗队</td><td>负责人</td><td>人数</td><td>行动需要量</td><td>到位需要时间</td><td>解散需要时间</td></tr>
<tr><td></td><td></td><td></td><td></td><td></td><td></td><td></td></tr>
<tr><td></td><td></td><td></td><td></td><td></td><td></td><td></td></tr>
<tr><td></td><td></td><td></td><td></td><td></td><td></td><td></td></tr>
<tr><td></td><td></td><td></td><td></td><td></td><td></td><td></td></tr>
<tr><td colspan="7">7. 操作说明</td></tr>
<tr><td colspan="7">8. 特别说明</td></tr>
</table>

<table>
<tr><td colspan="10">9. 小组通信概要</td></tr>
<tr><td colspan="2">功能/作用</td><td>频率</td><td>系统</td><td>通道</td><td colspan="2">功能/作用</td><td>频率</td><td>系统</td><td>通道</td></tr>
<tr><td rowspan="2">指挥</td><td rowspan="2">现场
重复</td><td></td><td></td><td></td><td rowspan="2">控制</td><td rowspan="2">现场
重复</td><td></td><td></td><td></td></tr>
<tr><td></td><td></td><td></td><td></td><td></td><td></td></tr>
<tr><td colspan="2">机动小组</td><td></td><td></td><td></td><td colspan="2">地空通信</td><td></td><td></td><td></td></tr>
<tr><td colspan="4">编制人（应急资源部门领导）</td><td colspan="3">审核人（预案部门领导）</td><td colspan="2">日期</td><td>时间</td></tr>
</table>

结合应急处置过程中的接报信息、应急处置小组日志、应急处置计划表、医疗卫生保障预案、无线通信工作表、救援力量分配表、空中作业摘要等表单的实际填写操作，熟悉应急业务流程和应急技术。医疗卫生保障是演练活动所必须的内容，在美国应急管理过程中，都将医疗卫生预案相关内容制成表格，确保处理突发事件时能够及时对伤员进行救护，因此演练前务必做好医疗预案的表格清单，见表 3-4。

表 3-4　医疗卫生保障预案表单

医疗预案	1. 事件名称	2. 编制日期	3. 编制时间	4. 执行时间

5. 突发事件医疗救助站

医疗救助站	地址	是否有医疗人员	
		是	否

6. 移动医疗救援力量

A. 有移动救助车的救护站

名称	地址	联系电话	是否有医疗人员	
			是	否

B. 该事件应急移动的救护站

名称	地址	是否有医疗人员	
		是	否

7. 医院

名称	地址	到达时间		电话	是否有直升机		是否有烧伤中心	
		空中	地面		是	否	是	否

8. 应急中医疗应急程序

9. 编制人：（医疗组负责人）	10. 审查：（安全官员）

无线通信工作表是演练中各事项负责部门或小组的详细通信信息,方便演练过程中处理各种演练事件或意外情况时,各参演人员之间的信息沟通,保证演练过程顺畅,见表 3-5。

表 3-5 无线通信工作表

无线通信工作表			1. 事件名称:			2. 日期:			3. 时间:		
4. 部门			5. 机构			6. 运作时期			7. 工作频率		
8. 分区 小组: 机构:			分区 小组: 机构:			分区 小组: 机构:			分区 小组: 机构:		
9. 机构	编号	无线设备	机构	编号	无线设备	机构	编号	无线设备	机构	编号	无线设备
	页码					10. 编制人（通信部门负责人）					

3.2 日本应急演练现状

由于极为特殊的地理位置和环境,日本的各种突发自然灾害事件频繁发生,如台风、地震、海啸、泥石流、火山喷发和暴雨等。由于工业水平的高速发展,建筑火灾、石油泄漏及瓦斯爆炸等突发生产安全事故时有发生,给日本的经济和社会发展带来了严重影响。为此,日本政府多年来在一切经济活动中通过制定和完善有关法律法规,实施一系列的安全对策和措施,使生产过程中的事故大幅下降,伤亡人数不断减少,成为世界上安全生产成本最低的国家之一。

20 世纪 50 年代以后,随着经济的发展,工业化水平的提高,日本的安全生产问题逐渐显现,由于生产安全事故引发的死亡人数和经济损失剧增。1961 年,日本生产安全事故死亡人数达到 6712 人。作为仅次于美国的世界第二大经济体,为了应对各种可能的事故灾害,日本进行了长期卓有成效的探索和实践,各级政府采取了各种行之有效的措施,比如完善相关立法、提高建筑抗震性能、建立事故应急管理体制、完善企业安全生产制度等。近些年来,日本更是加大事故应急演练的投入力度,大大地提高了政府、机构及人员的应急响应与处置能力,都取得了理想的成效。日本在长期的应急实践中,积累起了丰富的应急管理经验及高效应急演练的工作模式,为我国各级政府及生产经营单位安全生产工作提供了宝贵的财富。

3.2.1 应急管理法制

日本是世界上较早制定有关灾害应急管理法律法规的国家，目前共制定了应急管理（防灾救灾以及紧急状态）法律法规 227 部，其中最具代表性的是 1947 年 10 月制定的《灾害救助法》和 1961 年 11 月制定的《灾害对策基本法》。《灾害救助法》主要规定：各级政府在灾害发生后进行应急管理的任务和权限；各级政府在平时做好突发事件应急计划，建立应急组织；政府在紧急状态时，对救助物资的征用权限等；救助费用的来源、使用、管理以及违反本法的法律后果等。《灾害对策基本法》主要内容包括：各个行政部门的救灾责任，救灾体制，救灾计划，灾害预防，灾害应急对策，财政金融措施，灾害应急状态等。日本的防灾减灾应急法律体系就是一个以《灾害对策基本法》为龙头的庞大体系，按照法律的内容和性质，可以将它们分成基本法、灾害预防和防灾规划相关法、灾害应急相关法、灾后重建和恢复法与灾害管理组织法等五个类型。其中《灾害救助法》和《灾害对策基本法》均相应的提到了突发事件应急演练工作的重要性，实施应急演练活动可以提高相关人员的应急救援能力，减少突发事故带来的损失。

在安全生产方面，为加强安全生产，减少伤亡事故的发生，日本政府制定了《劳动安全卫生法》、《矿山安全法》、《劳动灾难防止团体法》等一系列法律法规。由于法律健全、措施得当、各方重视，日本的安全生产问题基本得到了有效控制。这些法规中，强调利用应急演练来提高应急救援队伍、应急管理部门、群众等的应急能力。

《矿山安全法》规定，矿主必须防止矿井的塌方、透水、瓦斯爆炸和矿井内火灾等各类事故。一旦发生事故，矿主必须迅速有效地组织救护，并最大限度降低危害。这项法律在颁布后还经过了多次修改完善，现在已经成为日本矿业生产安全的保护神。日本的井下作业指导思想是安全第一、生产第二。日本矿业公司在安全问题上的投入最多，所以日本矿井的安全和应急措施可靠有效。日本的煤矿每个季度都要进行模拟安全撤退应急演练，井下的避难设施中随时都配备必要的设备和物资，即使发生事故，也能及时采取应对措施，将事故损失降到最低程度，2003 年日本矿工只有 14 人死亡。

3.2.2 应急管理现状

日本是一个社会灾害事件及生产安全事故频发的国家，特别是重大自然灾害时有发生。1995 年以来，先后经历了阪神淡路大地震、东京湾油轮触礁漏油、雪印乳业集团的牛奶中毒、千叶县肉类加工厂的疯牛病等突发事件，尤其是

2011 年 3 月 11 日在日本东北部海域发生的里氏 9.0 级大地震，造成了大量的人员伤亡和巨大的财产损失。面对各种突发灾害事件的严峻挑战，日本高度重视防灾、减灾、应急工作，经过不断总结完善，形成了特色鲜明、成效显著的应急管理体系。

日本的应急管理组织体系分为中央、都道府县、市町村三级制，各级政府在平时召开灾害应急会议，在发生突发事故时，成立相应的事故对策本部进行处理。日本建立了由内阁总理大臣（首相）担任会长的安全保障会议、中央防灾会议委员会，作为全国应急管理方面最高的行政权力机构，负责协调各中央政府部门之间、中央政府机关与地方政府，以及地方公共机关之间有关防灾方面的关系。内阁官房长官负责整体协调和联络，通过安全保障会议、中央防灾会议等决策机构制定应急对策。安全保障会议主要承担了日本国家安全应急管理的职责，中央防灾会议负责应对全国的自然灾害。成立由各地方行政长官（知事）担任会长的地方政府防灾会议，负责本地区的突发事故灾害预防工作。还在内阁官房设立了由首相任命的内阁应急管理总监，专门负责处理政府有关应急管理的事务；同时增设两名官房长官助理，直接对首相、官房长官及应急管理总监负责。由内阁官房统一协调事故应急管理，改变了以往各省厅在应急处置中各自为政、纵向分割的局面。事故发生时，以首相为最高指挥官，内阁官房负责整体协调和联络，通过中央防灾会议、安全保障会议等制定应急对策，由国土厅、气象厅、防卫厅和消防厅等部门进行配合实施。事故地区政府设立事故灾害对策本部，统一指挥和调度防灾救灾工作。中央政府则根据灾害规模，决定是否成立事故灾害应急对策部，负责整个防灾救灾工作的统一指挥和调度。

经过许多突发事故处理经验的总结及长期的发展改进，日本已形成了完善的应急管理体制，具体表现为健全的应急法规体系、完备的应急资源、发达的应急信息系统及超强的自救能力。为了进一步提升政府、机构和民众的应急能力，日本政府认为，加强培训与突发事故应急演练，可降低事故发生时造成的影响。

3.2.3　应急演练现状

日本是一个非常注重实践的国家，无论是在政府机构、企业生产还是社会活动当中都表现的相当明显，在突发事故应急管理方面也是如此。虽然具有较完善的应急管理体制及先进的科学技术水平，但是日本始终十分重视应急能力培训及事故应急演练工作，这也是日本公众防灾避灾意识强和自救互救能力高的一个原因。日本政府认为，应急演练不仅能锻炼实战能力，而且能从演练结果看出防灾体制存在的不足，同时亦能使防灾应急思想在大众中得到普及。日本政府和企业管理人员一直都重视相关人员应急科普宣教工作，通过应急演练等措施向企业员工、社会公众宣传防灾避灾知识，增强公众危机意识，提高应急处置能力，减少突发事故灾害带来的生命财产损失。

2007 年 3 月 20 日，日本中央防灾会议通过了《2007 年度国家综合防灾演练大纲》，意义在于确定年度防灾相关部门通力合作，统筹考虑开展应急演练的方针，同时明确应急演练的基本思路，通过开展应急演练使更多的国民提高防灾意识。目的是检验和确认有关防灾相关部门在灾害事件发生时必须采取的应急措施的准备情况和提高相应人员的防灾应急能力。《大纲》还提出了国家要积极地支持在各地区、各单位开展防灾应急演练，促进建立广泛的防灾相关部门合作机制，促进政府部门、演练实施机关、各生产企业之间的合作，向国民宣传演练的必要性和重要性。与此同时，地方政府（地方公共团体）要在与消防、警察、自卫队、海上保安厅、安全规制主管部委、指定公共机关、其他的地方公共团体等的密切合作下，努力推进跨地区开展应急救援演练，加强和完善有利于减轻事故灾害损失的应急演练方式和内容。

为纪念 1923 年 9 月 1 日的关东大地震，日本将每年的 9 月 1 日定为"防灾日"，8 月 30 日～9 月 5 日为"防灾训练周"。在此期间，各个地区政府、企业单位、学校等机构都要举行应急演练活动或进行防灾教育培训活动，以普及防灾避灾、应急救援知识。同时，将每年的 1 月 17 日定为"防灾志愿活动日"，1 月 15 日～21 日定为"防灾及防灾志愿活动周"，鼓励公众积极参加灾害事故应急演练，掌握正确的应急方法，提高自救互救能力。日本将防灾应急教育内容列入国民中小学教育课程，通过理论授课、参观应急单位相关活动、参加应急演练等方式培养学生应急能力，同时，教育部还规定学校每个学期都要举行防灾应急演练活动。

日本在每年的"防灾日"期间，都会举行大量的应急演练活动，以内阁总理大臣为主的阁僚也会参加相关的演练活动。"防灾日"期间的演练次数越来越频繁，近几年来，由于国家的高度重视，平常情况下，政府机构、企业单位举行应急演练次数大量增加。相关机关单位、人员及民众的防灾意识、应急救援能力都有了较大提高。

以东京都为例，在东京都主要有都综合防灾演练、区市町村防灾演练和其他防灾机构的防灾训练演练。都综合防灾演练共有三种：

第一种是综合防灾演练，设定烈度 6 级以上的大地震发生的情景，以此加强各机构的紧密合作、促进对地区防灾规划的理解和提高防灾意识。参加机构有都各部局、区市町村、指定的地方行政机构、自卫队、居民。演练项目有紧急召集演练、信息联络演练、总指挥部运营演练、现场指挥演练。时间一般在防灾日或防灾周。

第二种是图上演练，都在相关防灾机构的协助下进行演练，主要目的是培养演练参与者的判断能力和行动能力以及对地区防灾规划的熟悉能力。

第三种是都市县的联合演练，主要促进首都圈内的合作。

区市町村的防灾应急演练主要是指最基层的防灾应急单位为了使防灾对策活动顺利进行，制订演练计划，在平时抓紧机会进行的演练。参加单位有区市町、地区居民和企业、都以及防灾机构。演练项目有总指挥的运营、紧急召集和现场实地演练。最多的是其他防灾机构的专项演练和功能演练，具体如表 3-6 所示。

表 3-6　东京都其他防灾机构的演练

参加机构	演练项目	实施日期及场所等
1. 紧急无线通信演练（关东地区紧急无线通信协议会）		
都各部局 区市町村 关东地区紧急无线通信协议会	根据相关机构的协议指定计划，进行模拟紧急电报的发送	原则上，在防灾日以灾害危险区为中心，以整个都为对象实施
2. 灭火、救出救助、应急救护演练（东京消防厅）		
消防团	(1) 信息活动演练；召集（信息收集）及首次出动措施（灾害应对）演练；信息整理及通信运用演练 (2) 部队编制培训演习 (3) 灭火、救出和救护演练 (4) 与消防署合作演练 (5) 与灾害时前来支援的志愿者等各种团体的合作演练 (6) 与地区居民一起共同灭火，救出和救护演练	除了制订和实施年度教育演练计划外，通过防灾周等活动，与町居委会、自治会等进行综合实施
灾害时的志愿者支援	(1) 应急救援演练 (2) 提供灾害信息的演练 (3) 灭火演练 (4) 救出和救护演练 (5) 其他	通过火灾预防周、防灾周以及志愿者周等，积极的举办各种学习班和实施综合演练等
居民	(1) 防止出火演练 (2) 初期灭火演练 (3) 救出和救护演练 (4) 应急救援演练 (5) 通报联络演练 (6) 身体防护演练 (7) 避难演练 (8) 其他演练	基本演练，除了制订和实施年度教育演练计划外，通过火灾预防周、防灾周以及志愿者周等，随时实施。综合演练每年进行 1 次以上

续表

参加机构	演练项目	实施日期及场所等
单位	(1) 防止出火演练 (2) 防护演练 (3) 灭火演练 (4) 救出和救护演练 (5) 应急救援演练 (6) 避难演练 (7) 收集信息演练	根据消防计划，制订和实施单位演练计划。用其中一项作为综合进行
医疗机构	(1) 设立和运作现场救援所等的演练 (2) 根据病伤患者的紧急程度进行分类医疗的演练	除了在防灾周进行综合演练外，在火灾预防周等与有关部门进行合作演练
有合作协议的民间团体	(1) 搬运消防用水以及支援消防活动的演练 (2) 支援消防部队输送的演练 (3) 使用急救犬援助救援活动的演练 (4) 搬运和灵活使用紧急救援物资的演练	除了在防灾周进行综合演练外，在火灾预防周等与有关部门进行合作演练
3. 医疗应急演练（都健康局）		
都 区町村 医师会（都及地区医师会） 牙科医师会 药剂师会 日本红十字会东京支部 献血供应事业团 警视厅 东京消防厅 陆海空自卫队 国家关东信越厚生局 东京都医药品批发协会 灾害定点医院 日本医疗救援机构 国际医疗支援团体 灾害救援志愿者 促进委员会 居民等	(1) 把握医疗机构的受害情况 (2) 发出指示召集医疗救护班 (3) 设立医疗救护所 (4) 进行救援分类，使得根据受伤者的受伤和病重的程度能够进行合理的搬运和治疗 (5) 向后方医院进行搬运和收容 (6) 使用直升机进行医院之间的搬运 (7) 供应医药品和血液等 (8) 牙科医疗救援 (9) 监视、检验以及确认身份的演练 (10) 接受大地区医疗救护班 (11) 通信演练 (12) 对健康咨询所等运作 (13) 防疫活动 (14) 供水演练 (15) 与医疗志愿者救护班的联系协作 (16) 恐怖事件灾害（NBC）应对演练	配合防灾日的综合演练一起实施
4. 综合演练（警视厅）		
都 防灾机构 防灾市民组织 地区居民 单位等	(1) 召集警备人员和编制队伍演练 (2) 收集和传达信息的演练 (3) 设立各级警备指挥部的演练 (4) 交通对策的演练 (5) 诱导避难的演练 (6) 通知和宣传的演练 (7) 救出和救援的演练 (8) 应对海啸的演练 (9) 通信传达的演练 (10) 操作装备器材的演练	进行9月1日赈灾警备演练、晚上值班时间段的紧急出动演练等外，一年当中与区市町村以及地区居民合作随时进行

参加机构	演练项目	实施日期及场所等
5. 关于污水处理设施的恢复等的演练（都下水道局）		
都下水道局	都下水道局防灾演练 (1) 受灾现场、各管理办事所、政府总局之间的信息联系 (2) 紧急检查和采取应急措施的演练 (3) 与民间企业合作一起进行应急回复的演练 (4) 关于相互救援的信息联系演练等	每年 9 月 1 日，在政府大楼和各管理办事所进行
都 国土交通省 政令指定城市	大都市之间信息联系的演练 (1) 受灾信息的联络演练 (2) 请求支援的联络演练 (3) 支援内容的联络演练	每年 1 月设定一个受灾城市轮流进行
6. 指定的公共机构等的演练		
各铁路公司	(1) 车辆脱轨恢复演练 (2) 旅客的急救措施演练 (3) 信息传递演练 (4) 避难诱导演练	
各电台广播公司	(1) 信息联络和组织联络演练 (2) 播放设备的保养和运用等 (3) 为在灾害时制作特别节目的演练 (4) 检点非常时期的无线器材等	
其他机构	(1) 紧急召集 (2) 信息联络演练 (3) 避难诱导演练 (4) 设施的应急恢复演练	

  每年，从国家层面到都道府、县，以及政府的各个应急部门都开展不同程度的应急演练工作。2009 年 8 月 30 日，东京市政府组织了东京-世田谷-长府三个城市的联合演练。本次演练的目标是：增强政府、部门、下级单位、其他应急组织之间的协同能力，提高突发事件应急响应能力。演练过程中，利用直升飞机大规模转移和运送受伤人员。群众的自救互救工作与专业部队的应急救援工作的协同和配合。演练同时在世田谷区、长府、世田谷区和长府交界的铁路沿线、横田空军基地、东京码头等地开展。

  世田谷区演练的主要内容包括：当地居民和专业救援队伍一起从倒塌的建筑中搜救人员，开通受阻道路，救援被车辆压住的人员，利用直升机、城际巴士运送伤员到东京以及周边地区医疗机构，将灾害信息告知外国居民等。

  长府的演练主要包括：警察、消防专业人员开展人员搜救，自卫队与亚洲都市网成员中的新加坡、台北救援队伍协同救援，东京灾难救援医疗队的救援活动，利用直升机救援伤员运输，救援力量的调度，将灾害信息告知外国居民等。

世田谷区和长府交界的铁路沿线避难场所的主要演练内容包括：当地居民、公司和消防志愿者协同进行人员救助，当地商店联合会和学生共同对避难群众进行引导工作，当地居民建立疏散集聚点、迎接疏散人群。横田空军基地、东京码头等开展的演练内容包括：利用直升飞机运送医疗物资，将受伤人员运送到美海军救生舱等。

本次演练约 150 个组织机构参与，参演人数达 14 000 多人。指挥中心设在东京，东京市市长、世田谷区市长、长府市长通过视频会议，商讨灾害损失信息、并讨论前期处置措施，以及讨论请求救援的决策。在灾害发生很短时间内，在外部救援力量到来之前，当地居民只能利用自身力量进行自救互救。当地居民在演练中协同进行街道清障、人员搜救、人群疏散等演练。本次演练中，首次进行了人员的跨地区疏散，世田谷区的人员疏散到长府的一个避难点。在东京的一个公园内，建立救援和急救基地，日本陆上自卫队的救援队伍在此设立指挥部，将聚集的救援队伍运送到前方灾区。同时该基地内的管理人员开展对基地维护的演练工作，搜救队伍和医疗队伍之间的协同演练。

3.3 英国应急演练现状

英国自然条件优越，少有巨灾，但也是一个洪灾不断、恐怖威胁形势严峻、生产安全与技术事故隐患始终存在，应急管理任务繁重的国家。2004 年之前，英国政府面对各种突发灾难事故，注重的是反应性的应对。2004 年《民事紧急状态法》的颁布促使英国应急管理实现了巨大的转变。现在，英国应急管理的重心转向了提高综合应急能力，应急理念、管理、规程、培训、演练等都发生了极大的变化。

3.3.1 应急管理法制

英国的应急管理法律体系比较完善，有关这方面的法律达 30 多部。2004 年 1 月 7 日，英国下议院通过了《民事紧急状态法》（*Civil Contingencies Bill*），该法律的出台使英国有了一部统一的紧急状态法。根据该法案，英国又修改和重新制定了一批有关应急管理的法律规范，使各种应急法律规范相互协调、自成一体。英国注重应急法规体系建设，形成了以规程为中心的动态法规文件体系。"规程（doctrine）"是英国应急管理一个特色用语，2005 年时，英国应急规划学院（EPC）院长查尔顿·威迪将军提出了这个至今仍有争议的词——规程，规程一词源于军事用语，表示不可违抗的军规。在英国官方看来，应急管理首先要有健全的规程。有了明确的规程，如何调整组织结构、如何推动协调协作、如何确定培训内容等工作就都有了明确的依据。以"规程"为中心的应急法规文件体系可以归纳为如下层次。

1. 《民事紧急状态法》

规程当中的最高规范是《民事紧急状态法》，一切其他规程和知识都是对它的解释、完善。该法强调预防事故是应急管理的关键，要求政府把应急管理与常态管理结合起来，尽可能减少突发事故发生的危险。该法也明确规定了地方和中央政府对紧急状态进行评估、制定应急计划、组织应急处置和恢复重建的职责。

2. 有关补充法案

在《民事紧急状态法》之下，英国政府先后出台了《2005 年国内紧急状态法案执行规章草案》、《2006 年反恐法案》等，作为基本应急法案的补充。此外，还出台了《中央政府应对紧急状态安排：操作框架（CONOPS）》，这一类似于我国《国家总体应急预案》的文件规定了英国中央政府及其部门的应急行为规范，明确了中央与地方政府战略层的具体权责界面。

3. 指南与标准

各种应急管理指南、标准等或者作为强制性文件、或者作为指导性文件，是英国应急管理规程体系的重要组成部分，也是整个应急法规文件体系建设中的主要内容。各种应急预案、计划、指挥行为、评价标准、应急演练要依据这些指南、标准来制定。

按照官方的分类，这类规程主要有三种：强制性规程、非强制性规程和软规程。强制性规程是指中央政府要求必须遵从的规程；非强制性规程是指应该做的规程；软规程是指可以做、可能要做的规程。此外，英国还有大量半官方和民间机构出版的各种推荐性标准，应急领域操作规程、规划方法、应急演练指南、培训资料等，这些文件也属于指南与标准类规程。

4. 应急规划文件

中央和地方政府制定的各类应急相关规划文件是以上述规程为依据，具体指导系统抗灾实践的重要动态文本。它们包括：

（1）风险登记书，由各应急管理主责部门负责编制。地方政府早期有互相抄袭风险登记书的现象，2006 年有了专门的指南后，情况得以改观。现在各地每两年都要重新审视修订风险登记书。

（2）应急计划书，或称为应急预案，由各级应对灾害主责部门负责编制。在英国，所有应急预案都是多部门共同制定，都是事件导向、而非部门导向。

（3）业务持续性计划书，由每个政府部门和相关组织负责编制。所谓业务持续性计划书，是政府或私营企业在业务分析基础上，对于灾害发生时如何保证关键性业务不中断、保证持续提供必要服务的一种系统预案。

（4）灾后重建计划书，通常由地方政府主导的灾后恢复战略小组制定。

5. 经验教训总结材料

英国政府非常重视以往实践得出的事故应急经验与教训，官方要求或认可的应急实践中的经验教训总结材料是系统应急能力提高的必要基础。这些材料包括：对应急管理实践进行总结得出的经验类材料、各种突发事故事后评估报告及中央和地方企事业单位应急演练的演练评估报告等教训类材料、应急政府邀请开展应急研究的研究成果类材料。

上述文件组成了英国应急法规规程体系，包括应急理念、应急计划、应急处置、应急指挥、应急演练的各个方面内容，形成了比较完善的应急管理法规体系。近几年来，这些规程的重点逐渐向提高突发事故应急救援能力方向转移，作为提高应急能力的有效手段，应急演练已受到政府的重视并在相关规程中得到体现。

3.3.2 应急管理现状

英国突发事件应急管理机制的建立已有很长的历史。由于英国对于应急准备、应急预案、应急演练和应急资源等各项工作做得充分，一旦发生重大事故能快速做出反应，迅速启动整个应急系统，集结各方面的力量来应对和处理紧急突发事件。

在英国，地方政府行政首长是本地灾害应急管理的最高领导人。发生突发公共事件后，一般由所在地的地方政府负责处置，直接参与处置的有警察、消防、医护急救中心等应急管理部门，其他部门及非政府组织予以协助和支持。中央政府负责应对恐怖袭击和全国性的重大突发公共事件。在中央层面，首相是应急管理的最高行政首长；相关机构包括内阁紧急应变小组（Cabinet Office Briefing Rooms，COBR）、国民紧急事务委员会（Civil Contingencies Commitment，CCC）、国民紧急事务秘书处（Civil Contingencies Secretariat，CCS）和各政府部门。其中，内阁紧急应变小组是政府危机处理最高机构，但只有在面临非常重大的危机或紧急事态时才启动；国民紧急事务委员会由各部大臣和其他官员组成，向内阁紧急应变小组提供咨询意见，并负责监督中央政府部门在紧急情况下的应对工作；国民紧急事务秘书处负责应急管理日常工作和在紧急情况下协调跨部门、跨机构的应急行动，为内阁紧急应变小组、国民紧急事务委员会提供支持；政府各部门负责所属范围内的应急管理工作，警察局、卫生部等相关部门设立了专门的应急管理机构。

由于历史原因，英国的警察、消防、医护等主要应急部门内部及相互之间的独立性很强，在很长的时间内存在命令程序、处置方式不同和通信不畅、缺乏协作配合等突出问题。建立"金、银、铜"三级应急处置机制就是为了解决上述问题，实现突发事件应急处置的统一、高效。该应急机制既是一种应急处置运行模式，又是一种应急处置工作系统。一方面根据突发事件的性质和大小，规定形成不同的"金、银、铜"应急组织机构；另一方面，确定应急处置"金、银、铜"三个层级，各层级组成人员和职责分工各不相同，通过逐级下达命令的方式共同构成一个应急处置工作系统。从运行情况看，该应急管理机制取得了一定成效，有关通讯不畅问题都有所改进。

（1）金层级主要解决"做什么"的问题，由应急处置相关政府部门的代表组成，无常设机构，但明确专人、定期更换，以召开会议的形式运作。该层级负责从"战略层面"对突发事件进行总体控制，并将制订的目标和行动计划下达给银层级。金层级重点考虑以下因素：突发事件发生的原因；事件可能对政治、经济、社会等方面产生的影响；需要采取的措施和手段，以及这些措施和手段是否符合法律规定、是否会造成新的人员伤亡、是否会对环境和饮用水等产生影响；与媒体的关系等。金层级可直接调动包括军队在内的应急资源，通常远离事件现场实施远程指挥。由于成员很难短时间集中到一起，一般采用视频会议、电话等通信手段进行沟通和决策。

（2）银层级主要解决"如何做"的问题，由事发地相关部门的负责人组成，同样是指定专人、定期更换，可直接管控所属应急资源和人员。该层级负责"战术层面"的应急管理，根据金层级下达的目标和计划，对任务进行分配，简捷地向铜层级下达执行命令（what、where、when、who、how 等）。

（3）铜层级负责具体实施应急处置任务，由在现场指挥处置的人员组成，直接管理应急资源。该层级负责"操作层面"的应急处置，执行银层级下达的命令，决定正确的处置和救援方式，"在合适的时间、以合适的方式做合适的事情"。

根据长期的突发事故应急处置经验教训、应急演练工作启示以及各种应急管理工作总结，英国的"金、银、铜"三级应急机制已取得良好效果，同时英国的应急管理体系建设也趋于完善。目前，英国应急管理的重心逐渐转向提高应急救援能力、加强应急机构协调配合、重视应急救援预案编制等，应急演练工作极大地受到政府应急管理工作的重视。尤其是在安全生产领域，英国作为一个老牌的市场经济发达国家，不但有很好的经济基础，而且有一套成熟的安全与职业健康管理经验和方式，虽然生产安全事故隐患始终存在，但是在现实的安全生产中也取得了举世公认的良好成绩，其安全生产应急管理水平排在世界前列，值得我们研究和借鉴。

3.3.3 应急演练现状

英国应急管理的建设与发展由来已久，并且在应急准备、应急预案编制、应急资源、应急救援等应急管理工作的建设上取得了很好的成绩。同时，由于政府对灾害应急工作的重视，长久的发展促使英国无论政府机构、企业单位还是社会个人都对突发事故灾害的预防、救援和处置等应急能力的提升非常重视，以上成果的取得很大意义上归功于日常工作中的计划、培训和演练。《国内紧急状态法》规定了加强应急演练工作，提高突发事件快速处置能力、各部门之间的合作、协调和沟通能力，同时重点强调了应急演练是完善应急预案和计划、减少灾难损失的有效手段，是事故应急管理的关键。在英国，应急管理涉及多部门、多层级，明确分工不易，有效合作更不易，由于历史原因，英国地方政府与地方警察局、消防局、医疗救护部门等互不隶属，协调是应急救援的一个大问题，这就需要利用应急演练来解决这种问题，而目前英国基本实现了分工明确、协同有效，这些体现了英国政府对于应急演练工作的重视。

英国政府很重视应急处置的准备工作，平时注重加强战略规划、组织建设、物资准备、预算支持和模拟演练等活动，以防患于未然。各组织机构把危机管理纳入日常工作体系，在日常工作中，对可能引起突发事件的各种潜在因素进行风险评估，制定相应的预防措施，进行应急处理的规划、培训。应急处置过程中，强调快速反应，快速到位，快速处置，避免事态进一步恶化。恢复重建阶段，注意解决可能导致突发事件再次发生的各种社会问题，巩固处置成果，同时，组织力量对突发事件发生的原因和处置工作成效进行评估，提出改进意见，进行必要的组织、机制变革和完善。此外，英国的许多部门都有紧急应变机制，各自根据不同的部门特点制定其应急措施。一旦发生危机事件，各有关部门可立即启动自己的应急机制，同时由其他相关部门予以配合和支持。

英国的危机应急管理可分为三个方面：危机应对的准备方面、危机的应对方面和恢复方面，准备方面在整个危机应急管理中占有十分重要的地位，其具体工作包括：合作、信息共享、风险评估、业务持续管理、危机规划、应急预案、预警和通报公众、培训、应急演练等。其中，应急演练是英国应急管理不可或缺的部分，上述的合作、信息共享、业务持续管理、危机规划、应急预案等都需要通过应急演练来检验其合理性与适应性，同时提出改进方案和建议，以便不断地予以完善。同时，工作人员通过演练能够受到一定的训练，积累体验性认知，加强自己与危机应急处置的各种程序、体制的磨合，进而增强自己应对突发事件的信心。英国危机事件应急演练分为三种类型：讨论型演练（discussion-based）、桌面模拟型演练（tabletop）、实战型演练（live）。英国的中央政府和各级地方政府都有自己的演练计划，同时，英国政府在双边或多边关系（西方八国集团 G8、北约 NATO、欧盟 EU）的基础上积极参加国际性的大型应急演练。

在"9·11"事件后，英国不断制定和更新各种预案，组织应急演练，2003～2004 年举行了 6 次大规模应急实战演练和 32 次桌面演练，2005 年 7 月伦敦地铁爆炸案发生后，伦敦大都市警察局根据详细的应急反应计划，进行了快速、有效地应急处置，其他相关部门不需要层层通知，按照已制定的应急方案，自行启动各项响应措施，各方力量密切协同，各司其职，封控、疏导、恢复等各项工作井然有序。

英国是以地方政府为主，实行属地管理的应急管理体制，只有在涉及较大规模的灾难事故时，中央政府根据突发事件发生所在地的地方政府要求提供帮助，并且其主要职责是对相关工作和涉及的部门进行协调，因此，英国的各项应急演练活动都是以地方政府或企业为单位举行。当地方政府和当地企业单独举行应急演练或联合相邻地区政府和企业举行跨地区联合演练时，参与应急演练的部门一般为：地方政府、警察部门、消防部门、医疗救护部门、健康与安全署、环保署、食品与环境研究署、政府洗消服务机构等。各部门具有明确的分工，当企业内部举行应急演练活动时，也可邀请这些部门和机构参与配合，以提高演练的真实性和演练效果。

由于英国应急管理实行"金、银、铜"三个层级的突发事故应急处置模式，应急各单位在进行大型综合应急演练时，也是实行"金、银、铜"这种分层级的事故处置演练模式。其演练流程及演练事故处置特点如下：

（1）预警与通知。演练开始，启动情景事件，由接受过专业培训的人员接听接警电话并通知相关应急部门。为了完成这项行动，需要具备两套系统，一套系统要求有性能良好的电话系统来接收演练过程中的大量电话，以连接公众和电话操作人员。另一套系统连接操作人员和警察、消防、医疗等参演部门。这些信息沟通要求迅速，以保证事故的快速反应。

（2）铜层级行动与指挥。一旦接到通知，应急部门应当迅速部署事故演练现场，所有这些都是基于演练计划而建立。例如，消防部门检查并部署消防设施，交通部门实行管制等。同时建立现场指挥中心，即铜层级指挥，最初参加现场指挥的可能是警察和消防部门人员。在其要求下，环境署、地方政府、事故救援机构等成员迅速进入现场，按照要求实施自身相关的演练行动。现场演练人员、控制人员均属于铜层级。

（3）银层级行动与指挥。根据事故情况，一旦情景事件为重大事故，则成立银层指挥。由演练组织人员、相关政府官员组成，指挥演练现场事故处置、参演人员行动，并向铜层级人员下达各种指令和任务。

（4）金层级行动与指挥。由演练当地政府部门代表、参演企业高层的人员组成，成立重大事故控制室，即现场总指挥，属于金层级指挥。主要负责大型演练的整体控制与指挥，进行演练政策和决议的制定等，直接向银层级下达指挥指令。

上述情况是英国举行大型综合演练的一般模式，对于各部门、企事业单位举行的其他演练活动，其演练类型、演练过程等根据实际需要进行安排，例如讨论型演练或桌面模拟型演练只需要在会议室内由应急相关人员参加进行即可完成。

近些年来，英国的重大事故发生率、死亡率不断下降，安全生产从业人员10万人死亡率、单位国内生产总值事故死亡率一直处于世界最低水平，这些成就的取得与英国一直以来重视抗灾救援能力、加强相关人员培训教育、大力实行应急演练工作是分不开的。英国虽然条件优越、经济发达，但是英国是一个非常重视安全的国家，政府部门经常举行洪灾、恐怖威胁等突发事件应急演练，以提高相关应急人员和社会群众的灾害处置能力和意识。国家各生产企业单位也形成了自觉进行员工应急能力培训、举行安全生产应急演练活动的理念，旨在提高企业员工对潜在生产安全的防范和发生事故后的紧急应对能力。长久以来形成的习惯使英国政府把应急演练工作提高到日常生活应急管理的层面，并且形成了基本完整的体系和模式。

国家层面，针对应急演练设立了专门的"政府应急演练计划"，针对事故灾难、自然灾害、反恐等领域的破坏性突发事件，开展跨层级、跨区域、跨领域的多次综合性协同演练。该演练计划用于严格检验从国家到区域到地方、从政府到相关部门的协同应急能力。

另外，地方政府和应急管理服务机构制定本层级的应急演练计划，用于检验和测试应急管理机构、应急救援队伍的行动能力和反应水平。

在英国，应急演练工作有相关法律作为依据。《国民紧急状态法》规定，第一类应急响应机构（应急职能较强的机构）必须将应急演练和培训计划列入各自的年度计划中。无论政府部门还是企业单位均要积极响应国家法规要求，应急演练工作已深入人心，成为管理者日常考虑的重点工作之一，且频繁开展，取得了良好的成果。

3.4　国外应急演练的特色

通过对国外应急演练现状的调研和了解，经过归纳和分析，总结国外应急演练的特色如下。

3.4.1　重视公众参与演练

美国、英国等国家在事故灾难方面的应急演练注重公众的参与度，通过让尽可能多的公众参与到应急演练中，提高他们的危机感与自救互救能力。让公众参与疏散、自救互救等应急演练活动，一方面提高公众的防灾减灾意识，另一方面提高公众应对可能发生的真实事故时的素质。

3.4.2　注重应急演练基地的建设

美国、英国、日本等国家在煤矿事故、危化品事故、交通事故、火灾事故等事故灾难的应急演练过程中，通过多年的积累，逐渐认识到建立培训演练基地的重要性。

美国国家矿山健康与安全学院是全美国最大的矿山事故救援培训演练基地之一，通过该学院相关模拟演练设施，应急搜救队伍、医疗队伍、消防队伍、应急管理人员等可以进行协同演练，模拟矿山事故处置，提高应急响应能力。

州级层面，以伊利诺伊州为例，伊利诺伊州依托伊利诺伊大学（University of Illinois at Urbana-Champaign，UIUC），建立了应急救援培训演练基地，通过该基地对学员开展培训的同时，可开展危化品事故、建筑施工坑道救援、建筑物坍塌救援、车辆交通事故救援、列车运行事故救援、火灾事故救援等事故灾难处置的应急演练。每年8月份，全伊州的大型事故灾难综合性演练在该基地举行，消防、医疗、交通、农业、警察等相关部门、市郡应急救援力量和应急管理人员均参与到综合性演练中。伊州政府组织相关专家对演练整体情况进行评估，根据评估情况决定下一年度对演练工作的财政经费投入力度。

英国在危化品事故、核生化事故、爆炸事故等培训演练方面，在格洛斯特郡莫顿因马什市建立了莫顿因马什应急救援培训演练基地。通过该基地开展交通事故、工业火灾、高层建筑救援、城市搜救、危化品事故、水上交通事故等事故灾难的应急演练工作。参演人员包括应急管理人员、专业救援队伍、公众等。

3.4.3　注重突发情况随机信息的注入

西方发达国家在应急演练方面开展的频度和多方参与度均非常高。随着时间推移，演练组织人员发现，让参演者"心中有数"的演练固然能减少演练工作的难度，并且达到演练预案、操作熟练度等目的。但是，这种演练形式，对于训练和检验参演者沉着应对、反应果断迅速等能力则远远不够。

为解决上述问题，在演练中，他们注重加入一些随机情况，作为应急演练的信息注入，做到演练的部分环节预先不可知、随机化。通过"随机双盲"、"随机单盲"等形式的演练，起到了检验和训练参演者沉着冷静，准确判断、科学处置的作用。

3.5　国外应急演练对我国安全生产应急演练的启发

国外应急演练经过多年的摸索、反思和改进，在演练模式和机制等方面可为我国安全生产应急演练工作的开展所借鉴，为我国安全生产应急演练指明方向。

3.5.1　重视应急演练相关法制建设

从美国、日本、英国等国家应急管理现状及应急工作发展过程中，可以看出国外发达国家十分重视应急工作相关法制建设，且很多法制均含有应急演练工作开展的相关规定。国外发达国家完善的应急演练体系及应急演练机制均有相关法律为支撑，从而形成良好发展形势。为此，我国加大应急演练工作力度的同时，应加强应急演练法制建设。

3.5.2　重视利用应急平台辅助应急演练工作

国家安监总局已完成安全生产应急平台的科研工作，我国多个省级安全监管部门已不同程度建立了应急平台。应急平台在平时处置突发事件过程中发挥了十分重要的作用，如预测预警、信息报告、辅助决策、指挥调度等。同样，应急平台可在演练中将发挥十分重要的作用。

领导层面的决策在应急演练过程中和实际突发事件应急中都是不可或缺的，快速反应和应急决策来自于预案、历史案例、专家意见、应急知识、相关法律法规，以及突发事件瞬息万变的现场态势。在目前突发事件应急中，由于在公共安全科技和信息化技术的支持下，可容纳海量的预案信息、案例信息、突发事件周边信息（包括危险源、防护目标、人口、经济、救援资源等）、突发事件特征信息，通过应急平台决策支持模型，可为领导决策提供有效可靠的支撑。

3.5.3　注重应急演练培训机构建设

国外发达国家均设有相应应急演练培训机构，对企业员工、政府部门人员进行应急演练培训，提高相应人员的应急演练知识和技能，促进应急演练工作的有效开展，保证应急演练工作的正常举行。如美国的应急管理学院即专门对应急人员进行应急救援能力培训和教育，英国应急规划学院及地方应急管理机构等均将应急演练培训工作纳入年度计划，重视各单位应急救援能力的锻炼和提升。

3.5.4　重视应急演练持续性建设

美国加州每年一次的地震综合演练及日本"防灾周"期间按例举行的各种演练活动均表明应急演练活动需要频繁开展，通过长期重复开展应急演练活动，使应急救援意识深入人心，很大程度上提高人员的应急救援能力和应急处置水平。特别是突发生产安全事故的发生均带有相似性，因此更需要通过应急演练持续性开展，增强企业应急经验及提高应急处置能力，保证发生突发生产安全事故时能做到及时有效处理，将损失降到最低。

3.5.5　重视公众在应急演练中的作用

在我国安全生产应急演练过程中，一般都是生产经营单位内部人员或联合部分政府人员参与，很少有公众直接参与到演练活动中。而在美国、日本等国家举行应急演练时通常都有公众参与，在锻炼相关应急人员的应急处置能力时也提高了公众的应急意识。同时，我国发生的重大生产安全事故时常给生产经营单位周边公众也带来人身伤害和财产损失，所以，在举行应急演练时一定要注重社会公众的参与及其所表现的重要作用。

3.5.6　政府从经费保障和政策上给予支持

国外十分重视应急演练的经费保障，部分国家将应急演练工作所需经费纳入财政年度预算。例如，美国 TOPOFF3 应急演练总投入达 2100 多万美元，欧盟在2011 年举行的核生化应急演练总投入预算为 82.58 万欧元。因此，我国安全生产应急演练工作取得良好发展，就需要政府部门在各方面提供有效保障和支持。

4 安全生产应急演练组织与策划

安全生产应急演练组织与策划过程错综复杂，需要投入大量人力、物力及财力等资源，并根据应急预案的内容，考虑各方面因素，对其进行反复检查以适合演练的实施。本章主要介绍安全生产应急演练的组织机构及其人员安排、应急演练的规划依据及规划内容和应急演练行动的各项内容。以应急救援预案的内容为依据，从应急演练要素、应急演练需求分析、目的、目标、规模设定、情景设置、演练程序确定、安全保障方案、参与人员及其他需要注意的问题等十个方面介绍应急演练策划过程，分别介绍应急演练策划中所涉及的各类策划说明文件，并提供参考格式。政府部门、生产经营单位等在进行安全生产应急演练时，必须根据应急预案事先对演练相关过程及内容进行详细策划，并编写相应的演练策划说明书、演练脚本及其他说明性文件，以保证演练行动顺序实施、演练过程有序进行。

4.1 应急演练组织机构

安全生产应急演练的组织开展需要根据生产经营单位相关应急救援预案来确定。演练组织单位要成立由相关单位领导组成的演练领导小组，通常下设策划组、执行组、保障组、技术组和评估组等若干专业工作组（对于不同类型和规模的演练活动，其组织机构和职能可以适当调整）。根据需要，可成立现场指挥部。应急演练组织机构框架如图 4-1 所示。

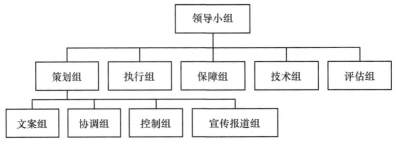

图 4-1 应急演练组织机构内容框架图

4.1.1 领导小组

应急演练领导小组负责演练活动筹备期间和实施过程中的领导与指挥工作，确定演练内容、演练形式、演练区域和参演人员，在需要的时候，负责任命演练活动总指挥与现场总指挥，审定演练工作方案、演练工作经费、演练评估总结以及其他需要决定的重要事项等。

演练领导小组组长一般由演练组织单位主要领导担任，副组长一般由演练组织单位或主要协办单位负责人担任，组长、副组长具备调动应急演练筹备工作所需人力和物力资源的权力；小组其他成员一般由各演练参与单位相关负责人担任。在演练实施阶段，演练领导小组组长、副组长可以兼任演练总指挥、现场总指挥。演练总指挥负责演练实施过程的总体指挥与控制，一般由演练领导小组组长或上级领导担任；现场总指挥负责演练现场各项应急行动实施过程的指挥控制。

4.1.2 策划组

应急演练策划组是保证演练过程正常开展所设立的工作组之一。演练策划组最好由熟悉当地应急情况的人员组成，如高级行政官员、负有安全生产监督管理职责的相关部门领导、应急预案中所涉及应急组织负责人和应急专家。

演练策划组成员应对生产经营单位应急工作开展和应急预案内容有较为全面的认识和了解。一个理想的演练策划组所应具备的素质如下：

（1）演练策划组成员在不同领域各有所长。例如有的成员十分了解演练区域内各类建筑物、道路的布局，有的人则十分熟悉区域内通信网络分布等。

（2）对生产经营单位安全生产应急工作有自己的见解，能够对同一个问题进行反复推敲，而非随波逐流、人云亦云。

（3）思维活跃，有创造性，能承受较大的工作压力。

（4）做事认真细致，能够按照工作进度完成自己的工作。

（5）在演练正式开始前，不向外界透露演练细节。

演练策划组主要负责应急演练策划、演练方案设计、演练实施的组织协调，负责演练前、中、后的宣传报道，编写演练脚本、安全保障方案或应急预案、总结报告和后续改进计划等。其具体职责包括以下六个方面：

（1）确定演练目的、原则、规模、参演单位；确定演练的性质方法，选定演练的时间、地点。

（2）与当地行政部门进行沟通，争取它们对演练工作的支持和配合。

（3）协调各参演单位和部门之间的关系。

（4）编制、审定演练实施方案及其他与演练相关的重要文件。

（5）开展演练前对人员的培训工作。

（6）参与演练实施、总结工作；针对演练中发现的问题进行跟进、落实和整改。

策划组设总策划、副总策划，下设文案组、协调组、控制组、宣传报道组等。

（1）总策划、副总策划。总策划是演练准备、演练实施、演练总结等阶段各项工作的主要组织者，一般由演练组织单位具有应急演练组织经验和突发事故应急处置经验的人员担任；副总策划协助总策划开展工作，一般由演练组织单位或参与单位的有关人员担任。

（2）文案组。应急演练文案组在总策划的直接领导下，负责制定演练计划、设计演练方案、编写演练总结报告以及演练文档归档与备案等；由演练参与单位的人员担任，应具有一定的演练组织经验、突发事故应急处置经验。

（3）协调组。主要协调安全生产应急演练所涉及的相关单位以及本单位有关部门之间的沟通，负责向各组传达指挥部负责人指令，负责联系和督促各组工作，报告各组救援工作中的重大问题，负责向上一级应急救援部门报告事故情况及请求援助。其成员一般由演练组织单位及参与单位的行政、人事等部门人员组成。

（4）控制组。在应急演练实施过程中，控制组在总指挥的直接指挥下，负责向演练人员传送各类控制消息，解答演练人员的疑问，解决应急演练过程中出现的问题，引导应急演练进程沿着计划方案进行，以达到演练目标。其组长可以由演练组织单位的负责人或者参演单位的安全主管担任，成员最好有一定的演练经验，也可以从文案组和协调组抽调，称为演练控制人员。

（5）宣传报道组。应急演练宣传报道组主要负责编写、制作宣传教育资料和宣传标语，撰写新闻通稿和组织宣传报道，举行新闻发布会，负责接洽外部媒体工作者，使周围居民及群众及时掌握演练最新动态，减少不必要的恐慌。其组长一般由演练组织单位宣传部门负责人担任，成员涉及演练相关单位的宣传部门人员。

4.1.3 执行组

应急演练执行组在应急演练活动筹备及实施全过程中，负责演练相关单位和工作组内部的联络、协调工作，负责生产安全事故情景事件的要素设置及应急演练过程中的场景布置，负责调度安排参演人员、控制演练进程，确保演练活动的正常进行。

演练执行组组长一般由组织演练单位的安全管理部门领导担任，需要熟悉当地应急情况和生产经营单位应急资源条件，成员一般由演练相关单位具有应急演练经验的人员组成。

4.1.4　保障组

应急演练保障组主要负责应急演练筹备及实施过程中工作经费和后勤服务保障，确保演练安全保障方案或应急预案落实到位，调集演练所需物资装备，购置和制作演练模型、道具、场景，保障运输车辆、电力、气象、传输、场地布置及通信畅通，维持演练现场秩序，保障人员生命和财产安全，负责应急演练结束后所用物资的清理归库、人力资源管理及演练经费的使用管理，同时提供演练所需的各种相关后勤保障，并根据需要协助应急演练单位接待领导、专家、观摩人员等。

演练保障组组长和副组长一般由当地安全生产管理部门领导或应急救援指挥中心人员或生产经营单位后勤部门负责人担任，其成员一般是演练组织单位及参与单位后勤、财务、办公等部门人员，通常称为后勤保障人员。

4.1.5　技术组

应急演练技术组是根据演练内容、形式、负责监控演练现场环境参数及其变化，预测应急演练过程中可能出现的意外情况并给出相应应对方法，制定演练过程中应急处置技术方案和安全措施，并保障其正确实施，确保应急演练正常进行。

技术组组长一般由生产经营单位内部负有应急管理职责的相关负责人或外聘应急专家担任，且必须要有丰富的应急演练经验和安全生产应急管理方面专业知识，其成员一般是参演单位具有相关应急技术经验的人员。

4.1.6　评估组

应急演练评估组主要负责审定演练安全保障方案或应争预案，设计演练评估方案并实施，进行演练现场点评和总结评估，撰写演练评估报告，对演练准备、组织、实施及其安全事项进行全过程、全方位观察，记录收集到的信息，整理评估结果，及时提出具有针对性的改进意见和建议。

评估组成员一般由安全生产应急管理专家、具有一定演练评估经验和突发生产安全事故应急处置经验的专业人员和演练组织主管部门相关人员担任，称为演练评估人员。评估组可由上级部门组织，也可由演练组织单位自行组织。

4.1.7　演练参与队伍和人员

参演队伍和人员包括应急预案规定的有关应急管理部门（单位）工作人员、

各类专兼职应急救援队伍以及志愿者队伍等。按照参演人员在演练过程中扮演的角色和承担的任务，参演人员一般可分为演练人员、控制人员、模拟人员、评估人员和观摩人员五类。

1）演练人员

演练人员是指在应急演练中承担具体任务的工作人员，是演练参与人员的主体，人数最多。演练人员主要来自各应急组织机构和演练相关单位，是现实中与生产安全事故应急救援直接相关的人员。在演练过程中，演练人员应尽可能地针对事故情景做出在真实情景下可能采取的响应行动。

演练人员应熟悉应急响应体系、功能和所承担任务的执行程序，演练时，按规定的信息获取渠道，了解有关信息，并根据自身判断确定自己的应急行动，以控制或缓解演练所模拟的紧急情况。演练人员承担的具体任务包括：

（1）按演练情景进行救助伤员或者被困人员；

（2）实施相应行动，保护财产和公众安全；

（3）获取并管理各种应急资源；

（4）与其他应急响应人员协同应对演练过程中的各类紧急事件。

2）控制人员

控制人员是指按照应急演练方案控制应急演练进程的人员，通常包括演练总指挥、现场总指挥以及专业工作组人员。在演练过程中，控制人员可以由参演应急组织部门的负责人或参演单位的安全管理部门人员担任。

演练控制人员的职责是确保应急演练方案的顺利实施，以达到演练目标；在演练陷入停滞状态时，控制人员应给演练人员一些提示，推动演练的顺利进行。此外，控制人员还要保证现场人员的安全，保证整个演练过程在可控的安全范围内。控制人员在演练过程中的主要任务包括：

（1）确保应急演练目标最大程度实现，以利于评估工作的开展；

（2）确保演练活动对于演练人员来说，既具有确定性，又富有挑战性；

（3）确保演练进度；

（4）解答演练人员的疑问，解决演练过程中出现的问题；

（5）保障演练安全进行。

3）模拟人员

模拟人员是指应急演练过程中扮演与代替某些应急响应机构、社会团体和服务部门的人员（如军队、受害群众、志愿者团体等组织），或模拟紧急事件、事态发展的人员。模拟人员要了解模拟组织的职责、任务和能力，在演练过程中能够模拟这些组织所需采取的行动，积极配合演练人员，提高演练的真实性。

模拟人员承担第一项角色任务时，可以扮演多种角色或替代多个机构和服务部门，与应急指挥中心、现场指挥所之间一般采取书面消息传递、模拟适时行动等相互作用方式。

模拟人员在演练过程中的任务包括：

（1）扮演与代替正常情况下响应实际紧急事件时与应急指挥中心、现场应急指挥所相互作用的机构或服务部门人员（由于各方面的原因，这些机构或服务部门不能参加演练）；

（2）模拟事故的发生过程，如释放烟雾、模拟气象条件、模拟泄漏等。

开展应急演练，并不要求所有应急机构、组织、部门人员都参与，参与演练的应急机构、组织、部门人员取决于演练范围、规模、演练目标，不参与演练并不说明该次演练不需要这些机构、组织、部门人员的支持与配合。应急机构参与时，其中需在现场或指挥中心以外的其他地方进行的各项活动主要通过模拟人员的模拟行为完成。

4）评估人员

评估人员是指负责观察和记录应急演练进展情况并评估相应演练绩效的人员，他们不直接参加演练活动，但是必须对整个演练方案和过程进行熟悉和了解。评估人员主要由当地政府行政人员、生产经营单位应急响应机构主要人员或安全生产应急管理领域的专家担任。

应急演练评估人员的主要任务是：

（1）观察演练人员的应急行动情况和演练过程，记录观察结果，整理记录信息并展开评估工作；

（2）在不干扰演练人员工作的前提下，协助控制人员保证演练按预定的方案进行。

演练前，评估人员必须接受有关评估技术和评估方法方面的培训。演练过程中，评估人员须认真做好记录。演练结束后，评估人员所收集到的客观信息和事实，将成为评估组总结应急演练和应急预案各方面优缺点的基本依据。

5）观摩人员

观摩人员是指来自演练相关单位或演练场所附近社区，观看演练过程的人员。应急演练现场应划分专门的区域供观摩人员活动，并设立专门人员负责现场秩序的维持，保证所有观摩人员能够清晰、安全地观看整个演练的过程。

上述五类人员在演练过程中都有着重要的作用。演练人员对演练情景中的事件或模拟紧急情况做出应急响应行为；控制人员通过释放控制消息，确保演练按照演练方案要求进行；模拟人员模拟事故发生情况和应急响应行动；评估人员收

集与演练相关的事实、时间、事件及其他各类详细情况信息，评估演练绩效；观
摩人员可以从观看过程中吸取经验并提高自身安全意识。他们之间的信息联系如
图 4-2 所示。

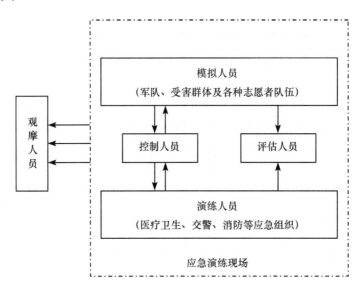

图 4-2　应急演练过程中五类人员的信息联系

4.2　安全生产应急演练规划

应急演练规划是指对未来一段时期内安全生产应急演练工作的总体规划安
排，一般以年为单位，由各级政府应急管理机构及相关部门、生产经营单位和社
会团体，根据本地区、本行业、本单位的管理权限和实际情况组织有关人员制
订，它是该地区、行业和生产经营单位组织开展演练工作的长远计划安排。应急
演练规划要统一协调、相互衔接、正确安排好演练的顺序、侧重点、时间及地
点，避免重复和相互冲突。

4.2.1　应急演练规划依据

应急演练规划应以国家安全生产应急管理相关法律法规、条例和准则为根
据，以当地的法规政策和本单位安全生产应急预案的内容为导向，按照当地各行
业和生产经营单位的实际情况和地区气候、环境等要求，由当地的安全生产监督
管理部门或生产经营单位安全主管部门组织应急专家根据区域应急工作的开展状
况共同商讨、编制。

应急演练规划的编制人员应预先翻阅当地政府或生产经营单位以往组织的各类应急演练记录、了解本区域或生产经营单位的应急资源和人员分布状况，进行实地调查和考察，得出当地政府、生产经营单位应急演练现状和相关资源、人员的最新分布情况，推断应急演练的发展趋势，据此进行安全生产应急演练规划。

4.2.2 应急演练规划原则

应急演练规划主要依照国家、当地政府相关规定标准及演练单位实际情况为原则，并结合演练实施时政企结合、周密部署的原则进行。演练规划主要以安全生产应急预案为基本依据，针对可能发生的突发生产安全事故，着重提高初期应急处置和协同救援的能力。演练频次应满足应急预案的规定，演练范围应有一定的覆盖面。应急演练规划过程中一般应考虑以下五点原则：

（1）《国家安全生产事故灾难应急预案》规定各专业应急机构每年至少组织一次生产安全事故灾难应急救援演练。国务院安委会办公室每两年至少组织一次联合演练。《生产安全事故应急预案管理办法》（国家安全生产监督管理总局令第17号）规定生产经营单位应当根据本单位的事故预防重点，每年至少组织一次综合应急预案演练或者专项应急预案演练，每半年至少组织一次现场处置方案演练。演练活动的类型和范围大小以实际情况而定，演练一般安排在突发事故多发季节之前举行。

（2）在规划时应适当安排多种应急演练类型相组合，在确保应急响应能力提高的同时，尽力控制演练成本。

（3）某些适合于特定类型应急行动的演练活动，应频繁地举行。每个应急组织应按照其应急管理规程所规定的需要、风险和目标来确定演练活动类型。

（4）若近期临近区域或某行业内常常出现相类似重大事故，本区域或相似生产经营单位有必要举办针对性的演练活动以防范于未然。

（5）应急人员在经过培训后，需要以演练方式检验其培训效果。

4.2.3 应急演练规划内容

生产经营单位应针对本单位、本部门安全生产特点对应急演练活动进行整体规划，在编制应急演练年度规划方案时，应充分考虑各个方面的内容，通常包括演练的目的、类型、形式、时间、地点、规模、参与演练的部门、人员、资源保障、演练经费预算等。

演练规划内容要根据实际需要和现实条件确定，在考虑本单位实际情况下进行演练规划时，涉及的主要内容为：

（1）确定演练目的。针对本单位或部门常见的生产安全事故，明确举办应急演练的原因、演练要解决的问题和期望达到的效果等。

（2）分析演练需求。在对已设定事件的风险及应急预案进行认真分析的基础上，确定需要参与演练的部门和人员、资源配备、安全保障设施等。

（3）确定演练范围。根据本单位实际情况，确定演练类型、地点、规模以及演练形式等。

（4）安排演练实施日期。由于规划以年为单位，时期较长，存在许多不确定因素，无法具体安排演练实施时间，所以一般设在特定生产事故易发高发期之前。

（5）进行演练经费预算。明确规划时期内的演练经费筹措渠道及数目。

根据国内外相关经验，综合演练由于开销大，策划工作复杂，涉及面广，通常一年只能安排一次，常在年底举行；功能演练则适宜每季度举办一次，演练内容以几项关键的应急响应功能如通信、紧急疏散、典型事故（火灾、爆炸、泄漏等事故）的抢险为主，也可以根据应急队伍建设中的薄弱环节，有针对性地开展演练活动；桌面演练由于开展相对简单，每个季度可以举办多次，主要是提供一些机会让生产经营单位各部门之间进行沟通和交流，加深应急成员之间的信任和理解。

4.3　安全生产应急演练的内容

在安全生产应急救援过程中，存在一些必需的核心功能和任务，这些功能和任务是应急预案的核心要素，也是安全生产应急演练的基本内容。主要包括：预警与通知、应急指挥协调与决策、应急通信、应急监测、警戒与管制、疏散与安置、医疗与卫生保障、现场应急处置、公众引导、现场恢复、评估与总结等，无论何种演练都必须围绕这些功能和任务展开。应急演练过程主要是按照预案要求完成上述功能和任务的部分或全部内容。

4.3.1　预警与通知

预警通常指根据监测结果，判断突发事故可能发生或即将发生时，依据有关法律法规或应急预案相关规定，公开或在一定范围内发布相应级别的警报，并提出相关应急建议的行动。

生产经营单位安全生产过程中，必须要有完善的预警机制，保证在生产安全事故实际发生之前对事故进行预报、预测及提供预先处理操作。预警工作包括四项内容：

（1）对于预警范围的确定。需要严格规定监控的时间范围、空间范围和对象范围。

（2）预警级别的设定及表达方式的规定。初步对事故给出一个类别和级别，以方便通知。

（3）紧急通知的次序、范围和方式。明确规定一旦发生突发生产安全事故，及时按顺序通知哪些机构、人员，以及以何种方式通知。

（4）突发生产安全事故范畴及领域的预判。

应急救援过程中，准确了解事故的性质和规模等初始信息是决定是否启动应急救援的关键，也是预警工作需要考虑的重要因素。预警作为应急响应的第一步，还必须对接警要求做出明确规定，保证迅速、准确地向报警人员询问事故现场的重要信息。

接警人员一般由总值班人担任，接警人员应做好以下五项工作：

（1）问清报警人姓名、单位部门和联系电话。

（2）问明事故发生的时间、地点、事故原因、主要毒物、事故性质（毒物外溢、燃烧、爆炸、坍塌等）、危害波及范围和程度、对救援的要求，同时做好电话记录。

（3）向生产经营单位有关领导报告通知。

（4）与应急救援队伍保持联系，监视事态发展情况。

（5）若企业单位应急救援难以控制事态发展，要及时向上级汇报，请求支援。

在发生生产安全事故时，接警人员接到报警后，应按照应急预案规定的时间、方式、方法和途径，迅速报告上级主管部门或当地政府有关部门、应急机构，发出事故预警通知，以便采取相应的应急行动。当事故可能影响到生产经营单位周边地区，对周边地区的公众可能造成威胁时，应及时向公众发出预警警报，同时通过各种途径向公众发出通知，告知事故性质、对健康的影响、自我保护措施、注意事项等，以保证公众能够及时做出自我保护响应。

4.3.2　应急指挥、协调与决策

应急演练工作始终贯穿于应急准备、应急响应、应急救援和应急恢复等应急活动中，涉及应急救援的工作内容众多，但关键是统一指挥、协调决策等，具体表现在：

（1）统一指挥是应急指挥的最基本原则。坚持统一领导、综合协调、分类管理、分级负责、属地管理为主的应急管理体制，应急救援活动必须在应急指挥部的统一组织下行动。

（2）协调决策是应急演练行动有序进行的保证。各应急演练组织、部门人员在现场指挥部的统一指挥下，协调决策，分工合作，充分利用现有的应急资源和力量开展应急救援演练工作。现场指挥决策时，以生产经营单位领导、当地政府为主，部门和专家参与，充分发挥生产经营单位自救作用。

根据应急预案规定的预警响应级别，建立统一的应急指挥、协调和决策机构，便于对事故进行初始评估，确认紧急状态，从而迅速有效地进行应急响应决策、实施应急行动指挥，建立现场工作区域，确定重点保护区域和应急行动的优先原则，指挥和协调现场各救援队伍开展救援行动，合理高效地调配和使用应急资源，控制事态发展。

在重大生产安全事故处置过程中，应急救援指挥部根据实际情况，成立下列相关应急救援专业组：

（1）消防抢险组。可由当地公安消防部门或生产经营单位消防队伍负责，负责现场抢险作业，及时控制危险源。负责现场伤员搜救、容器设备处理及事后对现场区域恢复清理等工作。消防抢险组成员由消防专业队伍、生产经营单位义务消防抢险队伍和专家组成。

（2）医疗救护组。由卫生部门负责，负责在现场附近的安全区域内设立临时医疗救护点，对受伤人员进行紧急救治。

（3）安全疏散组。负责对现场及周围人员进行防护指导、人员疏散及周围物资转移工作。由公安部门、事故单位安全保卫人员和当地政府有关部门人员组成。

（4）安全警戒组。安全警戒组由公安交管部门、治安等部门组成。主要负责布置安全警戒，禁止无关人员和车辆进入危险区域，在人员疏散区进行治安巡逻。

（5）物资供应组。物资供应组由应急物资储存机构、交通部门、生产经营单位后勤部门等部门组成。主要负责组织抢险物资的供应，组织车辆运送抢险物。

（6）环境监测组。在发生泄漏等事故时，需要对大气、水体、土壤等环境参数进行及时检测，确定污染区域范围，对事故造成的环境影响进行评估，制定修复方案并组织监督实施。

（7）专家组。由安监部门负责，负责对应急救援方案和安全措施进行可行性分析并提出建议，为现场指挥救援工作提供技术咨询。

在进行安全生产应急救援演练时，以上应急救援专业组，应根据演练事故特点及生产经营单位实际情况进行选择和组织，不能参与的组织及人员通过模拟实现，确保演练活动的有效实施。

演练过程中，事故抢险救援方案由现场总指挥、本单位领导和专家组讨论协商，做出决策后再由现场总指挥组织统一实施。

4.3.3 应急通信

应急通信是应急指挥、协调和与外界联系的重要保障，在现场指挥部、应急中心、各应急救援组织、新闻媒体、医院、上级政府和外部救援机构之间，必须建立完善的应急通信网络，在应急救援过程中始终保持通信网络畅通，并设立备用通信系统。

应急救援过程中，参与预警、接警和通知、应急处置与救援的各方人员，特别是上级与下级、内部与外部相关人员畅通的信息联络，是保证应急指令正确下达和救援行动及时实施的关键。

通信对于应急行动的有效开展非常重要。生产经营单位应急预案必须对负责应急救援工作的领导、部门人员之间的通讯方式和顺序做出规定，建立有效的应急通信系统，以保证紧急情况下的信息通道畅通。通信体系应考虑的因素有：

（1）建立和保持生产经营单位应急组织之间的通信网络；

（2）建立和保持现场应急组织、外部应急指挥和其他应急组织之间的通信网络；

（3）建立和保持应急指挥和区域内其他生产经营单位人员、社区居民之间的通信网络；

（4）建立和保持现场指挥部和医院、交通部门等生产安全事故处置相关单位之间的通信网络。

应急演练资源保障中必须明确需要配备的通信设备，以保证通信体系真正得到落实。演练时，对于通信体系的通信功能应注意如下问题：

（1）启用主通信系统及备用通信系统。应急演练过程中，通信交流方面的共性问题是多个无线电通话频率混存，缺乏可协调所有应急响应工作的通信平台。因而，为确保演练时各类信息、指令上传下达的通畅和信息交流渠道的可靠性，演练人员应启用主通信系统和备用通信系统；

（2）保存所有通信信息。演练策划者及组织者应要求所有应急响应机构或组织中负责通信交流的人员保存所有与信息交流有关的文件，包括各类消息和无线电通信日志，以便事后总结经验时确定不足之处。

4.3.4 应急监测

安全生产应急监测是指对突发生产安全事故现场、事故可能波及区域的气象、有毒有害物质等进行有效监测并进行科学分析和评估，合理预测事故的发展态势及影响范围，避免发生次生或衍生事故。

在生产安全事故应急救援过程中，必须对事故的发展态势和影响范围及时进行动态监测，建立事故现场及场外监测、评估程序。事态监测在应急救援过程中起着非常重要的决策支持作用，其结果不仅是控制事故现场，制定消防、抢险措施的重要决策依据，也是划分现场工作区域、保障现场应急人员安全、实施公众保护措施的重要依据。即使在现场恢复阶段，也应当对现场和周边区域的大气、土壤、水源等环境进行监测。

事态监测在应急救援和应急恢复决策中具有关键的支持作用，应急监测工作程序包括：

（1）确定负责监测与评估活动的人员；

（2）整理监测仪器设备、确定监测方法；

（3）设置合适的监测点，对事故发展态势和周边环境进行监测监控；

（4）对土壤、水源等目标进行实验室化验及检验，确定环境污染程度；

（5）及时整理监测结果报告。

应急监测过程中，可能的监测活动包括：事故影响边界，气象条件，对食物、饮用水卫生以及水体、土壤、农作物等的污染，可能的二次反应有害物，爆炸危险性和受损建筑垮塌危险性，以及污染物质滞留区等。

事故现场事态监测和事态评估一般是同时进行的，任何应急处置工作的开展都必须以对事故现场形势的准确评估为前提。指挥中心根据监测结果与事故发展态势，对事故做出评估，做出正确的应急决策。为有效地进行现场控制，应急救援人员的首要职责是通过事态监测获取准确的现场信息，通过事态评估对所发生的事故进行及时准确地认识和把握，进而高效有序地组织实施工作。

4.3.5 应急警戒和管制

为保障事故现场应急救援工作的顺利开展，在事故现场周围设置警戒区域，实施交通管制，维护现场治安秩序是十分必要的，其目的是要防止与救援无关的人员进入事故现场，保障救援队伍、物资运输和人群疏散等的交通畅通，并避免发生不必要的伤亡。

生产安全事故应急救援预案中明确规定执行警戒与管制的任务要求，描述不同事故类型的警戒与交通管制方案，规定区域负责执行警戒和交通管制任务的责任部门、责任人员及人员设置情况。应急警戒和管制由事故现场警戒和交通管制两部分组成。

1. 事故现场警戒

事故现场警戒是指事故发生后，对场区周边实行警戒隔离的安全措施。其任务是保护事故现场、维护现场秩序、防止外来干扰、尽力保护事故现场人员的安全等。

应急救援队伍到达事故现场后首要任务就是设定危险警戒线，划定警戒区域，防止非应急救援人员与其他无关人员随意进入事故现场，干扰应急救援工作。尤其在情景事件是重特大突发生产安全事故时，在有外部应急救援队伍支援的情况下，更应该尽早设立警戒线，以便应急队伍顺利开展救援工作。如果事故现场范围较大，应从核心现场开始，向外设置多层警戒线。

在生产安全事故现场设定警戒区域，具有重要的作用：

（1）可保证应急救援工作的顺利进行，同时使应急救援人员在心理上有一定的安全感；

（2）可避免外来不可预测危害因素对事故现场构成安全威胁；

（3）可避免事故现场危害因素危及周围无关人员的安全。

设定警戒区域的原则包括：

（1）根据事故现场监测和询问情况确定警戒区域；

（2）将警戒区域划分为重危区、中危区、轻危区和安全区，并设立警戒标志，在安全区视情况设立隔离带；

（3）合理设置出入口，严格控制人员、车辆进出。

在实际发生生产安全事故时，事故现场警戒区域范围的确定要考虑两个因素：现场危险源威胁范围和事故原因调查相关证据散落范围。应急警戒工作不仅保证了救援工作的顺利进行，同时也为事后调查事故起因提供了方便。

在应急演练过程中，实施警戒措施不仅是应急预案的要求，同时也是为了保证演练效果以及演练现场人员安全。

2. 事故现场交通管制

交通管制是指出于某种安全方面的原因对某区域部分或者全部交通路段的车辆和人员通行进行控制的措施。交通管制是公安机关交通管理部门根据法律、法规，对车辆和行人在道路上通行以及其他与交通有关活动所制定的带有疏导、禁止、限制或指示性质的具体规定。

演练现场交通管制是指事故发生后，及时通知交管部门，对事故发生地的周边道路实施有效控制措施。其主要目的是为演示救援工作提供畅通道路。

现场交通管制是确保应急处置工作顺利开展的重要前提。交通管制的任务要求有：

（1）封闭可能影响演练现场处置工作的道路，开辟救援专用路线和停车场，禁止无关车辆进入现场，疏导现场围观人群，保证现场交通快速畅通；

（2）根据情况需要和可能开设应急救援"绿色通道"，在相关道路上实行应急救援车辆优先通行。

对情景事件现场及周围区域实行交通管制，有利于应急演练救援队快速行动、应急物资迅速送达和人员及时疏散，大大减少应急演练过程中人员和车辆的通行时间，提高应急救援演练效率。

4.3.6　应急疏散与安置

应急疏散指危险区域内人员撤离危险区域到达安全地带的避难方式。在对事故周边情况进行调查掌握的基础上，制定疏散路线和方向，形成行之有效的人员疏散应急反应体系，当紧急疏散通知下达后，受影响区域的人员可以快速从疏散通道完成疏散和撤退。

生产安全事故发生后，人群疏散与安置是减少人员伤亡的有效措施。应当对疏散的紧急情况和决策、预防性疏散准备、疏散区域、疏散过程、安置场所以及回迁等做出细致的规定和准备，应考虑疏散人群数量、疏散时间、风向等环境变化以及老弱病残等特殊人群的疏散等问题。

应急演练策划方案中制定人员疏散的内容有：

（1）规定核实和执行内部疏散、人员清点的责任部门和责任人；

（2）针对需要进行疏散的模拟紧急情况，预先确定安置地点、疏散路线等；

（3）明确通知疏散的方法以及备用手段、工具等；

（4）规定疏散具体要求和安排，包括指引标志、风向标志、应急电源、人员清点、指引人员等；

（5）明确关键岗位员工撤离前应尽可能完成的一些紧急处理措施；

（6）明确人员疏散时的个人防护。

根据人员疏散规则，在处置现场有效地组织人员疏散，是避免大量人员伤亡的重要措施。根据疏散的时间要求和距离远近，可将人员疏散分为临时紧急疏散和远距离疏散。

1）临时紧急疏散

临时紧急疏散常见于火灾和爆炸等突发性生产安全事故的应急演练过程中。临时紧急疏散的最大特点在于其紧急性，如果在短时间内人员无法及时疏散，就有可能造成严重的人员伤亡。但在紧急疏散过程中，绝不能片面强调疏散速度，如果疏散过程中秩序混乱，就可能造成人群相互拥挤和踩踏以及车流阻塞现象，甚至导致人员群死群伤。因此，临时疏散必须兼顾疏散的速度和秩序。必须关注人们在紧急疏散时处于危险中人员心理和行为特点。

2）远距离疏散

远距离疏散一般用于危化品泄漏等事故的应急演练过程中。远距离疏散涉及人员多、疏散距离远、疏散时间长，因此，远距离疏散必须事先进行疏散规划，通过分析危险源的性质和所发生事故的严重程度与危害范围，确定危险区域的范围，并根据危险区域人口统计数据，确定处于危险状态和需要疏散的人员数量。

结合危险区域人员结构和分布情况、可用的疏散时间、可能提供的疏散力量、交通工具和所处的环境条件等因素，制定科学的疏散规划。远距离疏散准备一般情况下需要考虑的问题有：

（1）需要疏散的人口统计（包括危害范围扩大后增加疏散人口的统计）；

（2）疏散安全区域选择；

（3）疏散中运输方式选择；

（4）疏散出入口与运输路线确定；

（5）被疏散人员和车辆集结位置；

（6）疏散过程中对人员沿途护送问题；

（7）被疏散人员遗留财产物品处置问题；

（8）疏散过程中所需药物、食物、衣物和饮用水准备问题；

（9）安置场所的准备；

（10）宠物、家禽等的管理问题。

3）人员疏散与返回的优先顺序

无论发生何种生产安全事故，人员疏散和紧急救助均属于保护性措施，只要有人员的疏散，特别是在需要集体撤离的情况下，就必须考虑人员疏散和返回优先顺序。根据国内外经验和研究成果，全体疏散情况下，其优先顺序是：

（1）疏散顺序。禁止无关人员进入即将疏散撤离地区与场所，从生产经营单位员工、居民及群众疏散开始，到工作人员中非关键人员（包括媒体人员）的疏散，到应急关键人员之外所有人员疏散，到全部疏散。

（2）返回顺序。当演练中的危险状态结束、对人员的安全威胁解除后，需要安排被疏散的人员返回社区或生产经营单位。返回也应当和疏散一样，严格遵守先后顺序，从应急处置参与人员开始，到现场评估人员与有应急人员陪伴的媒体人员，到公共设施维修人员，到生产经营单位员工、居民以及其他有关人员。

4.3.7 医疗与卫生保障

医疗与卫生保障是指调集医疗救护资源对受伤人员合理验伤分级，及时采取有效的现场急救及医疗救护措施，做好卫生监测和防疫等工作。

对受伤人员采取及时、有效的现场急救，合理转送医院进行治疗，是减少事故现场人员伤亡的关键。医疗人员必须了解生产经营单位主要的危险，并经过培训，掌握正确的消毒和治疗方法。

应急演练医疗救援时，应成立事故现场医疗救援小组。参加医疗救援工作的单位和个人，到达现场后应当立即向事故医疗救援小组报到，并接受其统一指挥和调遣。

演练现场医疗救援小组及成员的主要任务为：
(1) 对现场伤亡情况和事态发展做出快速、准确评估；
(2) 指挥、调遣现场及辖区内各医疗救护力量；
(3) 设置伤病员分检处，确定现场接触人群验伤工作及执行人员；
(4) 向当地灾害事故医疗救援领导小组汇报有关情况并接受指令；
(5) 依据验伤结果对伤员进行现场分类并实施相应紧急抢救；
(6) 负责事故现场救护与伤员转移；
(7) 针对特殊伤害预先建立与有关专科医院的联系；
(8) 负责统计伤亡人员情况。

应急演练过程中，各医疗救援机构和个人必须完全服从现场指挥部的调遣，按照预案规定内容，细致、有序、全面地进行伤员的医疗救护工作，确保演练医疗与卫生工作得到有效保障，促进演练顺利进行。

4.3.8 现场应急处置

生产安全事故应急处置是整个应急管理兼应急演练的核心环节。现场应急处置是指生产安全事故应急救援过程中，按照应急预案规定及相关行业技术标准采取的有效技术与安全保障措施。在生产经营单位生产经营过程中，由于人为、设施设备、环境等多方面因素，突发生产安全事故的发生及其带来的损失无法完全避免，因此各单位需要随时做好应急准备以应对各种紧急情况。

发生事故后，需要做的工作是在事先精心准备的基础上，根据事故性质、特点以及危害程度，及时组织有关部门，调动各种应急资源，进行事故应急处置，以降低人员伤害和财产损失的程度。

在应急演练过程中，事故现场应急处置工作包括：

1）现场应急处置基本任务

现场应急处置按实战要求的任务内容进行，生产安全事故现场处置基本任务主要有以下三个方面：

（1）控制事态的发展。及时有效地控制事故的蔓延，防止危害的进一步扩大。演练时要按照实战程序控制情景事件的发展。

（2）及时抢救受害人员使之脱离危险。在应急处置行动中，及时、准确、有效、科学地实施现场抢救和安全地转送受害人员，对于稳定病情、减少伤亡、避免更大范围的人员伤害等具有重要意义。

（3）组织现场受灾人员撤离和疏散。演练时，根据预案规定内容，以实战要求实施现场人员及时撤离和疏散。

2）现场应急处置安排

事故的现场处置需要根据事故类型、特点和规模做出紧急安排。尽管不同事故所需的安排不同，但大多数事故的现场应急处置都应包括：

（1）设置警戒线；

（2）应急响应人力资源组织与协调；

（3）应急物资设备调集；

（4）人员安全疏散；

（5）现场交通管制；

（6）现场以及相关场所治安秩序维护；

（7）对信息和新闻媒体的现场管理等方面的内容。

生产安全事故应急处置时，要根据应急救援工作原则，科学施救。演练时，现场应急处置内容的策划要严格遵守以下几个原则：

（1）以人为本，减轻危害；

（2）统一领导，分级负责；

（3）快速反应，紧急处置；

（4）协调救助，人员疏散；

（5）依靠科学，专业处置。

总之，事故现场应急处置是安全生产应急演练过程中最主要的内容，需要做出多方位安排，参与应急处置各个部门、组织与人员应在现场指挥协调人员的领导下，本着"以人为本"的思想，协调行动。通过演练应急处置行动，可以提高响应人员紧急情况下应急救援能力，提高现场人员实际发生事故时的逃生能力，加强生产经营单位应急部门发生事故时的应急处置能力。

4.3.9 公众引导

公众引导是指在演练过程中，及时召开新闻发布会，客观、准确地公布演练有关信息，通过新闻媒体与社会公众建立良好的沟通，引导社会公众了解相关情况。公众引导是为了消除演练时社会公众的恐慌心理，避免公众的猜疑和不满，其目的是使公众及时了解演练情况并支持演练活动的进行。

社会公众在不同阶段有不同的信息需求，演练举办单位应在演练全过程中以召开新闻发布会的方式，及时向公众通报演练情况，包括演练前、中、后三个阶段的信息。

安全生产应急演练信息发布包括以下四个关键的环节：

（1）收集、整理、分析以及核实演练相关信息，确保信息客观、准确与全面。

（2）根据实际情况，确定演练过程中信息发布内容、重点和时机。其中，涉及政府秘密、生产经营单位商业秘密以及个人隐私内容要特别提出并做一定的技术处理。

（3）确定信息发布方式。包括新闻发布会、政府公报或电视、广播等。

（4）根据信息发布后公众及参演人员的信息反馈，进行演练信息后续或补充发布。

1）演练前信息发布

应急演练开始前对社会公众发布的信息内容包括：

（1）演练开始时间和可能持续的时间；

（2）演练的基本内容；

（3）演练过程中可能对周边生活秩序带来的负面影响（如交通管制、噪声干扰等）；

（4）演练现场附近居民的注意事项。

如果演练的规模和影响范围较大，可委托电视、广播、报纸等专业媒体机构负责演练前的宣传，演练前信息发布的目的是消除当地群众对演练的误解和恐慌，争取各界对演练的支持和配合。

2）演练过程中信息发布

安全生产应急演练事故应急处置阶段，现场信息发布的内容包括：

（1）模拟突发性生产安全事故的性质、程度和范围；

（2）演练事故的发生原因；

（3）演练具体进程。

应急演练事故处置阶段信息发布是为了传递权威信息，使当地群众熟悉演练事件及演练进展的最新情况。通过这些演练信息让公众了解和支持演练的进行，并通过演练提高自身防灾意识和应急能力。

3）演练结束后信息发布

演练结束后信息发布主要是让社会公众全面了解本次演练的目的和意义，发表相关见解和建议，提高突发事故发生时的应对能力。演练结束后信息发布的内容包括：

（1）演练过程中存在的问题；

（2）相关专家人员提出的可行性建议；

（3）演练总结和评估的结论；

（4）未来一段时期内的演练规划。

4）公众引导应注意的问题

应急演练公众引导工作中，涉及人员多，工作难度大，包括处理媒体、生产经营单位、政府及广大群众的协调沟通，信息收集、整理等各个方面的工作。因此，为保证公共信息和公众关系的协调，公众引导过程中应注意以下问题。

（1）处理与媒体的关系。演练时应尽可能保持与媒体的紧密联系，如建立新闻中心、举行新闻发布会和情况介绍会，消除新闻报道相互不一致的现象，并控制谣言的传播；制定电视和广播媒体监督管理规定，以便迅速纠正不正确信息；邀请媒体代表或其他人员询问一些与演练情景相关的疑难问题。

（2）协调公共信息发布活动。应急演练设定的重大生产安全事故发生后，大量应急组织参与救援行动，需要发布的信息量很大，可供准备时间较短，信息的及时准确发布难度较大。因此要求在发布各类公共信息的过程中，需要有效协调各应急组织、新闻媒体及社会公众之间的关系，要求演练前开展这方面的教育与培训，以保证演练时公共信息的发布能够有序进行。

（3）开通短信平台，扩大与公众的交流。演练过程中应开通短信平台，确保公众可以使用手机短信对演练活动提出问题并获取相应消息，消除公众疑惑，扩大与公众之间的信息沟通。

（4）任命负责公众引导的专职人员。演练时应任命负责处理公共信息与公众关系的专职人员，该人员应参加每次新闻发布会，确保传递最新信息。

总之，发布演练相关新闻信息，进行公众引导，是促使公众了解与支持演练活动、加强与公众之间相互沟通的主要措施。同时，演练信息发布有利于社会公众通过演练活动学习各种应急知识，提高自身安全防范意识，从而减少突发生产安全事故发生时的人员伤亡损失。

4.3.10 现场恢复

应急演练现场恢复是指应急处置与救援结束后，在确保安全的前提下，实施有效洗消、现场清理和基本设施恢复等工作。

现场恢复是在事故被控制住后进行的短期恢复，从应急过程看意味着应急救援工作的结束，并进入另一个工作阶段，即将现场恢复到一个基本稳定的状态。经验教训表明，在现场恢复过程中往往存在潜在的危险，如余烬复燃、受损建筑倒塌等，所以，应充分考虑现场恢复过程中的危险，防止事故再次发生。

进行演练现场恢复时，由于现场在演练刚结束的时候还存在许多不安全因素，包括危险有害物质等，所以应在保证恢复工作人员人身安全的前提下，进行现场恢复工作。演练现场恢复工作包括以下内容：

（1）对演练动用车辆、器材设备进行整理分类，清洗及擦拭干净，然后进行归库或归还相应单位。

（2）对涉及危化品的演练现场，要仔细清理，包括对于火场残物，用干沙土、水泥粉、煤灰、干粉等吸附，收集后作技术处理或视情况倒入空旷地方掩埋；在污染地面上洒上中和或洗涤剂清洗，然后用大量直流水清扫现场，特别是低洼、沟渠等处，确保不留残留物。

（3）对演练现场基本设施、建筑物等进行清理，恢复到演练前形态，恢复演练现场及周边地区生产经营单位的正常运作和公众的正常生活。

演练现场恢复是演练后期工作，也是演练过程必不可少的一部分，演练组织单位相关部门应重视现场恢复工作，确保演练现场恢复到安全的、正常的状态，保证整个演练过程的圆满成功。

4.3.11 评估与总结

安全生产应急演练评估、总结与追踪阶段的核心工作内容是通过演练评估和总结的内容编写并提交演练评估报告和总结报告，以及追踪演练发现问题的相关整改情况。

演练评估是指观察和记录演练活动、比较演练人员表现与演练目标要求、提出演练中发现的问题、形成演练评估报告的过程。演练评估的目的是确定演练是否已经达到演练目标，检验各应急组织指挥人员及应急响应人员完成任务的能力。评估结束后，各单位组织开展应急演练总结工作，撰写演练总结报告，召开总结大会，落实后续追踪工作。

4.3.12　其他注意问题

对于一次全面完整的安全生产综合演练而言,其内容应包含以上所有应急功能,实际演练时,根据相关行业(领域)安全生产特点,在实际演练过程中还要特别注意以下特殊问题,如火灾与搜救、执法、公众保护措施等。

1)火灾与搜救

火灾与搜救一般在含有发生火灾、爆炸事故的危化品演练过程中出现。由于危险化学品在不同情况下发生火灾时,火灾扑救和人员搜救方法差异很大,若处置不当,不仅不能有效救援,反而会使灾情进一步扩大。因此,在危化品泄漏、起火及爆炸的演练过程中,要重视火灾扑救和人员搜救功能的演练。

参与演练人员应熟悉和掌握生产经营单位危化品的主要危险特性及相应灭火措施,清楚自己在演练过程中的作用和职责,演练时注意配合消防人员进行灭火和搜救工作。

演练过程中,进行火灾扑救与人员搜救行动时应注意如下问题:

(1)制定救援程序。演练时,应急指挥人员应按实战要求制定救援程序,确保救援人员(如消防队员、公安人员、医疗救护人员)能及时到达事故现场。

(2)救援行动。救援行动包括识别危险性质、评估伤员伤情、初步处置伤员、使用各类应急救援工具等行为和活动。演练时,要求救援人员能根据面临的火灾危险状况,调整应急救援行动,采取正确的灭火与搜救方法。

2)执法

执法是指在演练过程中,由政府相关执法人员依据法律法规进行的一系列行动和措施。执法主要发生在可能涉及社会秩序、公众安全等的应急演练过程中,如企业交通运输事故,建筑物倒塌等事故处置的应急演练。

演练过程中,执法人员执法时应注意如下问题:

(1)保障执法人员安全。执法人员一般不认为是应急响应人员,但重大事故发生时,他们经常承担维护事发现场公共秩序的职责,生命安全及健康也会面临各类危险、有害因素的威胁。因此,演练时也应按实战要求考虑制定相应的安全保护措施,分发个体防护装备,并对这些措施予以检验。

(2)通知执法人员有关信息。演练时,应急响应人员应及时通知执法人员有关重大事故救援工作的进展情况以及建议执法人员应采取的保护措施,以便执法人员能够在维持社会公共秩序的同时,回答公众询问并向其介绍更多信息。

3)公众保护措施

公众保护措施是指演练过程为防止社会公众的正常生活或生命安全健康受到

影响而采取的一系列保护措施。如演练影响到学校学生上课或健康时，应与学校协调提前放学，再如通知周边居民关好窗户防止烟雾进入室内等。

演练过程中，对于实施公众保护措施应注意如下问题：

（1）检验地方应急响应人员解决问题的能力。演练时，应急管理者应检验应急响应人员在实施各种公众保护措施过程中解决问题的能力，如联络应急指挥中心，寻求交通运输工具支援等；检验应急指挥人员在实施公众保护措施过程中，解决特殊人群（如学生、残疾人等）保护的能力。

（2）公众保护措施。任何有关公众保护措施的决定都应以事态评估所获得的信息为依据。演练时，应急指挥人员应按实战要求，综合考虑时间、季节、流动人员、交通状况等因素，讨论并制订公众保护措施。

总之，安全生产应急演练过程中，除了包含上述必须要进行的功能内容以外，还应该根据生产经营单位安全生产的特点，结合实际情况，对一些特殊的生产安全事故应急功能与行动措施加以演练。

4.4　安全生产应急演练策划

安全生产应急演练策划是指根据应急救援预案的内容，对演练准备、演练实施以及演练总结三个阶段中的每一个环节和要求进行详细周密的计划，使演练根据策划内容有序进行的总体活动。

应急演练策划的主要内容包括：确定应急演练要素、进行应急演练需求分析、明确应急演练目的、确定应急演练目标、确定应急演练规模、设置情景事件、设置演练程序、制定安全保障方案、制定资金和物资保障方案、编写策划说明书及需要注意的问题等。

4.4.1　确定应急演练要素

安全生产应急演练要素是指演练全过程中要考虑的各个方面内容的综合，主要包括应急演练目的和目标、演练范围、演练规模、参演单位和人员、情景事件及发生顺序、响应程序、评估标准和方法等。演练要素贯穿于演练准备、实施和总结的各个阶段，演练要素的确定和完善是保证应急演练成功举行的一个重要方面。

在进行应急演练策划时，首先需要确定该次演练的全部要素，然后对演练的所有要素进行全面分析和研究，依次确定演练的具体目标要求、规模、人员数量与安排以及具体响应程序等，最后根据各个要素的分析结果编制演练策划书，完成总体策划。因此，确定应急演练要素是演练准备和策划工作的首要任务，是演练策划完整性的关键。

4.4.2 应急演练需求分析

安全生产应急演练需求分析是指在对生产经营单位现有应急管理工作情况、以往演练记录以及应急预案进行认真分析的基础上，确定本次演练需重点解决的问题、参演人员和组织所应具有的能力、需检验的应急响应功能以及演练范围等。

分析现有应急管理工作情况包括：生产经营单位目前可调用的应急人员、设施设备、资金保障情况、存在的应急预案、领导和当地政府重视程度等。了解以往演练记录情况包括：哪些人参加了演练、演练目标实现的程度、演练遇到的问题、有什么经验和教训、有什么改进、是否进行了验证等。

通过演练需求分析，可以确定生产经营单位当前面临的主要和次要风险、需要训练的技能、需要检验或测试的设施和装备、需要检验和加强的应急响应功能、需要参与演练的机构和人员、需完善的应急处置流程和需进一步明确的职责等。

4.4.3 明确应急演练目的

安全生产应急演练的目的是通过培训、评估、改进等手段，检验预案，提高生产经营单位保护环境和人民群众生命安全的能力。主要包括：

（1）检验应急预案，提高应急预案的科学性、实用性和可操作性；

（2）磨合应急机制，强化政府及其部门与生产经营单位、生产经营单位与生产经营单位、生产经营单位与救援队伍、生产经营单位内部不同部门和人员之间的协调与配合；

（3）锻炼应急队伍，提高应急人员在各种紧急情况下妥善处置突发事件的能力；

（4）教育广大群众，推广和普及应急知识，提高公众的风险防范意识与自救、互救能力；

（5）检验并提高应急装备和物资的储备标准、管理水平、适用性和可靠性；

（6）研究特定突发事件的预防及应急处置的有效方法与途径；

（7）找出其他需要解决的问题。

明确应急演练目的是指根据演练需求分析，明确开展应急演练的背景、演练要解决的问题、需要检验和改进的应急功能以及演练期望达到的效果等。通过对应急演练目的的明确，可以使演练活动方向鲜明，演练重点突出，使参演人员能够更好地把握行动内容，确保演练的成功举行。

4.4.4 确定应急演练任务和目标

1）确定应急演练的任务

应急演练过程包括演练准备、演练实施和演练总结三个阶段。安全生产应急演练是由多个部门和人员共同参与的一系列行为和活动，按照应急演练的三个阶段，可将演练前后应予完成的内容和活动分解并整理成 20 项单独的基本任务，具体如下：

(1) 确定演练日期；

(2) 确定演练目标和演练规模；

(3) 确定演练现场规则；

(4) 指定评估人员；

(5) 安排后勤保障工作；

(6) 编写演练方案；

(7) 准备和分发评估人员工作文件；

(8) 培训评估人员；

(9) 讲解演练方案与演练活动；

(10) 记录应急演练人员表现；

(11) 评估组成员访谈演练参与人员；

(12) 汇报与协商；

(13) 编写书面评估报告；

(14) 演练人员自我评估；

(15) 举行公开总结会议；

(16) 通报演练不足项；

(17) 编写演练总结报告；

(18) 评价和报告不足项补救措施；

(19) 追踪整改项的纠正进程；

(20) 追踪演练目标的实现情况。

以上任务是安全生产应急演练过程中应完成的最基本内容，在演练开展过程中，可根据实际情况，适当增加其他与演练相关的任务内容，但新增内容一定要符合生产经营单位实际需要及应急救援预案的要求。

2）应急演练目标体系

目标是期望达到的一些标准或要求。生产经营单位应急救援体系包含的任务众多，应急演练虽然是检验应急能力的有效手段，但是由于演练规模、演练真实程度等条件的限制，仅靠一次演练活动难以全面地检验整个应急救援体系的应急能力。应急演练目标体系的建立，是将应急救援工作开展过程中所包含的工作内容和所涉及的工作环节细化成多个具体的演练目标，形成一套系统的目标体系。每次演练活动就一定数量的演练目标进行策划和展开，从而能够分步骤地完成对生产经营单位现有应急能力的检验和改进，保证每次演练质量。目标体系所包含的 18 种演练目标如下。

（1）应急动员目标。应急动员主要展示通知应急组织、动员应急响应人员的能力。本目标要求演练组织单位应具备在各种情况下警告、通知和动员应急响应人员的能力，以及启动应急设施和为使用应急设施调配人员的能力。组织方不但要采取系列举措，向应急响应人员发出警报，通知或动员有关应急响应人员各就各位，还要及时启动应急指挥中心和其他应急支持设施，使相关应急设施从正常运转状态进入紧急运转状态。

（2）指挥和控制目标。指挥和控制主要展示指挥、协调和控制应急响应活动的能力。本目标要求演练组织单位应具备应急过程中控制所有响应行动的能力。事故现场指挥人员、应急指挥中心指挥人员和应急组织、行动小组负责人员都应按应急预案要求，建立事故指挥系统，展示指挥和控制应急响应行动的能力。

（3）事态评估目标。事态评估主要展示获取事故信息、识别事故原因和致害物、判断事故影响范围及其潜在危险的能力。本目标要求应急组织具备主动评估事故危险性的能力。即应急组织应具备通过各种方式和渠道，积极收集、获取事故信息，评估、调查人员伤亡和财产损失、现场危险性以及危险品泄漏等有关情况的能力；具备根据所获信息，判断事故影响范围，以及对居民和环境存在长期危害的能力；具备确定进一步调查所需资源的能力；具备及时通知国家、省及其他应急组织的能力。

（4）资源管理目标。资源管理主要展示动员和管理应急响应行动所需资源的能力。本目标要求应急组织具备根据事态评估结果识别应急资源需求的能力，以及整合和调集内外部应急资源的能力。

（5）通信目标。通信主要展示所有应急响应地点、应急组织机构和应急响应人员之间有效联系与通信的能力。本目标要求应急组织建立可靠的主通信系统和备用通信系统，以便与有关岗位的关键人员保持联系。应急组织的通信能力应与应急预案中的要求相一致。通信能力的展示主要体现在通讯系统及其执行程序的有效性和可操作性方面。

（6）应急设施、装备和信息显示目标。应急设施、装备和信息显示主要展示应急设施、装备、地图、显示器材及其他应急支持资料的准备情况。本目标要求应急组织具备足够应急设施，而且应急设施内装备、地图、显示器材和应急支持资料的准备与管理状况能满足支持应急响应活动的需要。

（7）警报与紧急公告目标。警报与紧急公告主要展示向公众发出警报和宣传保护措施的能力。本目标要求应急组织具备按照应急预案中的规定，迅速完成向周边区域内公众发布应急防护措施命令和信息的能力。

（8）事故控制与现场恢复目标。事故控制与现场恢复主要展示采取有效措施控制事故发展和恢复现场的能力。本目标要求应急组织具备采取针对性措施，有效控制事故发展和清理、恢复现场的能力。事故控制是指应急组织应及时扑灭火源或遏制危险品泄漏等不安全因素，以避免事态进一步恶化。现场恢复是指应急组织为保护居民安全健康，在应急响应后期采取的清理现场污染物、恢复主要生活服务设施、制定并实施人员返回措施等一系列活动。

（9）公众保护措施目标。公众保护措施主要展示根据危险性质制定并采取公众保护措施的能力。本目标要求组织单位具备根据事态发展和危险性质选择并实施恰当公众保护措施的能力，包括选择并实施学生、残障人员等特殊人群保护措施的能力。

（10）应急响应人员安全目标。应急响应人员安全主要展示监测、控制应急响应人员面临的危险的能力。本目标要求应急组织具备保护应急响应人员安全和健康的能力，主要强调应急警戒区域划分、个体保护装备配备、事态评估机制与通信活动的管理。

（11）交通管制目标。交通管制主要展示控制交通流量，控制疏散区和安置区交通出入口的组织能力。本目标要求组织单位具备管制疏散区域交通道路流量的能力，主要强调交通控制点设置、执法人员配备和路障清除等活动的管理。

（12）人员登记、隔离与去污目标。通过人员登记、隔离与去污过程，展示监测与控制紧急情况的能力。本目标要求应急组织具备在适当地点（如接待中心）对疏散人员进行污染监测、去污和登记的能力，主要强调与污染监测、去污和登记活动相关的执行程序、设施、设备和人员情况。

（13）人员安置目标。人员安置主要展示收容被疏散人员的程序、安置设施和装备，以及服务人员的准备情况。本目标要求应急组织具备在适当地点建立人员安置中心的能力，人员安置中心一般设在学校、公园、体育场馆及其他建筑设施中，要求可提供生活必备条件，如避难所、食品、厕所、医疗卫生与健康服务等。

（14）紧急医疗服务目标。紧急医疗服务主要展示有关转运伤员的工作程序、交通工具、设施和服务人员的准备情况，以及展示医护人员、医疗设施的准备情况。本目标要求应急组织具备将伤病人员运往医疗机构的能力和为伤病人员提供医疗服务的能力。转运伤病人员既要求应急组织具备相应的交通运输能力，也要求具备确定伤病人员运往何处的决策能力。医疗服务主要是指医疗人员接收伤病人员的所有响应行动。

（15）公共信息目标。公共信息主要展示及时向媒体和公众发布准确信息的能力。本目标要求演练组织单位具备向公众发布确切信息和行动命令的能力。即组织方应具备协调其他应急组织，确定信息发布内容的能力；具备及时通过媒体发布准确信息，确保公众能及时了解准确、完整和通俗易懂信息的能力；具备谣言控制，澄清不实传言的能力。

（16）全天候应急目标。全天候应急主要展示保持全天 24 小时不间断的应急响应能力。本目标要求应急组织在应急过程中具备保持 24 小时不间断运行的能力。重大事故应急过程可能需坚持 24 小时以上的时间，一些关键应急职能需维持全天候不间断运行，因而组织方应能安排两班以上人员轮班工作，并周密安排接班过程，确保应急过程的持续性。

（17）外部增援目标。外部增援主要展示识别外部增援需求的能力和向国家、省及其他地区的应急组织提出外部增援要求的能力。本目标要求应急组织具备向国家、省及其他地区请求增援，并向外部增援机构提供资源支持的能力。主要强调组织方应及时识别增援需求、提出增援请求和向增援机构提供支持等活动。

（18）文件化与调查目标。文件化与调查主要展示为事故及其应急响应过程提供文件资料的能力。本目标要求应急组织具备根据事故及其应急响应过程中的记录、日志等文件资料调查分析事故原因并提出应急存在不足和改进建议的能力。从事故发生到应急响应过程基本结束，参与应急演练的各类应急组织应按有关法律法规和应急预案中的规定，执行记录保存、报告编写等工作程序和制度，保存与事故相关的记录、日志及报告等文件资料，供事故调查及应急响应分析使用。

一般情况下，以上内容即是生产经营单位安全生产应急演练目标体系的所有目标。单次演练不要求全部展示上述的所有目标，但为了检验评估经营单位应急救援体系的重大生产安全事故灾难应急能力，应在一定时间内对所有的演练目标进行演练。根据应急演练的目标性质与演练频次的需要将所有演练目标划分为必要目标、重要目标、备选目标三个层次，具体层次结构如图 4-3 所示。

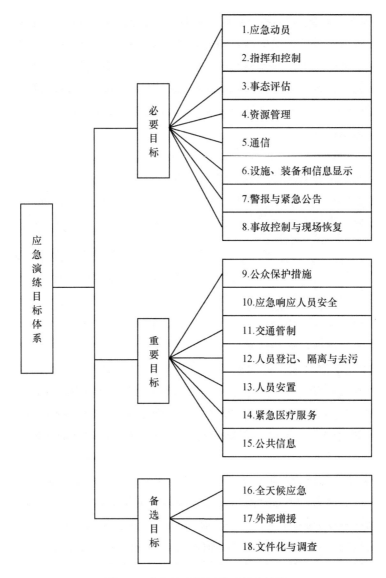

图 4-3　应急演练目标体系层次结构

根据目标性质及重要程度的不同，三类目标的特点表现在：

（1）必要目标是应急演练活动的核心目标，直接反映了生产经营单位应急救援体系应对重大突发生产安全事故所必须具备的应急能力，应在每一次综合演练中给予充分地体现，并要求生产经营单位内所有应急相关人员参加。

（2）重要目标反映生产经营单位应急救援体系的应急响应能力。在生产经营单位平时的应急演练中，不要求全部体现，具体需要展示哪些重要目标取决于演练的场景和演练的范围。重要目标要求根据实际情况，在综合演练或功能演练中适当体现。

（3）备选目标反映生产经营单位应急救援体系对本单位内有可能发生的重大生产安全事故的应急准备能力。备选目标不用经常实施，建议每进行 2～3 次综合演练时体现一次。

3）应急演练目标选择

应急演练目标是需完成的主要演练任务及其达到的效果，一般说明"由谁在什么条件下完成什么任务，依据什么标准，取得什么效果"。演练目标应简单、具体、可量化、可实现。一次演练一般有若干项演练目标，每项演练目标都要在演练方案中有相应的事件和演练活动予以实现，并在演练评估中有相应的评估项目判断该目标的实现情况。

应急演练策划组应在需求分析的同时结合已建立的生产经营单位应急演练目标体系来确定本次安全生产应急演练的目标。根据应急工作发展的需要，为满足持续改进处置重大突发生产安全事故应急能力的要求，策划组可以适当增添新演练目标。但新增演练目标应符合下述要求：

（1）新目标应在演练情景事件确定之前完成，以便演练事件符合演练规模的要求；

（2）新目标应当具体，着眼于生产实际；

（3）新目标应叙述准确，避免语义含糊不清；

（4）新目标应可以通过评估准则予以检验和测量。

4.4.5　确定应急演练规模

确定应急演练规模是指结合各方面实际情况，为演练划定一个现实可行的边界。一次演练不可能面面俱到，解决所有问题，这就需要考虑演练的规模大小，界定演练所囊括范围。

安全生产应急演练规模可以小至一个生产经营单位内的某一个装置或某一项操作，大至整个生产经营单位或者几个生产经营单位联合，甚至整个城市或者一个地域，具体演练规模应根据实际需要而定。演练需要达到的目标越多，需求越多，层次越高，则演练的规模越大，前期准备工作越复杂，演练成本也越高。

确定应急演练规模过程中，需要考虑以下因素：

（1）演练目标；

（2）演练需要费用预算；

(3) 生产经营单位可获得的实际资源；

(4) 情景事件严重程度；

(5) 演练参与人员技能和经验；

(6) 演练时间安排等。

演练规模表现在：

(1) 事件类型，根据需求分析结果确定需要演练的事件；

(2) 地点区域，选择一个现实可行的地点区域，并考虑交通和安全等因素；

(3) 功能，列出最需要演练的应急功能、程序和行动；

(4) 参演人员，列出需要参与演练的机构和人员；

(5) 演练方式，依据法律法规、实际需要及人员具有的经验等因素，确定最适合的演练方式。

确定应急演练规模，可以更好地对演练资金、演练设施设备及参演人员进行安排和布置，对演练区域人员疏散、交通管制、公众保护措施等进行有效实施，可以确保在现有条件下，对演练做出充分的准备，保证演练活动顺利进行。

4.4.6 设置情景事件

设置情景事件是生产经营单位安全生产应急演练前期准备工作中非常重要的环节，直接影响到演练效果。演练情景事件是指对假想事故按其发生过程进行叙述性说明，策划组确定完成演练目标和规模后，应着手设置情景事件。

一般情况下设置单一情景事件，有时为增加难度，也可以设置复合情景事件，即在前一个情景事件应急演练的过程中，诱发次生情景事件，以不断提出新问题考验演练人员，锻炼参演人员的应急反应能力。设置一系列的情景事件，目的是通过引入这些需要应急组织做出相应响应行动的事件，增加演练难度和逼真性，从而全面检验应急能力。

情景事件中必须说明何时、何地、发生何种事故、被影响区域和气象条件等事项，即必须说明事故情景。演练人员在演练中的一切对策活动及应急行动，主要针对假想事故及其变化而产生。事故情景的作用在于为演练人员的演练活动提供初始条件并说明初始事件的有关情况。事故情景可通过情景说明书加以描述，如表 4-1 所示。

演练情景事件中还必须明确演练假想事故各阶段的时间和内容，即必须说明何时出现何种问题，以促使应急组织采取预期行动给予解决。情景事件可以分为两类：主要事件和次级事件。主要事件是指根据事故案例分析和应急预案规定，认为假想事故发生后可能导致的一系列重大问题，主要事件一般与演练目标相对

表 4-1 某生产经营单位毒气泄漏事故的情景事件

（1）2010 年×月×日 9 时 45 分，某化工厂的一次突发事故导致厂区内一球罐破裂，罐中近 50t 有毒气体无限制排放到大气中，这种气体的相对密度比空气大，事故发生前气体在罐中的内压达到 1000KPa。气体泄漏事故发生后，企业随即启动了厂区内所有的报警系统，采取了一系列的应急措施，但不能抑制事态发展，企业已向工业区管理委员会请求外部救援。

（2）根据事故现场的情况，现已无法通过修补破损储罐的手段来阻止有毒气体泄漏，估计气体泄漏的时间将长达 1h。

（3）泄漏的有毒气体在当时的气象条件下，逐渐形成不规则的毒气云，根据气体在无约束条件下的扩展机理，在泄漏的初期阶段，其在近地表的尺度大致如下：

长度（下风向）：3500m
宽度（下风向径向）：600m
高度：50m

（4）云体随风移动，速度达到 4~5km/h。毒气云在移动过程中将逐渐向地表扩散、稀释。直至整个毒气云完全消退时，整个过程估计将持续 6h，根据其移动方向毒气云将影响事发地附近的一个村落。

（5）毒气将通过门、窗、下水道等途径进入到民居中，对居住在内群众的生命安全构成威胁。

应，以推动演练不断进行。次级事件是指主要事件中所包含的小型问题，次级事件内容较为具体，主要用途是刺激应急响应人员采取预期行动。演练情景事件举例如表 4-2 所示。

表 4-2 演练情景事件举例

主要事件	次级事件
危化品运输车辆发生倾翻	车辆损毁
	驾驶员受伤
	交通阻塞
	危化品液体流淌，部分液体闪蒸成气体扩散蔓延
	人员或牲畜中毒现象

预期行动又称期望行动，是指情景事件引入后，应急人员按照应急预案、标准执行程序等规定应当或必须采取的响应行动，包括确认信息、调配资源、延迟处理等。一般情况下危化品泄漏事故期望行动如表 4-3。

表 4-3 危化品泄漏事故期望行动

情景事件	期望行动
危化品泄漏，有毒气体扩散	1）消防队开展堵漏行动
	2）公安民警疏导交通和维持秩序
	3）气象应急小组监测气象条件
	4）环境监测小组监测有毒气体浓度
	5）技术专家预测影响范围和疏散区域
	6）地方政府工作人员做好人员疏散准备

情景事件主要通过控制消息作用于演练人员。控制消息是一种刺激应急组织采取响应行动的方法，一般可分为两类。一类指演练前就已准备好的消息，另一类指演练过程中自然产生的消息，后者主要由控制人员、模拟人员根据需要创建，以诱使、引导演练人员做出正确的回应。控制人员释放控制消息时涉及内容包括消息来源、传递方式、内容、接收方、传递时间等，消息传递方式主要有电话、无线通信、传真或口头传达等。

在具体的情景事件设置工作开始之前，演练策划组可通过资料查阅、实地调查等方式对生产经营单位危险、危害因素的分布以及安全生产状况形成一个整体性认识，然后经全组开会、讨论确认该单位最有可能发生主要事故类型，并在综合考虑事故发生概率、事故后果影响、该单位开展演练条件和以往同类事故的演练情况后，确定本次应急演练所要模拟的事故类型，即可正式设置演练情景事件。演练策划组在进行事故情景事件设置时，应考虑以下注意事项：

（1）设置情景事件时应该紧密围绕演练目的、目标、任务、规模而展开。

（2）设置情景事件时应将演练参与人员、公众的安全放在首位。即演练情景事件设置中应说明安全要求和原则，以防给演练参与人员或公众带来伤害。

（3）负责设置情景事件的人员必须熟悉演练地点及周围各种有关情况。一般来说，应由技术专家和组织指挥专家（管理专家）两部分专家参与此项工作。同时，为成功开展演练，演练人员不得参与演练情景的设计设置过程，确保演练情景对演练人员的保密性。

（4）设置情景事件时应尽可能结合实际情况，具有一定的真实性。为增强演练情景的真实程度，策划组可以对以往发生的真实事故进行研究，将其中一些信息纳入演练情景中。

（5）情景事件的发生、发展、持续时间一般应与实际情况的时间尺度相一致。如果因其他原因，也可以将情景事件的时间尺度缩短或延缓，两者最好能保持一致。特别是演练的早期阶段，使演练人员了解完成特定任务的真实时间非常必要。当演练涉及应急组织之间的协同配合时，时间尺度的一致性很关键，可以用作演练的时间是有限的，无特殊需要不应延长时间。

（6）设置情景事件时应详细地说明气象条件，应尽可能地使用当时当地气象条件，但是依照气象预报预先设置的情景事件气象条件很可能与演练时的真实气象条件不相一致，使得事先设定的响应程序在演练中会因为气象变化而无法执行，当出现偏差时，应继续使用情景事件中设置的气象条件。

（7）设置情景事件时应慎重考虑公众卷入问题，对公众人员在演练时的行动细节做出详尽说明，并明确规定新闻媒体进行宣传的行动范围、时间和宣传内容。

（8）情景事件中不得包含任何可能降低系统或设备实际性能、减损真实紧急情况响应能力的行动或情景。

整个情景事件设置方案须由演练策划组成员多次讨论和改进后定稿，在情景事件设置工作完成后，演练策划组成员就可以开始参演人员的组织工作，包括联络各参演应急组织，确定各个应急组织的参演人数，任命演练实施过程中关键岗位人员，如演练总指挥、现场指挥、控制组负责人、评估组负责人、各演练部门负责人等，并着手筹划参演人员的培训事宜。

4.4.7　设置演练程序

演练程序是指按照情景事件发展进程所采取的一系列应急行动，由这些行动先后顺序所构成的一套行动程序。设置演练程序是指在演练策划过程中，按照情景事件的内在发展规律，将演练进程中的每一项行动及其实施时间进行规划，并编成一份演练程序方案表。表 4-4 为 2010 年某石化企业安全生产应急演练程序设置方案示例。

表 4-4　2010 年某石化企业应急演练基本程序

序号	时间	行动
1	15:40′00″	演练人员进入到出发位置，省领导下达演练开始指令
2	15:45′40″	主操陈××向班长孟××报告氧含量高，班长指挥将系统切换成微正压操作，外操叶××跑到现场检查
3	15:45′50″	外操叶××跑到现场发现负压反应器 TT-229 下封头喷出火焰，两名检修人员在反应器平台上烧伤，并用对讲机向班长报告现场情况，班长向厂消防支队报告
4	15:46′30″	班长向调度中心报告，内操闫××向化工二部领导报告，脱氢反应主操陈××快速按停车按钮；脱氢反应外操陈××、刘××跑到现场关闭乙苯进料阀、关闭蒸汽阀、手动停 PC-271 压缩机；外操（刘××）启用现场固定消防炮灭火；厂消防队迅速出警；生产调度部值班班长方××向某石化杨××副总经理报告
5	15:47′40″	某石化副总经理杨××电话报告冯××总经理已启动厂级应急预案，并向企业所在区和市安监局有关领导报告；厂消防队到达现场实施救人、灭火作业；厂救护车到达现场展开救护作业
6	15:49′10″	杨××副总经理现场指挥公司抢险力量实施救援，救人灭火同时展开，救护人员抬伤员至观礼台东面道路进行简单抢救，××医院两台救护车到现场后将伤员迅速载离现场；公司保卫部组织人员将 8 号路、11 号路等苯乙烯周边道路进行警戒
7	15:53′20″	火势进一步蔓延，外操叶××和刘××困在压缩机平台。厂消防支队利用 15 米三节拉梯把二人救出；建安公司抢险堵漏车辆到现场堵漏；检验中心配合环保人员检查污水池污水收集以及北排污水回收设施的启用情况

续表

序号	时间	行动
8	15:54′20″	1 名消防员听到油水分离罐发出"滋滋"声音,立即报告前沿指挥部;前沿指挥部利用车载广播系统发出后撤指令,现场人员撤离
9	15:55′10″	油水分离罐爆炸,事故升级,准备启用市三级预警响应程序。市消防力量进入现场与厂消防共同作战
10	16:00′30″	污水池着火,雨水井发生多次闪爆,事故进一步扩大,事故升级
11	16:01′40″	某石化冯××总经理向中国石化总公司领导报告现场事故情况同时向总指挥报告
12	16:03′30″	场内工作人员有序疏散
13	16:11′00″	MT-609 闪爆将罐顶掀翻,火势再次蔓延扩大,现场抢救人员 3 人受伤,消防、医护队员实施现场救护作业
14	16:13′00″	启动省级预案
15	16:14′10″	省公安厅应急救援直升机抵达事故现场进行航测,行政保卫部四名军警标注直升机降落点
16	16:14′40″	现场抢险人员听到指令后,迅速后撤
17	16:16′00″	MT-608 闪爆,罐区发生连环爆炸,苯蒸汽快速扩散,又有 2 名抢险人员受伤
18	16:18′20″	抢险总攻,大火扑灭
19	16:20′00″	直升机空降堵漏器材,转运重伤人员
20	16:20′30″	建安公司联合市消防特勤现场堵漏
21	16:21′10″	堵漏成功,大火彻底扑灭,各抢险救援分队报告情况
22	16:23′40″	解除应急响应,组织监控、监测、洗消和现场评估
23	16:27′10″	全体参演人员、装备、车辆集结
24	16:34′20″	中石化总公司总裁讲话

演练程序是根据预案分析和以往经验总结而来,在实际演练过程中,由于气象环境、人为因素等各种意外因素的存在,可能导致实际演练程序与设置的演练程序在发展时间上有出入,应做好灵活应对准备。

4.4.8 制订安全保障方案

应急演练安全保障方案是防止在应急演练过程中发生意外情况而制定的行动指南,主要保障参演人员、公众、设备设施及环境的安全。安全保障方案的制订是演练策划过程中一项极其重要的工作,由演练策划组负责实施,通常包括四个方面的内容。

(1)演练过程中可能发生的意外情况。由于演练过程中存在许多不确定因素,如人的行为、物的状态、环境的变化等,往往会出现一些突发情况而造成人员意外伤害。因此,应尽可能地将演练过程中可能发生的意外情况一一列举出来并进行记录。

（2）意外情况的应急处置措施。安全保障方案中除了列出各种意外情况，还需给出相应的应急处置措施。对每一意外情况均给出正常应急处置和备用应急处置两种措施，参演人员应对这些应急措施熟练掌握，在发生意外情况时做到处变不惊，及时实施处置措施，保证演练正常进行和人员安全。

（3）应急演练安全设施与装备。演练过程中主要用到的安全设施和装备有防护服、警戒带、救护车等，完善的安全设施和装备是参演人员免受意外伤害的有效保障。因此，保障方案应列出演练所需的所有安全设施与装备，演练开始前进行充分布置和配备。

（4）应急演练终止条件与程序。安全保障方案还应注明演练出现意外情况而终止的条件和程序。例如，发生突发重大事故并影响演练继续进行时，可立即终止演练，调集参演人员实施应急救援；出现意外情况，短时间内不能妥善处理或解决时，可终止本次演练。演练终止程序如下：由总指挥宣布演练终止，现场指挥人员组织指挥参演人员依次停止演练行动，撤离演练现场等。

为确保演练顺利进行，保证安全保障方案的有效性，保障方案实施过程中应该注意以下九个方面的问题。

（1）演练过程中所有消息或沟通必须以"这是一次演练"作为开头或结束语。

（2）参演人员不得实施降低本人或他人安全的行为，不得接触不必要的危险，不得使他人遭受危险，不得闯入禁止入内的区域，不得穿越危险生产区或其他危险区域。

（3）演练过程中不得把假想事故、情景事件或模拟条件误以为真，特别是在可能使用模拟方法来提高演练真实程度的地方，如使用烟雾发生器、虚构伤亡事故和灭火地段等，当计划这种模拟行动时，事先必须考虑可能影响设施安全运行的所有问题。

（4）演练不应要求承受极端的气候条件（如自然灾害）、高辐射或污染水平，不应为了展示技巧而污染环境或造成类似危险。

（5）参演的应急响应设施、人员不得预先启动、集结，所有演练人员在演练事件促使其做出响应行动前应处于正常的工作状态。

（6）除演练方案或情景设置中列出的可模拟行动及控制人员的指令外，演练人员应将演练事件或信息当作真实事件或信息做出响应，应将模拟的危险条件当作真实情况采取应急行动。

（7）演练的所有人员应当遵守相关法律法规，服从指挥人员的指令。控制人员应仅向演练人员提供与其所承担功能有关并由其负责发布的信息，演练人员必须通过现有紧急信息获取渠道了解必要的信息，演练过程中传递的所有信息都必须具有明显标志。

（8）演练活动不应妨碍发现真正的突发生产事故，当发现真正紧急事故情况时应立即终止演练，迅速通知所有响应人员进行真正的应急行动。

（9）演练人员没有启动演练方案中的关键行动时，控制人员可发布控制消息，指导演练人员采取相应行动，也可提供现场培训活动，帮助演练人员完成关键行动。

应急演练过程中，虽然遵守演练规则、留意不安全情况、了解安全保障措施是每一名演练参与人员的职责，但为确保演练安全，演练策划组在制定安全保障方案时最好指定一名安全管理人员，其唯一职责就是根据保障方案的内容和规定，监督演练过程的安全。

4.4.9 确定参与演练活动的人员和队伍

参演人员按照在演练过程中扮演角色和承担任务的不同，可分为演练人员、控制人员、模拟人员、评估人员和观摩人员五类。参演队伍按照情景事件类型及演练活动实际需要而有所不同，一般包括应急救援队伍、消防抢险队伍、医疗救护队伍、通信保障队伍、环境监测队伍、警戒疏散队伍、后勤保障队伍、新闻报道队伍等。

参演人员和队伍是演练的主体，是演练成功举行的保证。确定参演人员和队伍应在对演练需求、目标及规模进行详细分析的基础上，充分考虑演练组织单位、相关涉及单位可调用的现有资源和人员等实际情况，最终明确参与演练各支队伍名称、队伍人员数量、队伍负责人等。演练策划组对参演人员和队伍的确定需要通过全组人员反复讨论和分析来确定。

参演人员的具体任务和作用如表 4-5 所示。

表 4-5 参演人员的具体任务及作用

参演人员	承担任务及作用
演练人员	对演练情景中的事件或模拟紧急情况做出应急响应
控制人员	通过释放控制消息，确保演练按照演练方案的要求进行
模拟人员	模拟事故发生情况和应急响应行动
评估人员	收集与演练相关的事实、时间、事件及其他各类详细情况信息，评估演练人员、应急组织的表现
观摩人员	通过观看演练行动吸取应急经验并提高自身安全意识

各参演队伍的任务和功能表现如表 4-6 所示。

表 4-6　参演队伍的任务及功能

参演队伍	任务及功能
应急救援队伍	主要进行演练现场应急响应和处置，是演练活动的核心
消防抢险队伍	进行火灾扑救、阻止泄漏、控制危险源等抢险活动
医疗救护队伍	对受伤人员进行现场救治和处理
通信保障队伍	负责现场所有人员的通信畅通
环境监测队伍	时刻监测现场及周边区域的水源、土壤、大气等有效参数的变化
警戒疏散队伍	负责现场秩序及人员安全疏散
后勤保障队伍	为演练活动提供各种所需物品
新闻报道队伍	对现场各种行动和信息进行快速、准确地向公众发布
……	……

参演人员和队伍的正确选择和合理安排是应急演练活动顺利进行的关键。演练策划组的合理安排使参演人员和队伍在演练开始后，能够根据自身任务迅速摆正位置并进行相关行动，在演练过程中可以更加协调配合，使演练功能得到充分展示。

4.4.10　演练策划需要注意的问题

应急演练策划过程复杂，内容繁多，策划人员往往因考虑不全面而容易出现问题，导致演练过程受到影响。为保证演练策划方案完善，演练活动得到有效实施，策划组在策划过程中应注意以下三个方面的问题。

1）策划人员应熟悉本部门（单位）的实际情况

通过对生产经营单位生产过程、工艺与流程、设备状况、场地分布、周边环境等情况的熟悉，可以对演练设备、参演人员进行有效选择并安排在最佳的位置和岗位上，有利于促进演练的协调进行和演练资源的有效利用。

2）演练时间应使用北京时间

一般情况下，演练策划方案中所使用的时间均为北京时间，有利于时间标准的统一，如有其他原因，应在应急演练开始前予以说明。

演练使用北京时间具体表现在：

（1）由于演练活动有可能涉及多个区域的人员，甚至有外地专家参演，演练实行统一的北京时间是参演人员行动统一的保证。

（2）社会公众平均是按照北京时间生活与工作，演练采用北京时间有助于公众对演练活动的及时了解和掌握。

（3）演练进程按北京时间设置，有利于与参演人员的日常思维保持一致，提高演练效率；有利于情景事件与现实情况相吻合，提高演练真实性。

（4）使用北京时间，方便新闻媒体的信息发布和报道。

3）必须制定切实有效的保障措施，确保安全

由于演练活动难以预测以及许多外在因素的存在，演练过程中难免会出现一些意外情况而导致参演人员受到伤害。因此，演练策划时应充分考虑应急演练过程中发生真实事故的可能性，对所有可能发生的真实事故都应制定相应处理措施方案，在出现意外情况时，能够应对及时，避免出现真实伤亡事件。演练策划过程中制定各种切实有效地保障措施，可以做到有备无患，确保演练及人员的安全。

为使上述问题得到有效解决，保障演练活动的顺利进行，应急演练策划组应注意以下五点基本要求。

（1）充分调研。应急策划是在调研的基础上进行的，要想策划出高水平的应急演练方案并达到生产经营单位演练目标要求，就必须进行充分的前期调研，调研可以掌握生产经营单位当前所具备的演练条件，当前应急机制的运行状况，生产经营单位、部门的应急运行程序、具体行动方案和支持条件，才能在程序设计中实现演练各个环节的紧凑衔接。至于调研的具体内容，可结合以往演练案例记录、本单位的实际情况进行设置。

（2）仔细勘察。现场勘察是设置演练模拟事件、事件情景和表现形式、发展线索和所演练应急功能的基础。在勘察中，必须详查每一个现场的细节，核实拟选定的演练场所是否符合该类事件的应急处置要求。

（3）熟知预案。应急预案是应急演练的依据，也是策划人员编制演练总体方案的重要依据和进行演练过程设计的重要支撑文件。策划人员在策划前就应当针对拟定的事件类别系统地了解该类事件的配套预案，做到认真研究，对其主要内容、要求和重要环节了然于心。

（4）领会意图。演练的规模、事件的选择、演练的日期，一般来说都是由演练决策人员来确定的。至于演练要策划到怎样的程度，采取哪种方式，决策人员也会有大致的考虑。而对于策划人员来说，最重要的就是提供可选择的方案让决策人员确定，千万不可枉自确定并依此来制定总体方案。一定要在领会决策人员的意图后才能开始演练策划。否则，将会浪费时间、效果甚微，更有甚者，可能会因忽视这一关键环节而将努力付之东流。

（5）符合实际。谋划思路与编排内容必须从实际出发，做到演与练相结合，既符合预案要求，又与当前应急技术条件、应急运行要求、可利用应急资源状况

等基本一致。演练策划必须建立在实际状况的基础上，脱离实际的策划只能说是作秀，与演练的宗旨完全相悖。因此，在演练策划中尽量采取与实战相接近的方式进行演练策划。

4.4.11 应急演练策划方案说明书

安全生产应急演练策划方案说明书是指根据演练目的和应达到的演练目标，对演练性质、规模、参演单位和人员、假想事故、情景事件及其发展顺序、气象条件、响应行动、评估标准与方法、时间尺度、安全事项等的总体说明。

演练策划方案说明书是组织与实施演练的指导文件，必须涵盖演练过程中每一工作细节。演练策划方案说明书的主要内容包括：演练需求分析、演练目的、目标、演练规模、演练组织与管理、演练情景事件与情景描述、演练行动程序、安全保障措施及各类参演人员任务及职责等。具体的演练说明文件包括演练情景说明书、演练方案说明书、演练情景事件清单、演练控制指南、演练评估指南、演练人员手册、演练通讯录等，演练文件编写工作由演练策划组下设的文案组成员执笔起草，经演练策划组全体成员开会讨论、修改后定稿。演练策划方案说明书应在演练正式举行前至少两周内发放到参演人员手中，以方便其学习。编写演练策划方案说明书应以演练情景说明书的设计为基础。

1）演练情景说明书

演练情景说明书是对演练情景事件及其发展做出的详尽阐述，为演练活动提供初始及后续行动场景。演练情景说明书一般用简短的叙述性语言表述，长度为1~5个自然段，演练时主要以口头、广播、视频或其他音频方式向演练人员说明。通常包括如下内容：

（1）发生何种生产安全事故；

（2）事故是如何被发现的；

（3）是否预先发出警报；

（4）生产安全事故发生时间与地点；

（5）信息的传递方式；

（6）已造成的人员伤亡和财产损失情况；

（7）采取了哪些应急响应行动；

（8）事故的发展速度、强度与危险性；

（9）生产安全事故的发展过程；

（10）事故发生时的气象条件等与演练情景相关的影响因素。

情景说明书主要作为演练总指挥和主要负责人指导演练实施的重要书面材

料，也可供上级机关审查演练活动。情景说明书主要是围绕演练情景事件展开，大致包括模拟事故的发生、发展状况、造成的影响及事故应急处置等内容，其主体内容结构如表4-7所示。

表4-7　演练情景说明书内容结构

序号	标题	内容要素说明
1	事故情景的启动	事故情景被触发的方式（假想事故是由于人为蓄意破坏、人为失误、自然灾害、设备老化等不可抗因素所引起的）
2	事故情景的描述	事故发生地理位置的选择、确定及描述
		连续情景事件时间表
		连续情景事件触发方式
		气象条件与环境参数
		场景假设条件
3	假想事故可能造成的负面影响	二次事故
		人员伤亡
		财产损失
		环境污染
		公共服务（水、电、煤气等）中断
		对当地经济发展影响
4	任务描述	基础设施、设备的保护
		应急资源调动
		紧急情况的评估、诊断
		应急管理及响应
		现场抢险减灾措施
		人员的疏散与安置
		受害人员的处置
		事故调查与处理
		现场恢复

2）演练方案说明书

演练方案说明书是指根据应急预案、演练目的目标、情景事件等要素综合考虑生产经营单位现实情况，对演练内容做出的总体说明。演练方案说明书主要提供给生产经营单位领导、演练组织部门和涉及单位负责人阅读。其主要内容包括：

（1）演练适用范围、总体思想和原则；

（2）演练假设条件、人为事项和模拟行动；

（3）演练情景；

（4）演练目标、评估准则及评估方法；

（5）演练程序；

（6）控制人员、评估人员任务及职责；

（7）演练必要的保障条件和工作步骤。

3）演练情景事件清单

应急演练情景事件清单是指按时间顺序排列演练过程中需引入情景事件（包括主要或次级事件），其内容主要包括情景事件及其控制消息和期望行动，以及传递控制消息的时间或时机。演练情景事件清单主要供控制人员控制演练过程使用，其目的是确保控制人员了解情景事件何时发生、应何时输入控制消息、应在何种状况下提醒演练人员、引导演练人员采取何种行动，使演练活动统一连贯并按计划有序进行。

演练情景事件清单的每一项事件一般应包括如下内容：

（1）情景事件情况的概要说明；

（2）事件发生时间；

（3）控制人员应发出的控制消息；

（4）演练人员采取的期望行动。

演练情景事件清单示例如表 4-8 所示。

表 4-8　演练情景事件清单示例

时间	情景事件	控制消息	期望行动
15:25′35″	某二甲苯槽车与中巴车相撞，发生起火爆炸事故	路过群众立即拨打 110 报警：某地方发生化学品运输车与中巴车相撞，造成起火爆炸事故，车内有人员被困	司机和逃生乘客立刻使用灭火器灭火并抢救车内乘客
15:28′05″	110 指挥中心接到报警，迅速组织救援	指挥中心向交警大队、消防支队发出指令：某地发生化学品运输车起火爆炸事故，立即调集人员前往增援	交警人员、消防人员、120 救护人员及设备迅速到达事故现场
……	……	……	……

4）演练控制指南

演练控制指南是指有关演练控制、模拟和保障等活动的工作程序和职责的说明书。该指南主要供演练控制人员和模拟人员使用，为了保持演练的真实性，一般不发给演练人员。演练控制指南主要向控制人员和模拟人员提供演练活动的概要说明、演练控制和模拟活动的基本原则、演练情景的总体描述、主要参演人员及其位置分布、通讯联系方式、后勤保障和行政管理机构等事项。

演练控制指南有利于控制人员对演练现场的整体把握，控制演练进程和参演人员的行动，有利于模拟人员清楚自身扮演的角色和所承担的任务，是演练安全和顺利进行的保证。演练控制指南一般包含如下内容：

（1）演练背景；

（2）演练目标；

（3）演练规模（持续时间、地点范围、人员数量、应急功能深度等）；

（4）演练组织机构、控制人员及参演人员职责；

（5）演练情景事件介绍；

（6）演练启动与控制程序；

（7）演练布景、假设和模拟；

（8）演练安全与治安；

（9）演练控制通信系统功能、结构与程序；

（10）相关记录表格、检查表格、通讯录、地图、参考手册等。

在演练控制指南的设计策划时，应考虑生产经营单位当前实际情况，适当增加或删减部分内容，但要能够保证控制人员和模拟人员的使用需要。应急演练控制指南的主体内容结构参见表4-9。

表4-9　演练控制指南主体内容结构

序号	标题	说明
1	演练背景	阐述整个演练举办的原因、意义和必要性
2	演练目标	列出演练所需达到的所有预期目标
3	演练时间	明确演练日期和当天具体的开始、结束时间
4	演练地点	明确演练的地点、现场范围
5	演练人员	列出所有参演应急组织、部门、单位及人员
6	事故情景介绍	较详细地介绍演练情景事件，包括所模拟的生产事故类型、情景启动的方式及具体时间、连续事件的设置等
7	演练控制及分工	以表格的形式落实演练控制人员、模拟人员名单及他们在演练现场的地理位置分布、每个人所担负的控制保障工作
8	演练前记录检查表	列举出演练前所必须进行的检查工作，须落实到个人和设备，并要求参与该工作的人员在完成检查工作后签字确认
9	演练后恢复检查表	列举出演练结束后所要进行的现场恢复和清理工作，须落实到人，并要求参与该工作的人员在完成恢复工作后签字确认
10	演练现场结构示意图	演练现场结构示意图由两部分组成：首先应给出本区域的电子地图，并在地图上明确标出演练情景发生的地理位置；然后对演练现场要有大致的平面布置图，应包含演练现场各主要建筑物的位置（如罐区、控制室、泵房等）、主要通道设定、应急救援器材设备（如消火栓、灭火器等）分布地点、模拟事故发生地点等信息

5）演练评估指南

安全生产应急演练评估指南是对演练目标、评估准则、评估程序、评估策

102

略、评估工具及资料、评估组成员在演练准备、实施及总结阶段的职责和任务所做出的详细说明书，是演练评估人员开展工作的指导书。演练评估指南的目的是使评估人员熟悉演练目标，了解评估准则、评估方法及评估程序，保障演练评估工作的顺利进行。

评估指南一般包括以下内容。

（1）演练相关信息：演练目标、事故情景、事件进度表等。

（2）评估组的组成，任务和位置：演练现场的地图、评估人员数量与位置分布列表、评估组成员结构图。

（3）评估指标及标准：评估指标是用于评估人员评估的细化对象。这些指标应具有可测量性并力求量化。评估标准是对演练人员各个演练目标、演练行动所达到的状态的描述。

（4）评估人员引导：详细规定评估人员在演练准备、实施和总结阶段的职责与任务以及所遵守的规则与要求。

（5）评估方法：现场记录资料、调查演练相关情况、访谈参演人员、开会讨论等。

（6）评估工具：各种评估分析表格与图纸、评估报告模板、相关评估软件工具等。

演练评估指南主要是对评估人员起引导作用，评估人员据此可以高效、方便地评估演练是否达到预定目标要求，检验预案的可行性及演练人员的应急处置能力。要使演练评估工作起到良好效果，就必须对演练评估指南进行详细考虑与编制。

演练评估指南可采用多种编写样式。"问答式"是较为常见且简单易行的一种评估形式，评估人员在演练过程中根据演练人员的表现对这些问题作答，并以此作为演练的现场记录。在问题的设置上，可以突出重点，又能兼顾演练过程中每项细节。其示例见表4-10。

6）演练人员手册

安全生产应急演练人员手册是指向演练人员提供有关演练程序、规则和注意事项等，指导演练人员如何协调分工、如何行动、如何应对紧急情况的详细说明文件。演练人员手册中所包含的信息均是演练人员应当了解的演练相关信息，但不包括应对其保密的信息，如情景事件等。演练人员手册一般应包括以下内容：

（1）演练目的。对为什么举行演练及希望达到的目标进行说明。

（2）演练时间。演练日期、当天开始与结束时间等。

表 4-10　演练评估问题设计举例

序号	问题类别	问题示例
1	应急预案的质量	应急救援预案是否考虑到了大部分的应急需求,如通信、后勤供给、现场警戒与管制等
		应急预案是否对应急过程中所可能涉及应急组织、人员的功能、职责和行动进行介绍和阐述
		应急预案对紧急状况的处理是否达到有效要求
2	演练人员对应急预案的履行情况	各应急响应人员是否按照应急预案要求及时就位
		在演练过程中,各应急响应人员是否按照应急预案的规定进行分工协作
		应急演练中的整体实施效果如何
3	演练人员完成特定应急行动的速度	从险情被发现到应急中心接警之间的时间是否达到应急预案的要求
		从接警到展开救援之间的时间是否达到应急预案的要求
		应急预案中对其他应急行动的时间约束有哪些
4	演练人员对预案的执行效率	演练过程中是否有应急设备出现故障的情况
		演练过程中信息的传达效率如何?在信息传递过程中是否出现内容自相矛盾的情况
		演练过程中是否出现资源紧缺或者浪费的情况
5	演练人员的技能水平	演练人员在紧急情况下是否能做出正确应对措施
		演练人员能否正确使用各种应急器材及使用的熟练程度如何

(3) 演练地点。对演练现场、区域范围等的介绍。

(4) 演练人员。演练组成人员及其分工。

(5) 演练情景介绍。对假设事故的简单介绍。

(6) 演练程序。对演练行动程序的介绍。

(7) 演练要求与规则。对参演单位及人员提出具体的组织和行动要求。

(8) 意外情况处理。出现意外情况时的处置措施与方案。

(9) 演练现场结构示意图。现场设备、建筑的分布、人员撤离路线等。

(10) 现场清理。演练行动结束,参与清理的人员及分工。

应急演练开始前,将演练人员手册分发给参演人员,使其熟悉演练的基本情况,明确自己的角色与职责。演练人员手册主体内容和详细结构见表 4-11。

表 4-11 演练人员手册主体内容和结构

序号	标题	内容说明
1	演练目的	阐述演练举行的原因、意义和希望达到的目标
2	演练时间	演练的日期、演练人员到场就位的时间、演练正式开始及结束的时间
3	演练地点	演练人员到达演练现场后的集散地和演练正式开始的地点
4	演练人员	列出所有参演应急组织、人员及分工
5	事故情景	简要介绍演练模拟的事故场景的具体情况,如演练现场所模拟的事故类型、情景启动的具体时间、地点等方面的内容,但不应包括对演练人员保密的信息
6	开始演练	明确演练当天演练正式开始前,各参演应急组织"碰头会"举行的时间、地点和参与人员
7	演练过程	给出在演练过程中的演练行动程序,以供演练人员在演练前加强学习和了解
8	演练要求与规则	(1)演练真实性规则:要求演练人员在演练过程中的行为必须与真实事故的应急行为相一致,严格依照预案实施演练; (2)演练通信要求:规定演练过程中信息的传达方式,在演练过程中所有的报告都必须以"这是一次演练"作为开头和结尾,这对区分演练还是真实事故是十分必要的; (3)演练文档管理要求:演练时要使用的表格、图表、所有报告、呼叫、传真和信件都必须留档
9	意外情况处理	真实事件的处理总比演练活动优先。主要介绍演练过程中万一发生意外情况,演练人员应采取的应对措施。例如,演练人员要以"这不是演练"结束紧急报告,然后由总指挥决定是否终止演练
10	现场结构示意图	演练现场结构示意图不要求标注具体尺寸,但应包含演练现场各主要建筑的位置结构(如罐区、控制室、办公楼、紧急救护站)、人员集散地、主要通道,应急救援器材(如消火栓、灭火器等)的分布地点、事故发生地点等信息

7)演练通讯录

演练通讯录是指记录各参演人员通讯方式及其演练时所在位置的说明文件。文件需要提供的信息包括参演人员的姓名、职位、隶属部门、演练过程中所处地理位置、担任职务、主要职能、固定座机号码、移动电话号码、电邮等方面信息。

编制演练通讯录时,应按照人员对演练的重要性进行排序。一些关键岗位人员的联络方式应出现在演练通讯录前端位置,如演练总指挥、现场指挥、各类参演人员的主要负责人、各参演应急组织的负责人等,这样有利于在紧急情况发生时能及时向他们汇报,其他参演人员则根据需要按类别在演练通讯录余下的篇幅中列出。演练通讯录结构如表 4-12。

表 4-12 演练通讯录示例

序　号	演练职务	姓　名	职　位	隶属单位	所处位置	电　话
1	总指挥	××	总经理	××	指挥中心	×××
2	现场总指挥	××	副总经理	××	现场指挥室	×××
......	......	......	......	......	......	......

4.5 应急演练脚本编制

　　脚本是使用一种特定的描述性语言，依据一定的格式编写的可执行文件，又称作宏或批处理文件。应急演练脚本是指将演练全过程编写成剧本形式的文件。

　　对于重大示范性应急演练，可以依据应急演练方案说明书把应急演练的全过程写成应急演练脚本（分镜头剧本），详细描述应急演练时间、情景事件、预警、应急处置与救援、参与人员的指令与对白、视频画面与字幕、解说词等，演练脚本一般采用表格形式。

　　应急演练脚本又称演练实施计划或观摩指南，是对演练程序内容进行详细、通俗的阐述说明，使参演人员清楚明白演练过程，确保演练成功举行。

4.5.1 应急演练脚本编制内容与意义

　　1）演练脚本内容

　　演练脚本的框架一般采取剧幕章节方式，即按照情景事件的发展过程分成若干个剧幕章节，每个剧幕章节又包含若干个小节，每个小节都按一个明确的主题内容来编排，每个主题内容均由开始时间、持续时间、场景地点、场景人物、场景描述、指令与对白等要素内容组成。演练脚本编制的一般内容包括：

　　（1）演练时间。演练日期、活动持续时间、每一指令和行动的开始和结束时间等。

　　（2）场景地点。演练涉及的每一个场景的地点分布，包括控制室、救援现场、医疗救护中心等。

　　（3）场景描述。对每一个场景事件情况、人员行动过程、执行人员职务与姓名等进行视频播放以及解说描述。

　　（4）指令与对白。通过广播、视频等设备将演练现场的每一项指令、对白及人员行动进行公布。

　　以上为编写演练脚本时一般应包括的内容，演练脚本编制内容还应根据生产经营单位现有资源条件以及演练实际情况而定，适当增加部分内容。表 4-13 为某危险化学品企业应急演练脚本示例。

表 4-13　演练脚本编制样式

演练阶段	演练时间	演练情景
演练准备	14:50:00	观摩人员就座（播放迎宾曲）
	15:00:00	情景说明：领导、观摩人员就座后，主持人开始致欢迎词。 主持解说：各位领导、各位来宾，大家下午好! 热烈欢迎各位参加今天的危险化学品安全生产应急演练。 ……
演习开始	15:03:00	主持解说：现在，我宣布演练开始!
事故发生	15:03:10	情景说明：某厂第一仓库门口，员工 A 在分装天那水时发生意外泄漏，大量天那水倾倒地上。瞬时，空气中弥漫着刺鼻的味道，员工 B 紧急采取措施处理，仓库管理员发现事故已经无法控制，紧急向管理部门汇报事故情况； 管理员（跑步向厂办）：主任，刚才有员工在第一仓库门口分装天那水时，容器突然倒地发生泄漏，大量天那水溢出，现在空气中充满刺鼻的气味，如果不及时处理随时会发生爆炸事故。 厂办主任：现在有几个员工在现场? 管理员：目前现场就三个员工。 厂办主任：好，现在你马上回去，先关闭现场附近 50 米范围内的管道阀门，然后带领其他三个员工在周边把守，不要让任何人走近事发现场。我马上向厂长汇报。 管理员：知道了，我马上就去。
	15:05:00	情景说明：厂办主任了解事故情况后，安排采取临时措施，并要求撤离事发现场员工，防止发生人员伤亡事故，并立即向厂长汇报事故情况。 厂办主任：（打电话给厂长）：厂长，刚才我们员工在第一仓库门口分装天那水的时候发生事故，大量天那水溢出，仓库管理员向我汇报说，事故比较严重，我已经让他关闭附近管道阀门，带领在场员工暂时撤离事发现场；根据目前情况，我建议立即进入厂区应急状态。 厂长：好，按照应急预案，全厂进入事故应急状态，你负责通知各部门主管，要求各应急行动组立即集合。由厂办安排组织成立安全警戒组，在现场设立警戒线，不许无关人员进入事发现场。 厂办主任：好，我立即安排。
	15:08:00	情景说明：厂长赶到现场应急指挥部后，了解事故动态，并听取技术组勘查现场的情况。 应急总指挥：（询问抢险抢修组长）现场情况怎么样? 抢险救援组组长：厂长，我们已关闭现场附近的所有管道阀门。但是泄漏很严重，我们建议赶快疏散附近办公和生产人员。 应急总指挥：（略作思考后）安全警戒组! 安全警戒组组长：到! 应急总指挥：立即安排撤离在岗的所有员工，并且负责临时安置工作，清点人数后，向我汇报。 安全警戒组组长：是。（接到指挥员命令后，立即安排本组人员撤离员工） 应急总指挥：（对所有行动组组长）各行动组注意了，现在事故比较严重，按照我们厂的应急预案，我已经要求员工疏散撤离。各行动组要做好应对突发事件的准备工作。 各行动组长：（回答）是。（灭火队准备灭火器材、穿好防护服等；医疗救护组准备担架、医疗用品等）

续表

演练阶段	演练时间	演练情景
事故恶化	15:13:00	情景说明：按照预案，应急总指挥命令撤离和疏散工作区域的所有员工。但是，由于事发现场电气短路产生火花，引起燃烧。事故进一步恶化。 抢险救援组组长：总指挥，估计是现场电气短路产生火花，堆积在附近的一些杂物已经开始燃烧。 应急总指挥：赶快组织灭火队灭火，要切断电源、切断进入火场地点的一切物料，注意队员的个人防护。如果火势不能控制，立即拨打119救援。 抢险救援组组长：是。（灭火队进入现场灭火） 应急总指挥：安全警戒组！ 安全警戒组组长：到。 应急总指挥：加快撤离人员的速度，要注意保护员工远离火场，不要受到任何伤害。 安全管制组组长：是。（指挥本组应急人员，加快组织员工撤离速度）
初步控制	15:15:00	情景说明：按照规定，天那水的灭火方法是：喷水冷却容器，可能的话将容器从火场移至空旷处。灭火剂：泡沫、二氧化碳、干粉、砂土。 情景说明：经过抢险抢修组灭火队的奋力扑救，火势得到控制，但在救火过程中有队员被轻微烧伤，灭火队已将这名队员转移出火场。 抢险救援组组长：总指挥，火势已经控制住了，现在我们组正在抢修倒地泄漏容器。但是有一名队员受伤，已经转移出来了。 应急总指挥：快，医疗救护组，立即对伤员进行救治，拨打120请求紧急救援。 医疗救护组组长：是。（医疗救护员跟随抢修组组长跑步赶到伤员身边，察看伤员病情，进行应急救护）
	15:20:00	情景说明：安全警戒组在安置点清点撤离人数后，发现有一名员工未及时撤离，初步判断该员工可能滞留在办公区；安全警戒组组长向应急总指挥汇报情况，请求紧急救援。 安全警戒组组长：总指挥，在临时安置点清点撤离人员时，发现少了一名员工，初步判断，该员工可能还滞留在办公区，我们正在组织人员营救。 应急总指挥：医疗救护组，马上组织医疗救护员，准备抢救伤员。 医疗救护组组长：是。（四名医护人员拿起担架和医疗箱跑步进入办公楼）
	15:22:00	情景说明：医疗救护组在对失踪人员进行搜救的同时，抢险救援组已经扑灭明火，正在对现场进行处理。 ……
事故控制及终止应急响应	15:30:00	情景说明：事故得到有效控制，各应急行动组向总指挥汇报事故处理情况。 …… 应急总指挥：好，各组行动非常及时，经过我们的努力，有效地遏制事故进一步恶化，避免了一次重大生产安全事故的发生，各组清点好你们的设施、设备，组织应急人员安全撤回。 各组组长：是。
演练结束	15:32:00	应急总指挥：通过这次事故，我们要分析事故原因，展开事故调查和评估，总结经验教训，狠抓安全生产管理，提高应急队伍的响应水平和能力。现在我宣布，演练结束！

2）演练脚本编制意义

相对演练策划方案说明书而言，演练脚本需要考虑的内容、环节更具体、更细致。由于演练脚本是以某个场所作为活动的固定空间，对此空间内及其周围每个人物所发生的行为或开展的活动进行详细描述，从而使策划人员极易将特定场所内每个相关人员的活动所占用的时间固定下来，从而也就将某个演示活动所需占用的时间总和确定下来。演练脚本这种时间细分性、排他性的特点，对纠正、完善演练策划方案具有非常重要的作用。策划人员在策划全面演练时，应当编制演练脚本。

此外，演练脚本的编制可以使演练人员更清楚地了解演练全过程与自身的职责，从而使演练指挥人员更好地掌握现场动向并下达准确指令，帮助控制人员控制演练进程。

4.5.2　应急演练脚本编制方法

根据生产经营单位安全生产应急演练的实际情况以及演练脚本的功能特点，演练脚本的编制有多种方法，如表格法、图形法、排序法等。表格法是指以表格形式将演练各场景细节及行动时间等进行记录的文本，内容清楚明了，容易阅读了解；图形法是以图形的形式对演练场景细节进行展示与表述，内容形象生动，但是不容易有效地编制；排序法是指按照时间或场景重要性的顺序，将演练过程信息一一列举出来的文本格式，内容简单清晰，但是与表格法相比，显得不易于阅读了解与信息查找。目前，大部分生产经营单位普遍采用表格法编制演练脚本。通常生产经营单位举行演练活动需要编制演练脚本时，均是依据演练策划方案，分析以往演练经验，采取去粗取精、统分结合、分工协作、不断完善的方式，再由演练策划组反复讨论并以表格形式编制。

4.5.3　应急演练脚本编制需注意的问题

演练脚本包括演练全过程各个方面的内容，编制时需要考虑多种因素，保证脚本的有效性和实用性，以确保演练的可控性和顺利实施。演练脚本编制过程中应注意以下六个方面的问题：

（1）将集中活动场所作为剧幕划分依据，尽量使划分的剧幕涵盖所有应急演练活动并且各划分剧幕所包含的演练活动没有交叉现象，以便演练脚本的编制具有条理性和完整性，为演练过程控制打下较好的基础。

（2）尽量将剧幕内不同内容进行分割，划分成独立小节，明确每个小节的演练内容，统计其需要占用时间，对每小节的演练要求、要点、具体行为做出描述，从而更清晰地表达演练重点，使每一项应急演练功能内容更具体、任务更明确。同时，便于演练人员更好地了解演练全貌，据此把握策划人员的演练意图，在演练过程中自觉地加强协调联动，使演练顺利实施。

（3）演练脚本应当配有脚本目录。脚本目录是整个演练过程的总纲，对指导各方进行演练活动具有重要作用。参演单位与参演人员可以通过脚本目录快速地了解演练的整个过程，快速地查询相关的演练内容，也使参演单位与参演人员更容易理解、掌握演练策划人员的意图和要求。

（4）演练脚本场景人物应将承担主要应急任务的领导者、指挥者及核心人员列入其中。场景人物的选择不必面面俱到，但关键环节的应急人员必须在脚本中做出明确的安排，这样可使演练过程的控制重点更突出，使演练的过程控制更易掌握。

（5）演练脚本场景描述力求全面，简明扼要。对各种情况要交待清楚、过程要明确。

（6）演练脚本人物对白设计要突出紧急性、用词要符合实战要求，具有真实效果，最好用军事化语言。

5 安全生产应急演练组织实施

安全生产应急演练组织策划工作完成以后，即可开展演练组织实施活动，通过正确的应急演练组织实施活动使应急演练得到顺利开展并达到需要完成的目的与目标。本章主要介绍应急演练的组织实施过程以及在组织实施过程中应注意的问题。

安全生产应急演练组织实施过程是组织策划人员在做好前期准备和策划工作以后，将演练策划付诸实践的行为，起到执行检验的作用。应急演练是对应急能力的检验，组织实施过程既包含对参演队伍及人员的动员、演练准备情况的确认与协调、也包含从演练启动到演练结束的一系列过程。在介绍演练组织实施过程的同时，指出综合演练需要注意的关键问题，以便在演练组织实施前做好针对性的准备，从而保证演练的顺利进行。

5.1 应急演练组织实施

应急演练组织实施是指根据演练策划方案，通过组织相关资源，执行事先所设定的演练程序和过程。演练组织实施是确保演练活动得以顺利开展，演练过程能够正常进行的关键环节。落实不好演练组织工作，很可能导致演练过程无法有效控制，使良好的演练策划方案达不到预期目的，甚至功亏一篑。

应急演练实施过程中，最重要的就是要确保各项准备工作得到很好落实，确保演练过程严格遵守组织纪律，确保安全保障措施落实到位，尽量不出意外和漏洞。一般地，应急演练组织实施主要有三项工作内容：

(1) 做好应急演练实施前期准备的检查工作，确保演练准备到位；

(2) 控制应急演练的全过程；

(3) 组织演练实施过程中实地记录及演练情况评估工作。

应急演练组织实施主要是依据应急预案的要求，按照演练策划方案的内容进行，对演练过程进行归纳得出演练组织实施的核心内容。主要包括 10 个方面，如图 5-1 所示。

虽然应急演练的类型、规模、持续时间、演练情景和演练目标等有所不同，但演练过程一般均按以下程序组织实施：

(1) 确定演练日期；

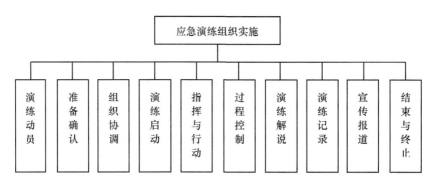

图 5-1 应急演练组织实施内容

(2) 制定并下发演练方案；

(3) 制定并下发演练脚本；

(4) 编制演练准备工作检查分工安排表；

(5) 检查各演练现场；

(6) 检查各单位演练的准备工作；

(7) 演练策划人员对演练单位的演练工作进行培训指导；

(8) 检查各演练单位的预演情况；

(9) 编制演练单位主要联系人通讯录；

(10) 召集各参演单位开会，明确演练的通信系统，制定并下发演练现场规则，通知做好参演人员工作部署和相关装备、物资、药品等的准备；

(11) 编制演练实施各项工作分工安排表，落实相关责任人员；

(12) 编制演练过程监控分工安排表，落实相关责任人员；

(13) 编制、分发演练评估工作文件，培训评估人员；

(14) 启动应急演练；

(15) 追踪各演练人员演练情况，控制事故演练全过程；

(16) 记录参演人员及队伍演练表现；

(17) 结束应急演练；

(18) 初步统计分析评估各参演单位人员演练情况，提交评估报告；

(19) 召开演练总结大会。

以上为一般情况下应急演练组织实施程序，实际演练时，根据演练单位情况及演练需要，可对其进行适当修改再实施。

5.1.1 演练动员

演练工作组在完成应急演练准备，以及对演练组织、演练场地、演练设施、演练保障措施等进行最后检查和调整后，应在应急演练开始之前进行演练动员。应急演练动员是指通过各种方式使演练参与人员全面了解演练过程及与自身相关信息、提高演练积极性的活动。

演练动员是为了确保所有参演人员了解演练现场规则，以及演练情景和演练方案中与各自工作相关的内容。演练动员工作主要包含两个部分：领导小组熟悉演练方案及演练全过程；参演人员明确各自工作职责。演练动员工作可通过演练前夕召开演练动员大会来完成，必要时可分别召开演练领导小组、控制人员、评估人员、演练人员的情况介绍会（图5-2），演练观摩人员一般参加控制人员情况介绍会。

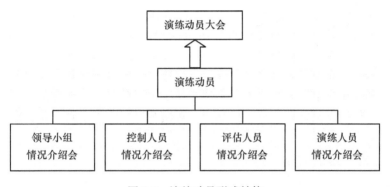

图 5-2　演练动员形式结构

各种工作会议的召开，主要目的是使参演单位及成员熟悉应急预案和演练策划方案，明确各自在演练过程中所担任的角色、必须履行的职责，并进行必要准备，以确保演练行动顺利实施。

应急演练动员大会一般由演练组织单位领导主持，所有参演人员都必须参加，会议主要解决的问题包括以下六个方面。

（1）说明举行应急演练的原因、演练目的和意义，使参演组织和人员在思想上引起足够的重视；

（2）提出工作要求，明确任务和职责分工，使参演组织和人员做好充分的演练准备；

（3）明确演练牵头部门，给予必要的授权，使演练活动在统一指挥、协调的情况下进行；

（4）确定演练基本原则和要求，如疏散原则、处置要求、通信规则等；

（5）详细说明演练重要细节，如对演练现场管理、安全保障等工作的部署和安排进行说明；

（6）提高参演人员的积极性和对演练的重视性。通过各种鼓励措施调动人员积极性，提高人员对演练的重视和关注，以加大演练实施保障力度。

应急演练动员大会将向参演人员对演练做出全面讲解，是对演练前期准备工作的进一步补充，是对参演人员工作职责的最终确认，演练动员大会的有效开展可促进演练顺利实施，是演练成功举行必不可少的一部分。

1）领导小组情况介绍会

演练领导小组情况介绍会是指由领导小组组长主持、领导小组全体成员参加的会议。重点介绍应急演练计划安排，使领导小组熟悉应急预案和演练方案，做好各项准备工作。演练领导小组情况介绍会主要内容包括：

（1）应急演练总体计划安排；

（2）本次演练所依据的应急预案相关内容；

（3）演练策划方案内容；

（4）领导小组所负责的演练指挥、人员任命、重大事项审定与决策等工作。

演练领导小组情况介绍会主要是使领导小组成员对演练进行全面了解，做好相关准备工作，以便把握演练主要动向，对演练过程做出正确判断和指挥，使演练高效、有序地进行。

2）控制人员情况介绍会

应急演练控制人员情况介绍会主要由控制人员参加，演练模拟人员和观摩人员也可以参加了解相关情况。会议详细介绍演练情景事件、现场规则、演练进程等情况，控制人员据此全面掌控演练行动，保证演练安全及行动措施连续进行。控制人员情况介绍会主要讲解事项有：

（1）演练情景事件清单的所有内容；

（2）所有演练控制人员及通讯联系方式；

（3）各控制人员工作岗位、任务及其详细要求；

（4）有关演练工作的行政与后勤管理措施；

（5）演练现场规则，有关演练安全保障工作及措施的详细要求；

（6）有关情景事件中复杂和敏感部分的控制细节。

应急演练控制人员情况介绍会主要目的是通过向控制人员讲解与其职责相关的工作，由控制人员保证演练过程始终在可控安全范围内，保证演练能够不间断地按程序进行，保证在出现突发紧急情况时，及时做出有效处理。

3）评估人员情况介绍会

应急演练评估人员情况介绍会主要由评估组成员参加，会议详细介绍演练过程、情景事件以及演练评估方法、原则等内容。评估人员通过情况介绍会熟悉演练场景，获知有效评估要点。评估人员情况介绍会主要讲解事项有：

(1) 演练情景事件清单的所有内容；

(2) 演练目标、评估准则、演示范围及演练协议；

(3) 演练现场规则，有关演练安全保障工作及措施的详细要求；

(4) 评估组成员组成及通讯联系方法；

(5) 各评估人员工作岗位、职责及其详细要求；

(6) 评估人员承担某项评估任务所要求的特殊约定；

(7) 场外应急预案及执行程序的新规定或要求；

(8) 评估方法、评估人员应提交的文字资料及提交时间；

(9) 演练总结阶段评估人员应参与的会议。

应急演练评估人员情况介绍会主要目的是详细阐述相关评估演练场景、评估人员工作相关内容及要求，使评估人员能够对演练过程、人员表现、安全事项等进行全方位观察，记录收集相关信息并对其进行评估，整理总结出有效的评估报告，以对演练提出有针对性的意见和建议。

4) 演练人员情况介绍会

演练人员情况介绍会主要由演练行动实施人员参加，会前向演练人员分发演练人员手册，但是不得介绍与演练情景事件相关的内容，而是根据演练策划方案及演练人员手册内容，介绍一些演练人员应该知道的信息，如参与演练的应急组织、演练目标、演练人员各自应承担的具体职责、紧急情况下该如何应对处置、采取模拟方式进行演练行动等。演练人员情况介绍会一般应讲解的内容有：

(1) 演练现场规则，有关演练安全保障工作及措施的详细要求；

(2) 演练目标和演练范围（应尽量使用通俗语言简要介绍演练目标与演练范围，以避免泄露演练情景）；

(3) 演练过程中已批准的模拟行动；

(4) 各类参演人员的识别方式；

(5) 演练开始的初始条件；

(6) 演练过程中有关行政事务、后勤管理和通信联系方式及其特殊要求。

演练人员情况介绍会主要目的是加强演练人员对自身责任的认识，使演练各项行动按照应急预案和演练方案要求安全顺利实施，做到真正提高演练人员实际应急处置能力，达到应有的演练效果。

5.1.2 演练准备确认

演练准备是指为保障演练顺利实施而进行的一系列前期工作，演练准备确认是指在演练开始前对这些前期工作进行检查，确认其准备是否充分、是否满足演练需要的活动。演练准备是演练能否正常举行的必要保障，对演练准备进行确认关系到演练活动能否按期举行、演练过程安全能否得到进一步保障，因此，演练准备确认工作一定要细致进行。

应急演练准备确认一般包含五个方面的内容：参演人员到位情况确认；演练所需物资确认；演练技术保障确认；安全保障方案相关内容确认；演练前情况通报确认（图 5-3）。

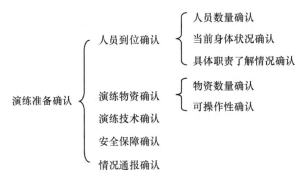

图 5-3　演练准备确认内容结构

1）参演人员到位确认

参演人员到位确认是指通过检查演练涉及人员情况，确认各参演人员是否各就各位并做好相应准备的工作。所需确认的人员包括演练总指挥、副总指挥、现场指挥人员、控制人员、评估人员、演练人员、观摩人员及后勤保障人员等。参演人员确认一般包括三个方面的内容：

（1）参演人员数量的确认。对参演人员准备情况进行检查和确认时，首先应确认参演人员数量，确保各参演人员数量按照演练策划方案要求全部到位，如果各组织或岗位人员数量未满足方案要求，演练将不能开始。必要时还应确认演练后补人员情况，以代替因特殊原因而不能参加演练的人员。

（2）参演人员当前身体状况的确认。确认参演人员数量后，就需要进一步对参演人员身体状况进行检查，确保各参演人员可以参加演练并顺利坚持到演练结束。参演人员身体情况对演练实施有很大影响，应及时替换当前身体状况不佳或不适合参加演练活动的人员，以免影响演练进程。

（3）参演人员对具体职责了解情况的确认。参演人员对具体职责了解情况的确认是演练准备确认最主要方面，参演人员对各自所承担的演练职责了解程度直接关系到相关行动能否顺利实施。因此，当某些人员对自身相关行动任务及演练情况的了解不满足演练要求时，应及时对其进行培训、教育或替换为其他能胜任的人员。

2）演练物资确认

演练物资主要包括演练过程中的通信、医疗、显示器材，交通运输、安全警戒工具，演练涉及人员生活保障设施设备等。演练物资确认主要是上述物资准备情况的确认。与真实应急情况不同，演练活动是按照演练策划方案进行的，物资需求较为明确，物资确认只需要满足演练方案物资需求清单即可。演练物资确认一般从两个方面进行：演练所需设备设施数量上的确认；设备设施质量方面的确认。

（1）演练物资数量确认。演练物资数量确认即对演练中所需要动用的设施设备类别及数量进行检查，以保证这些应急物资能够满足演练需求。所要确认的物资大到消防车、流动通讯站、交通运输车等，小到应急人员所穿的衣服、口罩及佩戴的标志等，将这些物资的检查结果务必一一书面列出并进行需求确认，对确认数量不足的物资要及时补充，以保证演练所需。

（2）演练物资质量确认。演练物资质量保障是该设施设备能否正常使用的关键，对演练物资质量的检查也是确认其能否投入到演练活动当中。有些器材设备是保障演练安全及演练正常进行必不可少的，如通讯器材，一旦在演练过程中失效，将造成演练指挥人员无法顺利下达指令、控制人员不能有效控制现场等，进而导致演练终止。同时，对于某些核心器材及重要设施，如通信器材、广播工具及安全防护设备等，为防止出现意外情况而失效，还需要对它们配置备用品以保证演练持续进行。

3）演练技术保障确认

演练技术保障确认主要是指演练通信联络保障、交通运输保障、医疗卫生保障、环境监测等技术能力的确认。涉及演练技术方面行动必须由相关领域专家或经过培训的人员负责，演练准备确认时要对这些组织或机构的人员进行技术检查，确认其是否具有足够技术和能力保障相关行动的顺利实施。当检查并确认某些技术保障不满足演练要求时，要及时增加或更换相关人员或设备，以满足演练技术要求。

4）安全保障方案确认

安全保障方案确认主要是确认演练安全相关保障措施的准备是否充分、演练安全保障方案是否符合要求。其主要目的是为参演人员提供符合要求的安全防护装备，并采取必要的防护措施，确保所有参演人员和现场群众的生命财产安全。因此，要使演练成功举行，就必须对演练安全保障方案进行检查并确保其内容合理有效，当确认该方案不能完全保障演练安全时，就需要及时修正，以确保演练安全。

5）演练前情况通报确认

演练前情况通报是指在演练准备过程中将演练基本情况向相关人员进行通

报，按照不同通报对象分为两类：对参演人员的通报及对外界的通报。

对参演人员的通报主要提醒参演人员有关演练的重要事项，内容如下：

（1）各参演人员在演练当天就位时间，演练预计持续时间；

（2）事故情景介绍（但不应透露演练过程中的具体情景细节）；

（3）演练现场布局基本情况，现场注意事项；

（4）演练过程中对突发事件的处理方法，包括紧急疏散的路线和集合地点；

（5）关键岗位人员的联系方法。

对外界的通报可采取张贴告示、派发印刷品等方式进行。如果演练的规模和影响范围较大，可委托电视、广播、报纸这些专业媒体机构负责演练宣传工作，消除当地民众对演练的误解和恐慌，争取各界对演练的支持、配合。对外界通报的内容如下：

（1）演练开始时间、可能持续时间以及演练基本内容；

（2）演练过程中可能对周边生活秩序带来的负面影响（交通管制、噪声干扰等）；

（3）周边公众应注意的事项。

演练前情况通报确认就是检查上述信息是否按要求通报到位，确认各参演人员及周边群众知道相应信息，避免出现意外情况及伤害事件。如果上述确认情况在演练准备过程中未落实到位，应及时予以通报。

5.1.3 演练组织协调

安全生产应急演练组织协调是指控制演练过程，组织参演人员协调实施各项行动，使演练活动按照演练程序协调有序进行。演练组织协调的目的是通过对应急演练场面的引导和控制，使演练进程顺利发展，确保参演人员安全及演练现场秩序，以防出现意外事故。

由于生产安全事故应急救援工作涉及的人员非常多，且分布很广，涵盖了公安、消防、交警、医疗、环保、财政、后勤等几乎所有的部门，必须建立起合理的组织协调机制，才能真正实现最有效地利用现有人力资源。结合安全生产应急演练的特点，演练组织协调内容包括两个方面：领导小组协调工作；组织协调专员协调工作。

1）领导小组协调

事故应急救援过程中，协调与指挥同时存在，对于现场指挥人员及责任领导来说，协调与指挥工作就显得尤为重要。应急演练领导小组协调是指领导小组成员根据应急预案及演练策划方案的要求，对演练进行整体把握，协调现场冲突并指挥行动的工作。

应急演练领导小组协调人员应具有相当丰富的事故应急和现场管理经验，能够及时下达有效指令，协调解决演练现场各种事件。演练领导小组协调工作的内容包括：

（1）协调并指导演练过程中的所有应急行动；

（2）对演练现场所有应急资源进行协调分配并调用；

（3）提供管理和技术监督，协调演练后勤保障；

（4）协调信息传媒、通信、医疗等部门的应急工作；

（5）对演练现场各部门、人员之间的冲突事件进行协调解决；

（6）对演练组织协调人员无法处理的突发问题进行协调解决。

演练领导小组协调是从大局出发，针对演练过程中所有行动实施、资源调用、意外冲突等进行协调，保障演练现场秩序，促使演练按计划进行，保证参演人员安全及演练目标的有效实现。

2）组织协调专员协调

组织协调专员协调是指从应急演练控制人员当中指派部分人员充当组织协调专员，专门负责演练现场人员行动、措施落实的协调工作。组织协调专员协调工作内容包括：

（1）根据应急预案及演练策划方案说明书的要求，对演练活动整体程序进行引导，使其向预期方向进行；

（2）在参演人员遇到问题出现停滞时，及时为其进行解惑并提示相关演练行动，保证演练持续进行；

（3）对演练现场部分演练设备设施的使用进行控制和指引，使各部门参演人员协调合理使用；

（4）对演练过程中所有参演人员的行动进行协调控制，在发生意外情况时，能够及时组织相关人员协调处置。

对演练过程进行必要引导，组织参演人员协调行动，控制演练各部分按顺序进行，是防止意外事故发生及演练顺利开展的保证。演练策划方案说明书中，应对演练组织协调专员数量及名单、现场工作位置布置及所承担的任务进行明确规定。

应急演练组织协调是充分发挥各有关部门、人员的能动作用，促进其相互间的协调与沟通，以最小的行动投入取得最大的演练效果。特别是在跨区域、跨单位的大型联合演练中，往往会出现应急人员职能交叉或者空白的情况，这就需要对演练人员进行充分协调，规范协调应急组织及人员的行为，使演练的每一个步骤都得到有效实施。

5.1.4 演练启动

演练启动是指在演练正式开始前举行的启动仪式活动。一般情况下，在应急演练活动开始前，都应该举行简短的演练启动仪式，演练涉及的各组织部门及人员都要参加。通过演练启动仪式向参演人员讲解需要补充说明的相关情况，然后由演练总指挥宣布演练正式开始。安全生产应急演练启动工作的内容包括：

（1）向参演人员介绍本单位及行业目前安全生产状况，举行应急演练的目的及必要性，强调安全生产应急演练工作的重要性；

（2）进一步说明演练注意事项，强调所有参演人员应按照各自职责各就其位，完成相应行动；

（3）以事先设计好的方式将演练情景呈现给参演人员；

（4）由演练总指挥宣布演练开始并启动演练活动。

演练启动仪式是对演练准备工作的简单补充。通过演练启动仪式，可以提高参演人员的演练积极性以及对自身职责与注意事项的熟悉程度，使演练指挥得当，配合有序，圆满完成任务。演练启动仪式结束后，演练总指挥宣布演练开始，参演人员陆续到达自己的岗位，启动并实施演练活动。

5.1.5 演练指挥与行动

安全生产应急演练指挥与行动是指演练指挥人员指导参演人员实施各种演练行动的一系列相关行为。演练指挥与行动涉及演练过程中与指挥控制、行动实施相关的各个方面，贯穿演练整个过程，是演练活动的核心，其主要内容包括五个方面，如图 5-4 所示。

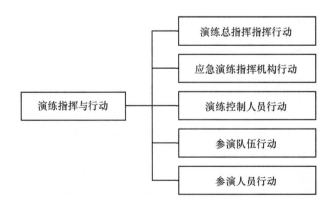

图 5-4　演练指挥与行动

1）演练总指挥指挥行动

应急演练总指挥一般由演练组织单位或其上级单位的负责人担任，主要负责演练活动开始、结束、终止以及演练过程中重要指挥指令的下达，负责演练实施全过程的指挥控制，保证演练的总体秩序与安全，确保演练有序进行。

演练总指挥带领演练副总指挥、现场总指挥等所有指挥人员，对演练全过程进行把握和控制，在出现特殊或意外情况时，应与副总指挥及其他指挥人员临时会商，集思广益，迅速做出决策；必要时，可调整演练方案，尽量保证演练继续进行。

演练总指挥的指令下达及指挥能力决定了整个演练进程发展方向，关系到演练演示程度及演练活动能否顺利进行。因此，演练总指挥要有从整体考虑与把握实际情况的能力，最好具有丰富的演练经验，要在演练开始前对演练过程充分熟悉，同时，还应该与其他指挥人员沟通协商、协调行动，保证每一项指令的准确性、及时性及有效性。

2）应急演练指挥机构行动

安全生产应急演练的应急指挥机构一般有多个，如消防抢险指挥机构、医疗救护指挥机构、物资供应及后勤保障指挥机构等，由演练组织单位自行决定或与当地政府部门商量决定，各应急指挥机构组成演练现场应急处置指挥中心，指挥演练实施。

应急演练指挥行动一般是根据演练策划方案的要求，在演练总指挥及现场总指挥的领导下，由各应急机构负责人指挥，相关参演队伍和人员实施。各应急机构的有效指挥与应急响应处置是演练顺利进行的关键，只有参演人员按照演练程序进行相关应急行动，完成各项演练活动，才能保证演练的持续进行以及演练过程的逼真。

应急演练指挥机构除按演练方案的规定完成上情下达、下情上传等常态指挥与控制外，还应严密关注参演人员的表现，在不过多干扰的前提下，允许演练人员适度、机动"自由演示"，但需要保证演练方向不偏离演练策划方案设计的整体轨道。应急演练指挥机构应相互了解与沟通，协调行动，防止出现应急处置行为交叉或者某些演练活动未进行展示的现象。

3）演练控制人员行动

演练控制人员是指按照应急演练方案控制应急演练时间和进程的人员，控制人员可以由参演应急组织的负责人或参演企业单位的安全主管担任。演练控制人员应充分掌握演练策划方案，按总策划的要求，熟练发布控制信息，协调参演人员完成各项演练行动。

演练控制人员的行动都是以确保应急演练方案顺利实施、演练活动得到充分展示以及保证演练现场安全为目标。控制人员主要任务是向演练人员传递控制消息，引导演练进行，控制演练进程；向总指挥和现场指挥报告演练进展情况和出现的各种问题，保证演练按照总指挥和现场指挥的指令顺利进行。控制人员的作用主要是通过向演练人员传递控制消息，提醒演练人员终止对情景演练具有负面影响或超出演练范围的行动，提醒演练人员采取必要行动以正确实施演练，终止演练人员的不安全行为，延迟或终止情景事件的演练。

4）参演队伍行动

参演队伍是指负责不同演练职能人员的组合，包括抢险救援队伍、应急疏散队伍、医疗救护队伍及各志愿者队伍等。参演队伍是完成各项演练活动的主体，参演队伍行动的好坏决定了演练取得效果的程度。

参演队伍的主要任务是根据控制消息和指挥指令实施相关应急演练行动。由于各参演队伍所进行的应急演练处置行动也有所不同，从而导致演练过程中各项应急行动的不协调、实施时间先后不连续，因此，参演队伍在实施应急处置行动时，尽可能按照演练策划方案规定的程序，根据演练指挥人员下达的指令及控制人员提供的消息进行，以确保演练过程按照演练程序进行。

5）参演人员行动

参演人员通常分为控制人员、演练人员、模拟人员、评估人员及观摩人员五类，五类人员之间相互配合，协调行动，按演练方案要求完成整个应急演练活动。

参演人员在演练过程中，由控制人员控制演练时间和进程，传递指导信息给演练人员及模拟人员，然后由演练人员及模拟人员执行相关演练行动，评估人员负责观察和记录演练场景及人员行动情况，必要时可配合控制人员行动，观摩人员主要在看台上观看其他参演人员行动。各参演人员按照演练策划方案的规定，坚守自己的岗位，履行自己的职责，协调行动，促进演练活动的顺利实施。

一般情况下，安全生产应急演练活动涉及人员多、范围大、意外因素多，演练过程难以控制，容易出现各种影响演练效果和进程的问题。因此，演练活动需要有完善的指挥体系及演练行动方案，保证演练指挥指令准确及时释放，保证参与演练的所有人员在统一指挥下实施应急处置行动，保证所有响应行动协调实施。

5.1.6 演练过程控制

安全生产应急演练过程控制主要指演练指挥人员和控制人员全面了解演练过

程，引导演练进程，指导演练行动，安排演练时间，调配演练资源，并且在可能的情况下鼓励参演人员自己解决出现的问题，使演练过程的方方面面始终处于有效控制之下。应急演练过程控制主要包括总体控制和重点环节控制两个方面，演练过程控制水平与演练过程主要影响因素的准备情况有关。

1）应急演练过程总体控制

应急演练过程总体控制注意以下四个方面。

（1）安排好演练过程控制人员。在演练开始前，演练策划人员应当制定一个完整的演练控制计划，设定控制项目，对应每组控制项目安排一组控制人员。如不同组控制人员分别控制事故现场演练活动、救援疏散路线、演练通信系统、指挥信息传递、现场视频、音频信号传输与画面切换、人员安置等。当然，具体分组方式和安排人员数量，可由策划人员根据演练规模和演练功能的需要而定。

（2）演练进展情况早知晓、早通报。在演练过程中，使用两套通讯系统，一套用于演练实战，一套用于演练策划人员和演练控制人员之间联系。演练策划人员可专门设计一套演练控制体系，并对演练控制的有关事项进行约定和规定。如应急队伍是否到达、演练的应急功能是否完成、进入到哪一阶段等，演练控制人员提前报告演练策划人员，便于演练策划负责人对演练情况做出判断，早做判断，决定相应的调整措施。

（3）确定演练控制总负责人，负责整个演练的协调工作。一般这个总负责人都由演练策划的具体负责人担任。但是，演练总指挥最好授予该负责人充分权力。

（4）确定演练现场后勤保障总负责人，负责与演练相关但又与演练过程关联不密切的工作。这样的安排可以减轻演练控制总负责人的许多压力。这些工作主要包括演练准备相关事项的协调、演练场地各种车辆的停放与安排、参加演练观摩相关领导和人员的接待与安排、各类新闻媒体记者的接待与安排、演练场所各类物品的准备、后勤事务的协调等后勤保障工作。

2）应急演练过程重点环节控制

应急演练过程重点环节控制主要包括以下六个方面：

（1）生产经营单位演练关键衔接点控制。重点控制演练中的报警与勘察环节；重点控制事故信息通报环节；重点控制人员疏散环节等。

（2）各参演队伍到达与初期应急行动控制。重点控制各参演队伍到达后与事故单位应急演练队伍的衔接、演练初期各项应急演练行动实施相关工作的控制。

（3）气象状况与环境监测行动控制。重点控制监测人员个体安全防护、当地气象状况及周边大气、土壤等环境的监测工作。

（4）人员搜救、抢救、抢险封堵、洗消等演练行动完成所需时间控制。所有搜救、抢救、抢险封堵、洗消等工作时间必须控制在规定时间内。

（5）人员疏散组织控制。重点要控制车辆、疏散人员集结、疏散路线，避免出现场面混乱现象。

（6）应急演练终止与结束控制。当出现意外情况或演练活动完成时，由指挥人员商讨决定后宣布演练终止或结束。

3）影响应急演练过程的主要因素

应急演练过程控制的好坏与演练过程影响因素情况有关，主要影响因素有以下四个方面：

（1）应急演练策划。不切实际的策划和不完整的应急演练方案都将影响应急演练的效果。如情景事件设定是否符合实际情况，事件处置程序是否正确，参演人员组织是否合理，应急物资和器材是否满足应急需求等，这些问题会导致演练响应程序错误、组织机构不全、人员分工不合理、应急处置方法不正确等问题。

（2）应急演练前期准备。前期准备不充分将直接导致演练延迟举行，无论是人员、物资的准备，还是演练通报、安全保障等的准备不完善，都会影响到演练正常开展。

（3）应急演练参演人员素质。演练人员应急意识，演练队伍应急反应能力，以及各参演单位之间的协调配合能力，都会直接影响到应急演练进程和演练效果。

（4）通信系统的保障。通讯器材的型号、规格、数量是否满足要求，通讯器材性能是否可靠，事发地点是否配备移动通信接收系统、卫星通信接收装备，这些情况直接影响到演练效果。

演练过程影响因素考虑周全与否是演练控制程度的关键，演练控制是指演练策划人员通过对演练过程中某些关键环节、要点的掌控，充分协调演、练之间的关系，使参演组织和人员尽可能按实际紧急事件发生时的响应要求进行演示，并使演练的每一个重要环节实现良好衔接，力图达到预期演练目的。

5.1.7 演练解说

演练解说是指在安全生产应急演练实施过程中，通过广播、喇叭扩音等方式对演练全过程进行同步讲解说明的活动。演练解说应做到内容详细、语言简洁，使演练现场人员能够及时了解相关情况。在大型演练活动中，为了使演练过程清楚地展示给现场人员，必须对演练解说环节进行详细策划和安排，使演练解说工作发挥最大效果。演练解说工作一般从解说人员安排和解说内容安排两个方面进行。

1) 演练解说人员

应急演练实施过程中，演练组织单位应安排专门人员进行演练解说。演练解说人员一般应由策划人员在进行演练方案策划时确定，解说人员可以从宣传报道组抽调，也可以单独安排专门人员，一般安排男女解说员各一名，解说人员的数量和能力能够达到将演练过程情况完全展示给现场人员的要求即可。演练解说人员应具备以下素质：

(1) 普通话标准，口齿清晰；

(2) 具有演练解说相关经验或经过专门培训；

(3) 熟悉演练过程及演练解说词；

(4) 遇到突发情况，善于随机应变并进行合理解说。

2) 演练解说内容

演练解说人员讲解过程应与现场实际情况及显示屏显示内容同步进行，且贯穿演练的整个过程，尽量使演练情节及行动表现等通过语音的形式展现给演练现场人员，使演练氛围得到最佳渲染，演练效果得到充分体现。演练解说的内容主要包括：

(1) 演练背景描述；

(2) 演练进程解说；

(3) 各项行动实施情况讲解；

(4) 演练氛围和环境渲染。

5.1.8 演练记录

演练记录是指在安全生产应急演练实施过程中，通过文本、图片和音像等手段对演练过程情况进行记录的活动。演练记录有利于演练结束后，总结和评估演练实施绩效、获取演练经验进行宣传教育。

演练记录工作一般由演练策划人员安排专门人员进行，通常情况下，文本记录由文案组负责，图片音像记录由具有相关经验的专业人员负责实施。主要记录：演练实际开始与结束时间、演练过程控制情况、各项演练活动中参演人员表现、意外情况及其处置等。图片和音像记录由演练策划方案安排的相关专业人员负责，图片和音像记录应在不同现场、不同角度进行拍摄，尽可能全方位反映演练实施过程。

1) 应急演练记录基本要求

(1) 客观性。必须客观地记录各种基础数据、图表及拍摄音像资料，真实地反映演练当时的场景，不得有虚假的成分；

（2）全面性。必须全面地反映演练的各个流程、各分场景、各专业救援力量的响应情况，不得有疏漏的地方。

2）应急演练记录方式

（1）图表记录。设计各种图表记录演练各种基础数据，其特点是直观、明了、容易理解；

（2）顺序列举。以记账的方式将演练各程序、各种处置情况按顺序列举出来，其特点是记录全面、细致、条理分明，便于保存；

（3）图片音像。拍摄音像制品记录演练的重要场景、主要应急救援力量、重要响应程序，其特点是可以真实地反映当时的演练情况，便于相关单位或相关人员学习、参考、培训、宣传之用。

3）应急演练记录分组

演练记录人员分工由记录小组负责人根据需要记录的内容和所采取的记录方式进行安排，记录人员分组情况如表 5-1 所示。演练准备阶段要注意做好记录人员的培训教育工作，保证记录内容真实全面、客观明朗。

表 5-1　应急演练记录人员任务安排表

记录组别	负责人	成员	负责记录内容	联系方式	备注
文本记录组					
图片摄影组					
音像拍摄组					

5.1.9　演练宣传报道

安全生产应急演练宣传报道是指对演练活动相关情况与信息及时向公众宣传报道的相关活动。演练宣传报道工作一般由演练宣传报道小组负责。演练宣传根据演练策划的宣传方案实施，演练报道应结合现场采集的信息进行。

应急演练宣传报道人员主要负责：编写、制作针对公众的宣传教育资料和宣传标语，撰写新闻通稿和组织宣传报道，举行演练新闻发布会，联络接待外来媒体工作者，统一向媒体发布应急演练情况。演练宣传报道工作应做到以下几点：

（1）主动宣传。充分发动社会各界积极参与、广泛关注演练活动。采取编制演练宣传手册、制作公益宣传广告、开辟安全知识普及专栏等形式，创造良好的社会舆论氛围。

（2）协助媒体。紧密结合相关媒体，做好演练报道工作。协助新闻媒体组织、广播、电台电视等进行演练现场信息采集，以及节目现场整理编排和播报等工作。

（3）信息发布。宣传报道人员应及时组织演练信息发布，通过发布信息让公众及时了解演练动态，熟悉应急救援知识，提高自身防范意识和自救互救能力。

（4）效果渲染。演练宣传报道不仅仅要把需要公布的信息进行发布，同时还要注意渲染演练现场效果，通过宣传报道提高现场人员对演练的重视。

（5）内容保密。对不宜或不便公开的演练内容要做好保密工作，防止在宣传报道时发生泄密，影响演练效果。

5.1.10　演练结束与终止

应急演练活动停止的标志通常有演练结束和演练终止两种形式。

1）演练结束

演练结束是指正常情况下，按照演练策划方案要求，完成演练程序规定的所有内容，由演练总指挥宣布演练停止的活动。

一般情况下，当所有演练行动实施完毕时，演练总策划发出结束信号，演练总指挥宣布演练结束。演练结束后所有演练参与人员立即停止演练活动，按预定方案集合，由演练总指挥进行演练现场讲评，然后按方案要求组织疏散撤离演练现场，并组织相关人员对演练场地进行清理和恢复。

2）演练终止

演练终止又称演练非正常结束，是指在演练实施过程中出现意外情况，由演练总指挥宣布演练停止的活动。演练终止一般要由演练领导小组商讨决定，由演练总指挥按照事先规定的程序和指令终止演练活动。

应急演练实施过程中出现下列两种情况时应终止演练：

（1）出现真实突发事件，需要参演人员参与应急处置，影响演练继续进行时，要终止演练，使参演人员迅速回归其工作岗位，履行应急处置职责。

（2）出现特殊或意外情况，短时间内不能妥善处理或解决，导致演练无法继续进行时，可决定提前终止演练。

演练终止往往带有突发性，容易引起参演人员紧张或不知所措，导致场面混乱等。因此，当需要终止演练时，一定要做好人员疏散工作，防止出现伤亡事件。

5.2　应急演练组织实施应注意的关键问题

安全生产应急演练组织实施内容广泛，实施过程复杂，包含多项行动，涉及从演练开始、预警报警、应急响应、救援处置到演练评估总结等各个方面，因此，为保证演练活动的顺利进行，就必须注意演练实施过程中的一些关键问题。

（1）演练真实性。应急演练实施各环节力求紧凑、连贯且符合实际情况，尽量反映真实事件下采取预警、应急响应、处置与救援过程，保证应急行动形象逼真，不能走过场和重形式。

（2）演练灵活性。应急演练应严格遵照应急预案及演练策划方案的内容有序进行，同时又要具有必要的灵活性，善于在应急处置过程中进行变通。对于演练过程中出现的各种情况，在不偏离演练策划方案的前提下，可对演练细节进行适当修改。

（3）演练针对性。安全生产应急演练活动应根据生产经营单位自身特点开展，在现有资源基础上，分析生产过程中存在的最大危险因素及容易发生的突发生产安全事故，针对最需要检验和锻炼的功能进行演练，不但可以很好地提高现有应急处置能力，还可以针对演练功能和程序防范演练过程中出现的一些意外情况。

（4）演练准备落实到位。充分的准备是演练活动成功举行的保证，演练人员、物资等准备不到位有可能影响演练的正常开展，甚至在演练过程中引起意外损伤。因此，演练实施要特别注意演练准备确认工作，确保演练准备完全落实到位。

（5）演练行动协调实施。应急演练过程是由多人参与、多项行动实施组成的整体，演练过程涉及因素多，为保证演练活动顺利进行，就需要演练指挥人员和控制人员全面掌控演练进程，需要演练人员协调各项行动，促使演练过程良好发展。

（6）演练过程记录。应急演练实施过程应做必要的信息记录，包括文字、图片和声像记录等，以便对演练进行评估和总结，通过组织回顾演练信息记录可进一步找出问题和不足。

（7）预案存在问题与缺陷记录。应急预案的完善是一个不断发现问题、持续改进的过程，准确记录演练过程中发现的问题和不足，以便对应急预案和演练策划方案进行不断改进和完善。

（8）重视演练评估与总结。演练结束以后，演练组织单位要特别重视演练评估和总结工作，通过评估和总结过程得出演练的效果、优缺点等，从中吸取经验和教训。

6 安全生产应急演练评估

应急演练评估是对演练准备、策划、实施、应急处置等工作进行客观评价并形成评估报告的过程，安全生产应急演练的根本目的不在于实现演练过程的逼真与生动，一次"完美"的应急演练对于应急能力的提升和应急工作的改进并没有太大的实际意义，安全生产应急演练工作的真正意义在于暴露安全生产应急管理中存在的问题，为进一步加强应急管理工作奠定基础。本章重点介绍安全生产应急演练评估的主要评估要素和基本方法，给出典型评估表格基本样式，介绍各种评估方法的使用过程，指出评估总结中需要注意的问题，以期为各行业开展安全生产应急演练评估工作提供借鉴。

6.1 评 估 要 素

安全生产应急演练评估工作具有主观性和即时性，一般包括制定评估计划、数据收集、数据分析、编写评估报告四个步骤，需要评估的内容主要有以下三个方面：

1）应急演练组织过程评估

评估演练准备、演练策划、演练实施等工作的开展情况，找出并深入分析演练组织过程中所存在的不足，以便不断加强和改进，在应急准备和应急演练方面积累经验和持续改进，具体评估要素如图 6-1～图 6-3 所示。

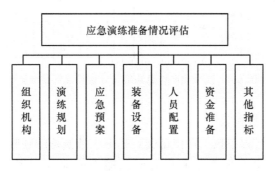

图 6-1 安全生产应急演练准备情况评估要素

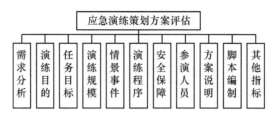

图 6-2　安全生产应急演练策划方案评估要素

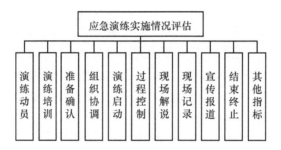

图 6-3　安全生产应急演练实施情况评估要素

2）应急响应与处置情况评估

评估参与应急处置的队伍、人员、装备的应急响应与应急救援能力，是实操能力的评估，通过评估可以发现并记录事故处置过程中所存在的问题，为应急能力建设提供依据，具体评估要素如图 6-4 所示。

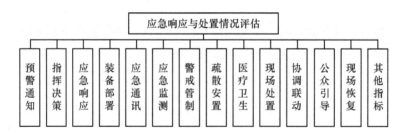

图 6-4　安全生产应急响应与处置情况评估要素

3）应急演练绩效评估

评估应急演练过程中投入产出情况，提炼应急演练的经验及提升策略，突出应急演练对加强应急管理工作和提升应急能力的促进作用，具体评估要素如图 6-5 所示。

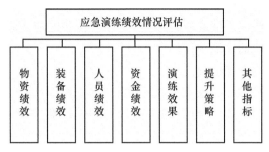

图 6-5   安全生产应急演练绩效评估要素

6.2   会议评估法

会议评估法是指根据演练记录及相关资料，评估组成员通过召开会议的方式对预先确立的评估要素进行分析讨论，各抒己见，最后统一结论，得出评估结果，形成评估报告，会议评估是最为常见的安全生产应急演练评估方法之一。

安全生产应急演练结束后，应该立即安排会议评估，评估会议召开之前要精心策划，拟定和发布议程表。在安全生产应急演练领导小组负责人带领下，召集参与演练的主要单位和重要参演人员，邀请各相关行业的资深专家组成评估专家组，进行会议讨论，对应急演练成果和不足进行评估。演练评估会议的主要流程如下：

（1）会议主持人宣布评估会议开始。

（2）演练流程陈述。指定人员对安全生产应急救援演练目的、内容、模式、演练流程、相关资料（图片，视频等）进行介绍，对总体成功经验与存在问题进行简单陈述。

（3）主要参演单位及参演人员陈述。参与应急演练的主要单位总结本单位在应急演练中的得失，提出加强应急管理工作的相关意见，重要参演人员对自身感受及经验教训发表看法。

（4）小组讨论。将参会人员分成几个小组进行分组讨论，或者不分组进行直接讨论，讨论主要针对演练过程中存在的重大问题，参会人员共同分析原因，并找到解决办法，参会人员需要毫无保留地各抒己见，安排专人做好记录并进行信息汇总。

（5）形成评估结果。将参会人员意见和建议进行汇总整理，确认演练中存在的不足之处和提升策略等重要评估信息，形成评估结果，可根据评估结果在会议召开之后形成完整的评估报告。

演练评估是找出演练中存在问题的重要手段，会议评估方法营造了一个共同探讨得失的良好氛围，组织召开评估会议需要重点注意以下五个方面：

（1）会议召开的即时性。

评估会议最好在演练结束后即时召开，参会人员对应急演练的看法最多、记忆最深刻、评估会议的效果最佳。

（2）确定参会人员要慎重。

参会人员必须是参与应急演练全过程的人员，承担具体的演练任务，一般是各个环节的主要负责人及参与演练的专家，演练过程中各环节都要有负责人参会。

（3）肯定成绩的同时多找问题。

评估会议需紧扣演练目的、任务、目标来展开，肯定重要成绩的同时将重点放在查漏补缺上，尽可能多地找到不足之处。

（4）毫无保留地表达真实想法。

参会人员根据自身体会，客观真实反应演练中存在的问题，不受任何限制，营造共同探讨的良好气氛。

（5）会议记录要存档备案。

可对会议全过程录像，以备会后检查和观看。

6.3　访谈评估法

访谈评估是指根据预先确立的评估要素，评估组在参演人员中选定一些代表性人物进行访谈，选择访谈对象需根据评估要素而定，通过一次或多次目的明确的谈话，了解访谈对象对本次应急演练活动的主观评价和感受，收集相应意见和建议，进行综合分析，形成评估报告。

访谈评估具有目的明确、针对性强等特点，能收集到一些客观真实的数据和信息，编写评估报告所依据的资料更加全面丰富。根据访谈对象的数目，可以分为个别访谈和小组访谈。访谈评估方法的一般步骤如下：

（1）确定评估要素。

评估组根据应急演练过程，确立合理适宜的评估要素。

（2）选定访谈方式。

可对不同的评估要素采取个人访谈或小组访谈等访谈方式。

（3）确定访谈人员。

根据评估要素和对应的访谈方式预先确定并联系好访谈人员。

（4）展开访谈工作。

根据预先准备的评估要素等资料分别展开访谈工作。

（5）收集整理访谈资料。

收集所有访谈资料进行整理，形成一套完整的评估资料。

（6）形成评估报告。

对评估资料进行分析、讨论，达成一致意见，形成评估报告。

访谈评估与会议评估相比较为琐碎，工作量较大，持续时间较长，要保证访谈评估效果则需要重点注意以下四个方面：

（1）评估要素要全面合理。

评估要素的制定要能全面合理反映应急演练全过程。

（2）确定访谈对象要合适。

访谈对象的确定要以评估要素为依据，不仅要访谈负责人，也包括一些具体任务执行者，访谈对象数目不能太少。

（3）访谈时间与访谈方式要适宜。

访谈评估需在演练结束后尽快展开，可多人分头行动，尽量安排在轻松环境下进行，不同评估要素可选择不同的访谈方式。

（4）访谈资料整理要细致。

访谈资料的整理要全面，不要有遗漏，所有意见都应该整理完善，以供探讨并形成评估报告。

6.4 评价表评估法

评价表评估是评估组依据演练程序和评估要素，预先制定好评估表格，评估人员根据应急演练全过程实际情况完成评价表填写的过程。评价表的制定要科学客观，能够全面反映演练目标和评估要素，评估人员需依据实际情况在短时间内填写表格，也可以增加指标或在备注栏写明演练过程中存在的问题，必要情况下，可在演练结束后反复观看演练细节和录像，以便做出更深入的分析。为更全面地对演练情况进行评估并不断改进，也可通过制作参演人员意见反馈表格收集反馈意见。

评估表格主要有：应急演练准备情况评估表（见表6-1），应急演练策划方案评估表（见表6-2），应急演练实施情况评估表（见表6-3），应急响应与处置情况评估表（见表6-4），应急演练绩效评估表（见表6-5），参演人员意见反馈表（见表6-6）。评估表格没有固定样式，但是评估要素要有目的有针对性的选择，不同演练可有针对性地制作适宜的评估表格。

表 6-1　应急演练准备情况评估表

评估任务Ⅰ：应急演练准备情况评估

演练名称：

评估日期：＿＿＿＿＿＿＿＿　　开始时间：＿＿＿＿＿＿＿＿　　结束时间：＿＿＿＿＿＿＿＿

演练地点：＿＿＿＿＿＿＿＿　　评估对象：＿＿＿＿＿＿＿＿

评估人员：＿＿＿＿＿＿＿＿　　联系方式：＿＿＿＿＿＿＿＿

序号	指标	评估细则	评估结果		备注
1.1	组织机构	机构组成完善、功能设置合理，满足演练需求，有领导组、策划组、执行组等	□组成完善	□组成不够完善	
			□功能合理	□功能不够合理	
			□满足需求	□不够满足需求	
1.2	演练规划	演练规划满足法律法规要求，结合当地行业企业安全生产实际情况，符合规划原则，规划内容明确具体	□满足法律法规	□不满足法律法规	
			□切合实际需求	□不切合实际需求	
			□符合规划原则	□不符合规划原则	
			□内容明确具体	□内容不明确具体	
1.3	应急预案	突发事故应急预案体系完善，内容全面充实具体，实时更新且可操作性强	□预案体系完善	□预案体系不完善	
			□内容全面具体	□内容不全面具体	
			□可操作性强	□可操作性不强	
1.4	装备设备	装备设备数量、质量满足国家规定和救援需求，先进适用，管理、维护、调用较好	□满足规定和需求	□不满足规定和需求	
			□具有先进性	□不具备先进性	
			□管理维护较好	□管理维护不太好	
1.5	人员配置	参演各类人员配置全面、有专业人士，数量充足、素质较高，能即时待命	□配置全面	□配置不全面	
			□数量质量较优	□数量质量较差	
			□确保即时待命	□不能确保即时待命	
1.6	资金准备	资金投入总量充足，分配合理，能保障演练正常运转	□资金总量充足	□资金总量不充足	
			□资金分配合理	□资金分配不合理	
1.7	其他补充项				
任务Ⅰ的综合评述					

表6-2 应急演练策划方案评估表

评估任务Ⅱ：应急演练策划方案评估						
演练名称：						
评估日期： _____		开始时间： _____			结束时间： _____	
演练地点： _____			评估对象： _____			
评估人员： _____			联系方式： _____			
序号	指标	评估细则	评估结果			备注
2.1	需求分析	分析当前实际情况，确立待解问题、待检功能等需求	□实情分析合理		□实情分析不合理	
			□需求设置合理		□需求设置不合理	
2.2	演练目的	确立的演练目的明确具体，通过演练将能够基本实现	□目的明确具体		□目的不明确具体	
			□目的范围合适		□目的范围不合适	
2.3	任务与目标	演练任务明确具体合适，演练目标明确并具有针对性	□任务明确合适		□任务不明确不合适	
			□目标具有针对性		□目标不具针对性	
2.4	演练规模	演练规模合适，与目的目标一致，与实际能力相匹配	□匹配目的目标		□不匹配目的目标	
			□在掌控范围内		□脱离掌控范围	
2.5	情景事件	情景事件与演练整体情况符合，过程描述恰当合理	□符合演练情况		□不符合演练情况	
			□过程描述合理		□过程描述不合理	
2.6	演练程序	演练程序中的各要素完善全面，操作内容真实合理可行，形成清晰的书面材料	□基本要素完善		□基本要素不完善	
			□操作内容合理		□操作内容不合理	
			□有程序方案表		□无程序方案表	
2.7	安全保障	全面分析演练过程中的安全问题，制定详细安全保障方案，方案充实合理可行	□安全问题分析全面		□安全问题分析不全面	
			□有安全保障方案		□无安全保障方案	
			□安全保障方案合理		□安全保障方案不合理	
2.8	参演人员	参演人员与队伍安排全面、合理，任务明确具体	□人员分配合理		□人员分配不合理	
			□任务明确具体		□任务不明确具体	
2.9	方案说明	情景说明等各类方案说明书完善，内容充分具体	□各类说明书完善		□各类说明书不完善	
			□内容充实具体		□内容不够充实具体	
2.10	脚本编制	编制应急演练脚本，脚本编制合理、内容清楚合适	□有应急演练脚本		□无应急演练脚本	
			□脚本编制合理		□脚本编制不合理	
2.11	其他补充项					
任务Ⅱ的综合评述						

表 6-3　应急演练实施情况评估表

评估任务Ⅲ：应急演练实施情况评估					
演练名称：					
评估日期：＿＿＿＿＿＿＿		开始时间：＿＿＿＿＿＿		结束时间：＿＿＿＿＿＿	
演练地点：＿＿＿＿＿＿＿		评估对象：＿＿＿＿＿＿＿＿＿＿＿＿＿＿			
评估人员：＿＿＿＿＿＿＿		联系方式：＿＿＿＿＿＿＿＿＿＿＿＿＿＿			
序号	指标	评估细则	评估结果		备注
3.1	演练动员	召开演练动员大会、形式丰富，动员内容全面合理，取得较好的动员效果	□有演练动员大会 □动员内容合理 □动员效果较好	□无演练动员大会 □动员内容不合理 □动员效果不够好	
3.2	演练培训	对参演人员进行演练培训，培训方式、内容、力度适宜，取得较好的教育培训效果	□有教育培训环节 □培训内容合理 □培训效果较好	□无教育培训环节 □培训内容不合理 □培训效果不好	
3.3	准备确认	演练准备情况进行确认，确认内容全面、工作深入细致	□有准备确认工作 □工作深入细致	□无准备确认工作 □工作不深入细致	
3.4	组织协调	协调员与领导小组协调解决演练筹备中存在的问题	□协调员工作顺畅 □领导小组协调顺畅	□协调员工作不畅 □领导小组协调不畅	
3.5	演练启动	演练顺利启动，各参演人员和队伍现场待命并准备充分	□有演练动员仪式 □人员队伍准备充分	□无演练动员仪式 □人员队伍准备不充分	
3.6	过程控制	演练过程各环节在控制下顺利开展，高效处理意外事件	□演练过程进展顺利 □意外事件处理高效	□演练过程进展不顺 □意外事件处理效率低	
3.7	现场解说	安排适宜的现场解说，解说员水平较高，解说内容清晰明了，适合现场气氛	□安排了现场解说 □解说员水平较高 □解说内容清楚合适	□没有安排现场解说 □解说员水平不够高 □解说内容不清楚合适	
3.8	现场记录	演练记录形式丰富，记录内容能真实全面还原演练过程	□记录方式丰富合适 □记录内容真实全面	□记录方式缺乏或单一 □记录内容不真实全面	
3.9	宣传报道	全过程对内外宣传报道，信息发布及时、营造良好气氛	□安排了宣传报道 □宣传报道效果良好	□没有安排宣传报道 □宣传报道效果不理想	
3.10	演练结束或终止	发布演练结束或终止信号，演练正常结束后人员迅速撤离；意外终止后迅速撤离人员，即时进入备战状态	□正常结束情况下参演人员有效撤离 □意外终止情况下参演人员迅速撤离	□正常结束情况下参演人员不能有效撤离 □意外终止情况下参演人员不能迅速撤离	
3.11	其他补充项				
任务Ⅲ的综合述评					

表6-4 应急响应与处置情况评估表

评估任务Ⅳ：应急响应与处置情况评估

演练名称：

评估日期：_____ 　开始时间：_____ 　结束时间：_____

演练地点：_____ 　评估对象：_____

评估人员：_____ 　联系方式：_____

序号	指标	评估细则	评估结果		备注
4.1	预警与通知	情景事件发生后，能够做到有效监测、预警、报警工作，接警后能够及时通知相应单位	□监测预警迅速有效	□监测预警缓慢低效	
			□报警接警迅速有效	□报警接警缓慢低效	
			□迅速通知相应单位	□通知各单位不够迅速	
4.2	应急指挥、协调与决策	领导小组反应迅速，对救援队伍进行统一指挥，对应急处置中的问题进行综合协调，做出正确有效的决策	□反应迅速	□反应不够迅速	
			□能进行统一指挥	□不能有效地统一指挥	
			□能进行综合协调	□不能有效地综合协调	
			□能做出有效决策	□不能做出有效决策	
4.3	应急响应	各参与现场应急救援与处置的人员和队伍接到紧急通知后到达事故现场的应急响应时间，以及对处置事故灾害的准备情况	□消防抢险组 □反应快	□反应慢	
			□医疗救护组 □反应快	□反应慢	
			□安全疏散组 □反应快	□反应慢	
			□安全警戒组 □反应快	□反应慢	
			□后勤保障组 □反应快	□反应慢	
			□环境监测组 □反应快	□反应慢	
			□专家技术组 □反应快	□反应慢	
			□其他应急小组 □反应快	□反应慢	
4.4	装备部署	应对突发事故的各种装备能迅速部署并有效展开救援	□装备迅速部署到位	□装备未迅速部署到位	
			□装备能有效救援	□装备不能有效救援	
4.5	应急通讯	应急通讯系统能迅速部署并投入使用，能满足应急需求	□迅速部署并使用	□不能迅速部署并使用	
			□能够满足应急需求	□不能够满足应急需求	
4.6	应急监测	能有效评估事故性质、监测事故发展态势及潜在危害	□有效监测事态发展	□不能有效事态发展监测	
			□有效监测事故危害	□不能有效事故危害监测	

序号	指标	评估细则	评估结果			备注
4.7	警戒与管制	在事故现场能够有效地进行警戒，划定警戒区域，进行交通管制并维护好现场秩序	☐有效划定警戒区域	☐没有划定警戒区域		
			☐交通管制合理有效	☐交通管制效果不够好		
			☐现场秩序维护较好	☐现场秩序维护不够好		
4.8	疏散与安置	事故影响范围内人员进行有效疏散，安置到避难场所	☐疏散决策正确有效	☐疏散决策不合理		
			☐人员安置迅速妥当	☐人员安置不迅速妥当		
4.9	医疗卫生	医疗卫生部门迅速启动，抢救伤员并监测控制现场卫生	☐人员抢救迅速得力	☐人员抢救不迅速得力		
			☐现场卫生控制良好	☐现场卫生控制不够好		
4.10	现场处置	各参与事故现场应急救援的应急救援队伍和人员能够实施有效救援，顺利完成各自职能范围内的各项应急处置工作，有效控制事故	☐消防抢险组	☐处置好	☐处置差	
			☐医疗救护组	☐处置好	☐处置差	
			☐安全疏散组	☐处置好	☐处置差	
			☐安全警戒组	☐处置好	☐处置差	
			☐后勤保障组	☐处置好	☐处置差	
			☐环境监测组	☐处置好	☐处置差	
			☐专家技术组	☐处置好	☐处置差	
			☐其他应急小组	☐处置好	☐处置差	
4.11	协调联动	有效开展各部门、上下级、内外的协作联动，协作方式合适，效果较好	☐各部门协作顺畅	☐各部门协作不畅		
			☐上下级协调顺畅	☐上下级协调不畅		
			☐内外协调联动顺畅	☐内外协调联动不畅		
4.12	公众引导	及时与公众沟通，有效与外界传媒交流，采用恰当方式正确引导舆论，避免恐慌和猜疑	☐及时与群众沟通	☐没有及时与群众沟通		
			☐有效与传媒交流	☐没有有效与传媒交流		
			☐方式恰当效果较好	☐方式不当效果不好		
4.13	现场恢复	事故处置结束后，有效处理遗留隐患，设备设施撤离并归还入库，将事故现场恢复原样	☐有效处理遗留隐患	☐没有处理遗留隐患		
			☐设备设施及时撤离	☐设备设施撤离不及时		
			☐事故现场高效复原	☐事故现场复原不及时		
4.14	其他补充项					
任务Ⅳ的综合述评						

表 6-5　应急演练绩效评估表

			评估任务Ⅴ：应急演练绩效情况评估		
演练名称：					
评估日期：＿＿＿＿＿＿＿		开始时间：＿＿＿＿＿＿＿		结束时间：＿＿＿＿＿＿＿	
演练地点：＿＿＿＿＿＿＿		评估对象：＿＿＿＿＿＿＿			
评估人员：＿＿＿＿＿＿＿		联系方式：＿＿＿＿＿＿＿			
序号	指标	评估细则	评估结果		备注
5.1	物资绩效	应急物资的提供符合现场需要、浪费较少，效果较好	□满足现场需求 □使用合理浪费较少	□不满足或超过需求 □使用不合理浪费较多	
5.2	装备绩效	装备设备的提供符合现场需求，损耗小，救援效率高，效果优良	□满足现场需求 □损耗小 □效率高效果好	□不满足或超过需求 □损耗大 □效率效果不理想	
5.3	人员绩效	人员投入满足现场需求，在演练中发挥了相应作用	□满足现场需求 □发挥出应有价值	□不满足或超过需求 □没发挥应有价值	
5.4	资金绩效	资金投入满足现场需求，使用合理，浪费少，效果好	□满足现场需求 □使用合理浪费较少	□不满足或超过需求 □使用不合理浪费较多	
5.5	演练效果	演练目标基本达到，任务完成，取得较好的演练效果	□目标达到任务完成 □积累了较多经验	□未完全实现目标任务 □未积累较多经验	
5.6	提升策略	通过演练发现了存在的问题并得到对应提升策略	□对存在的问题得到较好的提升策略	□对存在的问题没有得到较好的提升策略	
5.7	其他补充项				
任务Ⅴ的综合述评					

表 6-6　参演人员意见反馈表

参演人员意见反馈调查		
演练名称：		
填表人姓名：＿＿＿＿＿＿＿	隶属单位：＿＿＿＿＿＿＿	联系方式：＿＿＿＿＿＿＿
演练角色：＿＿＿＿＿＿＿		填表日期：＿＿＿＿＿＿＿
一、请尽可能详细地回答以下几个问题		
1. 列出你认为应急指挥组做得非常好的决定或决策，至少二项		
2. 列出整个演练活动你觉得可以改进或修改的地方，至少二项		
3. 演练对你个人而言最具挑战性的是什么		

续表

4. 你认为你所在的应急组织在演练中的表现整体情况如何，有何改进的意见					
5. 你认为和你联系较为紧密的应急组织表现情况如何，有何改进意见					
6. 你认为当前的应急预案、应急处置、日常训练应该做出怎样的改变或补充					
7. 通过演练，你对应急工作的改进有何建议和意见					
8. 其他更多更具针对性的问题。					

二、通过评分来表达你对以下观点的赞同度，1分表示强烈反对，5分表示非常赞同						得分
1. 您所在队伍应急演练准备很合理、很充分	1	2	3	4	5	
2. 您所需执行的任务策划很合理、很全面	1	2	3	4	5	
3. 您认为演练组织得很好、很有条理	1	2	3	4	5	
4. 事故情景设计很好、很真实	1	2	3	4	5	
5. 您所执行的任务受到高效决策的指挥	1	2	3	4	5	
6. 您所在队伍能高效地完成应急处置任务	1	2	3	4	5	
7. 您所在队伍能和上级、其他队伍、其他单位顺畅协调联动	1	2	3	4	5	
8. 您所用的装备设备合适、先进，能满足应急处置的要求	1	2	3	4	5	
9. 您所在的队伍职责分工清晰、明确、合理	1	2	3	4	5	
10. 您所在队伍所需应急资源调度及时、充分、合理	1	2	3	4	5	
11. 您和所在的队伍在本次应急演练后提高实战能力，达到演练目的	1	2	3	4	5	
12. 其他更多更具针对性的问题	1	2	3	4	5	

6.5 层次分析法

6.5.1 基本原理

美国著名运筹学家匹兹堡大学教授沙旦（T. L. Saaty）于20世纪70年代首先提出层次分析法，基本思想是：根据具体问题的实质和决策要求达到的目标，将问题分解成不同的组成因素，并按照各因素间的相互关联、影响和隶属关系，将各因素按不同层次聚集组合，形成一个多层次的分析结构模型，将这些因素之间的关系加以条理化，并确定不同类型因素的相对重要性，从而把最底层和最高层的相对重要权值或相对优劣顺序排列出来，最后将这些结果作为决策判断的依据。

在解决实际问题时，若某个实际问题涉及到 n 个因素，需要知道每个因素在整体中各占多大比重，当确切依据不充分时，只有依靠经验判断。但是只要

$n \geqslant 3$，任何专家很难说出一组确切数据。层次分析法就是从所有元素中任取两个元素进行对比，将"极端重要"、"强烈重要"、"明显重要"、"稍微重要"、"同等重要"、"不重要"等定性语言量化，引入函数 $f(x, y)$ 表示对总体而言因素 x 比因素 y 重要性标度。

若 $f(x, y) > 1$，证明 x 比 y 重要；若 $f(x, y) < 1$，证明 x 比 y 不重要；若 $f(x, y) = 1$ 时，证明 x 与 y 同样重要；两两比较的常见九分制标度如表 6-7 所示。

表 6-7　成对因素比较的九分制比例标度及其含义

标度	含义
1	两个因素相比，一个与另一个同等重要
3	两个因素相比，一个比另一个稍微重要
5	两个因素相比，一个比另一个明显重要
7	两个因素相比，一个比另一个强烈重要
9	两个因素相比，一个比另一个极端重要
2, 4, 6, 8	上述两相邻判断的中间值

在操作程序上，层次分析法的实施步骤如下：

1）分析系统中各因素的关系，建立评估对象的递阶层次结构

按属性不同，问题所包含的因素可以划分为最高层、中间层和最底层，如图 6-6 所示。最高层通常只有一个元素，它是问题的预定总目标，也称目标层。中间层为实现总目标而采取的措施、方案和政策，可由若干层次组成，包括所需考虑的准则、子准则，也称准则层。最底层为实现目标可供选择具体措施及方案，也称方案层。

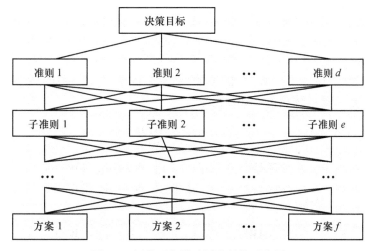

图 6-6　评估对象梯阶层次结构示意图

2）同层各元素对于上层次元素的重要性进行两两比较，构造判断矩阵

确定 n 个因素 $X = \{x_1, x_2, \cdots, x_n\}$ 对目标的权重，即每次取两个因素 x_i 和 x_j，以 a_{ij} 表示 x_i 和 x_j 对上层元素的影响之比，得到两两比较判断矩阵，用 $\boldsymbol{A}$ 表示，如表 6-8 所示。

$$\boldsymbol{A} = (a_{ij})_{n \times n} \tag{6-1}$$

式中，$a_{ij} > 0$，$a_{ji} = \dfrac{1}{a_{ij}}$ $(i \neq j)$，$a_{ij} = 1$ $(i = j = 1, 2, \cdots, n)$。

表 6-8 标准判断矩阵表

$\boldsymbol{A}$	A_1	A_2	A_3	...	A_n
A_1	1				
A_2		1			
A_3			1		
...				1	
A_n					1

3）计算在单一准则下，被比较元素对于该准则的相对权重

（1）计算标准判断矩阵 $\boldsymbol{A}$ 的每一行元素 a_{ij} 的乘积 M_i。

$$M_i = \prod_{j=1}^{n} a_{ij} \quad (i, j = 1, 2, \cdots, n) \tag{6-2}$$

式中，n 表示矩阵 $\boldsymbol{A}$ 的阶数，也即该级指标个数。

（2）计算 M_i 的 n 次方根 $\overline{W_i}$。

$$\overline{W_i} = \sqrt[n]{M_i} \tag{6-3}$$

（3）对向量 $\overline{\boldsymbol{W}} = [\overline{W_1}, \overline{W_2}, \cdots, \overline{W_n}]$ 做归一化处理。

$$W_i = \overline{W_i} \Big/ \sum_{i=1}^{n} \overline{W_i} \tag{6-4}$$

式中，$\boldsymbol{W} = [W_1, W_2, \cdots, W_n]^{\mathrm{T}}$ 即为所求的特征向量，也即评估要素的权重向量。

（4）计算判断矩阵的最大特征值 $\lambda_{\max}$。

$$\lambda_{\max} = \sum_{i=1}^{n} \frac{(\boldsymbol{AW})_i}{n W_i} \tag{6-5}$$

$$\boldsymbol{AW} = \begin{bmatrix} (\boldsymbol{AW})_1 \\ (\boldsymbol{AW})_2 \\ \vdots \\ (\boldsymbol{AW})_n \end{bmatrix} = \begin{bmatrix} a_{11} & a_{12} & \cdots & a_{1n} \\ a_{21} & a_{22} & \cdots & a_{2n} \\ \vdots & \vdots & \vdots & \vdots \\ a_{n1} & a_{n2} & \cdots & a_{nn} \end{bmatrix} \begin{bmatrix} W_1 \\ W_2 \\ \vdots \\ W_n \end{bmatrix} \tag{6-6}$$

（5）计算指标的平均权重。对于每个评估要素，k 个专家会得到 k 个权重分

布，若第 j 个专家对指标 i 给出的权重值记为 W_{ij}，则指标 i 的权重取 k 个权重值数学平均值，即

$$W_i = \frac{1}{k}\sum_{j=1}^{k} W_{ij} (i=1,2,\cdots,n; j=1,2,\cdots,k) \tag{6-7}$$

4) 对判断矩阵进行一致性检验

人们对复杂性事物进行两两比较时可能出现判断偏差或自相矛盾，因此需要对判断矩阵进行一致性检验，检验判断矩阵是否有满意的一致性，即计算随机一致性比率 CR，需满足 CR<0.10。当 CR<0.10 时，表明判断矩阵具有满意的一致性水平，检验通过，计算结果可用于评估；否则还需要对判断矩阵进行调整，直到满足以上条件。CR 的计算公式为

$$CR = CI/RI \tag{6-8}$$

式中，CI 表示判断矩阵的一致性指标，计算可得

$$CI = (\lambda_{max} - n)/(n-1) \tag{6-9}$$

式中，RI 表示判断矩阵同阶平均随机一致性指标，取值如表 6-9 所示；n 表示矩阵 A 的阶数。

表 6-9 矩阵同阶平均随机一致性指标 RI 取值表

矩阵阶数	1	2	3	4	5	6	7	8	9	10	11	12	13	14
RI 值	0.00	0.00	0.52	0.89	1.12	1.25	1.35	1.42	1.46	1.49	1.52	1.54	1.56	1.58

5) 计算综合评估指数，划分评估等级

一致性检验合格后，把相关数据代入数学模型式（6-10），即可得到评估指数，采用百分制，评估等级划分如表 6-10 所示。

$$Z = \sum_{i=1}^{f}\left(W_i \frac{1}{m}\sum_{j=1}^{m} F_{ij}\right) \tag{6-10}$$

式中，m 表示参与指标参数评分的专家个数；f 表示最底层评估要素的个数；W_i 表示各个指标 i 权重值（$i=1,2,\cdots,f$）；F_{ij} 表示第 j 个专家对指标 i 的实际评分值（$j=1,2,\cdots,m$），$0 \leqslant F_{ij} \leqslant 100$。

表 6-10 评估等级划分

评估等级划分	状态描述	评估分值区间	对策
I	优秀	[90, 100]	保持
II	良好	[75, 90)	适当加强
III	一般	[50, 75)	加强
IV	较差	[25, 50)	急需加强
V	很差	[0, 25)	迫切需要加强

6.5.2 案例分析

采用层次分析法对某石化企业组织的一次苯储罐泄漏特大事故应急演练进行绩效评估，此次演练评估的递阶层次结构评估要素体系如图 6-7 所示。

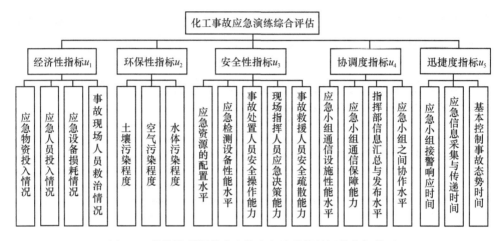

图 6-7　苯储罐泄漏特大事故应急演练绩效评估指标体系

征询 10 位业内专家的意见，通过两两比较，逐层建立判断矩阵，计算判断矩阵的特征向量，其中一位专家针对一级评估要素建立的判断矩阵为

$$\begin{bmatrix} 1 & 3 & 1/5 & 3 & 5 \\ 1/3 & 1 & 1/5 & 3 & 5 \\ 5 & 5 & 1 & 6 & 7 \\ 1/3 & 1/3 & 1/6 & 1 & 3 \\ 1/5 & 1/5 & 1/7 & 1/3 & 1 \end{bmatrix}$$

运用 MATLAB 设计程序对判断矩阵进行特征向量计算和一致性检验，程序输入及输出结果如图 6-8 所示。

从程序计算可以看到该矩阵满足一致性检验要求，特征向量为

$$\boldsymbol{W}_1^* = \begin{bmatrix} 0.2084, 0.1335, 0.5468, 0.0726, 0.0386 \end{bmatrix}^\mathrm{T}$$

依次对其他专家给出的判断矩阵进行运算，再取平均值，得到一级指标的权重为

$$\boldsymbol{W}_1 = \begin{bmatrix} 0.208, 0.147, 0.524, 0.08, 0.041 \end{bmatrix}^\mathrm{T}$$

运用同样方法，可得到各级指标权重和总的评估结果如表 6-11 所示。

```
请输入应急演练评估的初始判断矩阵A(n阶)
A=[1 3 1/5 3 5;1/3 1 1/5 3 5;5 5 1 6 7;1/3 1/3 1/6 1 3;1/5 1/5 1/7 1/3 1]
      0.2084
      0.1335
      0.5468
      0.0726
      0.0386


      5.4188

此矩阵的一致性可以接受!
CI=
      0.1047

CR=
      0.0935
```

图 6-8　层次分析法程序输入及输出结果

表 6-11　层次分析法评估数据表

总指标	总分	一级指标及权重	一级分值	二级指标及权重	专家打分
化工事故应急演练综合评估	86.162	$u_1(0.208)$	85.829	$u_{11}(0.119)$	80.9
				$u_{12}(0.229)$	81.5
				$u_{13}(0.055)$	87.7
				$u_{14}(0.597)$	88.3
		$u_2(0.147)$	82.171	$u_{21}(0.107)$	84.2
				$u_{22}(0.670)$	84.9
				$u_{23}(0.223)$	73.0
		$u_3(0.524)$	87.591	$u_{31}(0.084)$	84.6
				$u_{32}(0.047)$	84.0
				$u_{33}(0.350)$	87.5
				$u_{34}(0.360)$	89.8
				$u_{35}(0.160)$	84.9
		$u_4(0.080)$	87.668	$u_{41}(0.136)$	89.4
				$u_{42}(0.244)$	90.0
				$u_{43}(0.076)$	87.3
				$u_{44}(0.543)$	86.4
		$u_5(0.041)$	80.962	$u_{51}(0.270)$	89.0
				$u_{52}(0.122)$	88.9
				$u_{53}(0.608)$	75.8

　　根据评估表可知化工事故应急演练综合评估指数为 86.162，对应等级为良好，需要采取的措施是适当加强。其中存在问题比较大的是迅捷度，其评估指数最低，只有 80.962，接近一般水平，因此在今后演练及实战中应当重视完成任务的速度。

6.6 模糊综合评判法

6.6.1 基本原理

模糊综合评判法（Fuzzy Comprehensive Evaluation，FCE）是建立在模糊数学的基础之上的评估方法。论域 U 中的模糊集合 B 是以隶属函数 μ_B 为表征的集合，即 $\mu_B:U \rightarrow [0,1]$，对任意 $\mu \in \mu_B$，$\mu_B(u) \in [0,1]$，称 $\mu_B(u)$ 为元素 μ 对于 B 的隶属度，它表示 μ 属于 B 的程度。$\mu_B(u)$ 的值越接近于 1，表示元素 μ 属于 B 的程度越高，当 $\mu_B(u)=1$ 时，表示 μ 完全属于 B；$\mu_B(u)$ 的值越接近于 0，表示 μ 属于 B 的程度越低，当 $\mu_B(u)=0$ 时，表示 μ 完全不属于 B。该评估方法主要用于不易量化的多层次、多因素复杂系统。

模糊综合评判法主要包括权重确定、模糊计算两个过程，具体步骤如下：

（1）确定模糊综合评判因素组成的集合 U，u_i 为评估因素。

$$U = \{u_1, u_2, \cdots, u_n\} \tag{6-11}$$

（2）给出评估因素的评语集 V，v_i 即代表各种可能的总评估结果。

$$V = \{v_1, v_2, \cdots, v_m\} \tag{6-12}$$

（3）确定评估因素权重集 W。权重确定方法有主观赋权法和客观赋权法。主观赋权法是指各位评估专家依据经验，对各评估要素的重要程度进行打分，经统计分析后得出指标权重，如专家打分法、评估区间统计法、层次分析法、模糊聚类法等。客观赋权法是指利用样本数据所隐含的信息，经统计处理得出指标权重，如灰色决策法、主分量分析法等。可根据实际情况选择适宜的方法确定权重，层次分析法及其改进方法是最常用的方法。

（4）进行模糊综合运算。单独从一个因素进行评估，以确定评估对象对评语集元素的隶属度，称为单因素模糊评估。对因素集 U 中第 i 个因素 u_i 进行评估，对应评语集 V 中第 j 个元素 v_j 的隶属度为 r_{ij}。综合所有单因素，得到评判矩阵 R 如下：

$$R = \begin{bmatrix} r_{11} & r_{12} & \cdots & r_{1n} \\ r_{21} & r_{22} & \cdots & r_{2n} \\ \vdots & & & \vdots \\ r_{m1} & r_{m2} & \cdots & r_{mn} \end{bmatrix} \tag{6-13}$$

运用模糊综合评估模型式（6-14）进行综合运算。

$$B = WR \tag{6-14}$$

如果指标体系只有一级指标则只需要进行一次矩阵运算，对于多级指标，需从最底层指标开始依次做矩阵运算最终取得对应于评语集的行矩阵，根据最大隶属度原则获取评估等级。模糊综合评价法体系较为成熟，评价结果比较客观和准确，由于评价程序繁琐，在演练结束后进行，演练过程中需要做好相应记录，模糊综合评判法对于了解演练各个环节以及整体的绩效具有优势。

6.6.2　案例分析

以层次分析法中的相同案例进行研究，三个层次的评估指标体系见图 6-7，各指标权重如表 6-11 所示，建立模糊综合评估的评语集如表 6-12 所示。

表 6-12　应急演练综合评估评语集

等级	优秀	良好	中等	及格	较差
参数	90	80	70	60	50

结合层次分析法计算得到的指标权重，形成模糊层次综合评估数据如表 6-13 所示。

表 6-13　模糊层次综合评估数据表

一级指标	二级指标	评估等级				
		优秀（90）	良好（80）	中等（70）	及时（60）	较差（50）
u_1（0.208）	u_{11}（0.119）	0.09	0.91	0	0	0
	u_{12}（0.229）	0.15	0.85	0	0	0
	u_{13}（0.055）	0.77	0.23	0	0	0
	u_{14}（0.597）	0.83	0.17	0	0	0
u_2（0.147）	u_{21}（0.107）	0.42	0.58	0	0	0
	u_{22}（0.670）	0.49	0.51	0	0	0
	u_{23}（0.223）	0	0.30	0.70	0	0
u_3（0.524）	u_{31}（0.084）	0.46	0.54	0	0	0
	u_{32}（0.047）	0.40	0.60	0	0	0
	u_{33}（0.350）	0.75	0.25	0	0	0
	u_{34}（0.360）	0.98	0.02	0	0	0
	u_{35}（0.160）	0.49	0.51	0	0	0
u_4（0.080）	u_{41}（0.136）	0.94	0.06	0	0	0
	u_{42}（0.244）	1.00	0	0	0	0
	u_{43}（0.076）	0.73	0.27	0	0	0
	u_{44}（0.543）	0.64	0.36	0	0	0
u_5（0.041）	u_{51}（0.270）	0.90	0.10	0	0	0
	u_{52}（0.122）	0.89	0.11	0	0	0
	u_{53}（0.608）	0	0.58	0.42	0	0

一级模糊评价结果为

$$C_1 = W_1 R_1 = \begin{bmatrix} 0.119 & 0.229 & 0.055 & 0.597 \end{bmatrix} \begin{bmatrix} 0.09 & 0.91 & 0 & 0 & 0 \\ 0.15 & 0.85 & 0 & 0 & 0 \\ 0.77 & 0.23 & 0 & 0 & 0 \\ 0.83 & 0.17 & 0 & 0 & 0 \end{bmatrix}$$

$$= \begin{bmatrix} 0.5829 & 0.4171 & 0 & 0 & 0 \end{bmatrix}$$

$$C_2 = W_2 R_2 = \begin{bmatrix} 0.3732 & 0.4707 & 0.1561 & 0 & 0 \end{bmatrix}$$

$$C_3 = W_3 R_3 = \begin{bmatrix} 0.7511 & 0.2499 & 0 & 0 & 0 \end{bmatrix}$$

$$C_4 = W_4 R_4 = \begin{bmatrix} 0.7748 & 0.2242 & 0 & 0 & 0 \end{bmatrix}$$

$$C_5 = W_5 R_5 = \begin{bmatrix} 0.3516 & 0.3931 & 0.2554 & 0 & 0 \end{bmatrix}$$

二级模糊评价结果为

$$D = WC = \begin{bmatrix} 0.208 & 0.147 & 0.524 & 0.08 & 0.041 \end{bmatrix} \begin{bmatrix} 0.5829 & 0.4171 & 0 & 0 & 0 \\ 0.3732 & 0.4707 & 0.1561 & 0 & 0 \\ 0.7511 & 0.2499 & 0 & 0 & 0 \\ 0.7748 & 0.2242 & 0 & 0 & 0 \\ 0.3516 & 0.3931 & 0.2554 & 0 & 0 \end{bmatrix}$$

$$= \begin{bmatrix} 0.6461 & 0.321 & 0.0334 & 0 & 0 \end{bmatrix}$$

评估的结果如表 6-14 所示。根据最大隶属度原则，可判定此次苯泄漏特大事故应急演练的综合评估结果为优秀。层次分析法的评估结果是良好，因为层次分析法得到的结果是一个具体数值，等级虽然是良好，但是其分值为 86.162，比较接近优秀等级；模糊综合评价法中参与评估的专家也有 32.1% 的人认为是良好。因此两种方法得到的评估结果本质上并不矛盾。

表 6-14 基于模糊综合评判法的苯泄漏特大事故应急演练综合评估结果

评估等级	优秀	良好	中等	及格	较差
评估结果	0.646	0.321	0.033	0	0

6.7 基于时间约束模型的评估方法

在实际应急行动中，时间是一种稀缺资源，应急人员需要在尽可能短的时间内完成所担负的应急任务。为了能更好地对演练实施效果进行评定，从时间资源利用和演练人员应急能力展示两方面考虑构建基于时间约束模型的演练绩效评估方法具有较好的适用性和针对性，该方法能很好地达到定量评估的效果。

6.7.1 模型假设和评估方法框架

应急演练可视为在一定的时间约束条件下，演练人员在虚拟的事故情景中依次完成一系列应急任务（如报警、疏散、搜救等）的活动，根据实际应急情况，提出两点假设如下：

（1）应急演练过程中，时间资源十分有限且不可延长；

（2）演练所包含的应急任务互为前提、环环相扣，某些应急任务能否顺利地按时完成将直接影响下一个任务能否如期展开。

按照以上假设，基于时间约束模型的应急演练绩效评估方法采用"先局部后整体"的评估思路，先依次完成演练中每项应急任务完成情况的评估，然后在此基础上得到能够反映演练整体实施情况的评估结果，方法结构框架如图 6-9 所示。

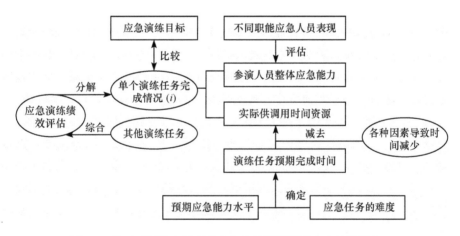

图 6-9　基于时间约束模型的应急演练绩效评估方法结构框架

6.7.2 评估方法的特点

基于时间约束模型的应急演练绩效评估方法中，利用演练人员完成每项应急任务所能利用的时间和在演练过程所展示的应急能力作为主要评估要素，由评估人员根据演练实际情况进行评分，确定取值。该方法能够针对每项应急任务完成情况以及演练整体实施情况进行定量评估，参演单位能够根据评估结果做出针对性改进。为了贴近真实应急活动，该方法强调时间在整个演练过程中的稀缺性和不可延长性，演练策划方需要确定预期供每项应急任务使用的时间，参演人员要获得较佳的评估结果，必须在指定的时间内完成每一项应急任务，否则将占用其后续应急任务的时间，对演练活动的最终完成程度造成负面影响。基于时间约束模型的应急演练绩效评估方法，数据收集简单，评估结果直观，具有较高的实用价值，适用于中小规模的功能演练评估工作。但对于大规模的综合演练活动，由于演练科目较多，存在不同应急任务间交叉进行的情况，超出了模型的假设范围，有待今后对模型做进一步改进和完善。

6.7.3 评估方法计算过程

设某次应急演练活动共由 N 个应急任务构成，以其中单个应急任务 i 为研究对象，令 F_{ai}/F_{ri} 为衡量单个应急任务 i 完成情况的评估量，以百分数的形式表示，即

$$F_{ai}/F_{ri} = F_{0i}/F_{ri} + \lambda_i(1 - F_{ai}/F_{ri})\left(\frac{t_{ai}/t_{di}}{t_{ri}}\right) \tag{6-15}$$

式中，t_{di} 表示演练中由于各种原因（如前期准备工作不充分、演练现场管理混乱等）应急任务 i 比演练预期计划所延误的时间，单位为小时。t_{ri} 表示演练中预期供应急任务 i 使用的时间，取值取决于应急任务本身的难度和演练人员的技能水平，单位为小时。t_{ai} 表示演练中实际可供应急任务 i 使用的时间，单位为小时。F_{ai} 表示演练中应急任务 i 的实际完成度，对应 t_{ai} 时刻应急任务的完成情况，以百分数表示。F_{ri} 表示在演练中应急任务 i 在规定时间内的预期完成度，以百分数表示，常取 100%，也可以根据实际需要进行调整。F_{0i} 表示应急任务 i 初始完成度，对应 t_{di} 时刻应急任务的完成情况，用百分数表示，主要反映应急任务 i 的难易程度和演练人员对同类应急任务处置的熟悉程度，可在 $0\sim100\%$ 之间取值。λ_i 表示演练中参与应急任务 i 的演练人员应急能力影响因子，反应演练人员在完成任务过程中所展示的综合技能水平。

在一个应急任务执行过程中，若参演人员较多，评估人员可以根据他们所担任的职能划分为不同组别进行评定，取其平均值作为演练人员应急能力影响因子。设有 n_i 组担任不同职能的演练人员参与到应急任务 i 的执行过程中，则演练人员应急能力影响因子 $\lambda_i = \frac{1}{n_i}\sum_{j=1}^{n_i}\lambda_{ij}$ 代入式（6-15）可得

$$\frac{F_{ai}}{F_{ri}} = \frac{F_{0i}}{F_{ri}} + \left(\frac{1}{n_1}\sum_{j=1}^{n_i}\lambda_{ij}\right)\left(1 - \frac{F_{ai}}{F_{ri}}\right)\left(\frac{t_{ai}/t_{di}}{t_{ri}}\right) \tag{6-16}$$

设 $Q(T)$ 为演练最终完成度，演练预计持续时间为 T，则有

$$T = \sum_{i=1}^{N} t_{ri} \tag{6-17}$$

$$Q(T) = \sum_{i=1}^{N} x_i (F_{ai}/F_{ri}) \tag{6-18}$$

式中，x_i 为应急任务 i 在整个演练活动中所占的比重，x_i 的计算为

$$x_i = \frac{t_{ri}}{T} \tag{6-19}$$

设 $Q(t_i)$ 为在每一项应急任务预期完成时刻所对应的演练实际完成度，t_i 为包括应急任务 i 在内前面各项应急任务的 t_{ri} 的累加值，则得到计算式为

$$t_i = \sum_{k=1}^{i} t_{rk} \tag{6-20}$$

$$Q(t_i) = \sum_{k=1}^{i} x_k (F_{ak}/F_{rk}) \tag{6-21}$$

设 $Q_r(t_i)$ 为按照演练原定计划，在应急任务 i 预期完成时刻所应达到的演练完成度，得到计算式为

$$Q_r(t_i) = \sum_{k=1}^{i} x_k \tag{6-22}$$

6.7.4 评估方法实施程序

基于时间约束模型的应急演练绩效评估实施程序按照演练活动的开展阶段，可划分为事前准备、现场评估、结果整理三个阶段。前两阶段任务主要是根据各评估任务要素及相应规定时间内的完成情况进行数据收集，确定模型中各变量取值，从而能在"结果整理"阶段将各变量值代入模型中的公式进行计算，得到绩效评估的定量结果，具体运作流程如图 6-10 所示。

（1）事前准备（演练前）：明确应急演练目标，任务组织及难度，即确定 N、F_{ri} 和 F_{0i}；而后设定演练每个任务完成的时间，即确定 t_{ri}、T、x_i 和 t_i。

（2）现场评估（演练中）：评定不同职能参演人员的现场表现，即确定 n_i、λ_{ij} 和 λ_i；随后记录每项演练任务利用时间情况，即确定 t_{di} 和 t_{ai}。

（3）结果整理（演练后）：分别计算演练任务在规定时间内的完成度，计算演练整体在预定时间内的完成度，即计算 F_{ai}/F_{ri} 和 $Q(t_i)$ 的值；最后计算和比较 $Q_r(t_i)$ 得出评估结果，根据评估结果寻找演练工作中存在问题。

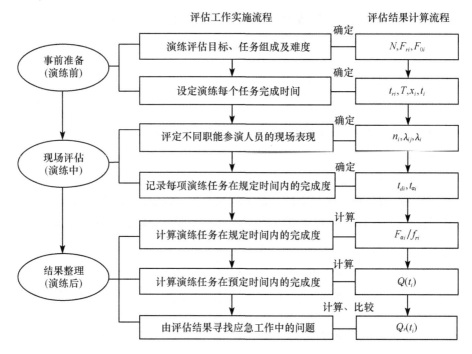

图 6-10　基于时间约束模型应急演练绩效评估的实施程序

6.7.5　案例分析

以广州市某油品公司举行的一次油罐泄漏事故应急演练活动为对象，进行基于时间约束模型演练绩效评估方法的应用案例分析，该演练活动持续长达 4（$T=4$）个小时，由 6 个（$N=6$）应急任务组成。演练前，演练评估人员经演练策划方协助，确定每项应急任务 x_i、F_{0i}、F_{ri} 和 t_{ri} 取值，并将参加演练的人员根据职能的不同可划分为 5 个组，落实参与每项应急任务的人员组别，确定每项任务 n_i 的取值。

演练过程中，评估人员针对每组在应急任务中的表现进行评分，如表 6-15 所示。

为完成模型计算所需的数据收集，评估人员除完成上述评分工作，还需根据演练开展的实际情况确定每项应急任务的 t_{di} 和 t_{ai} 值，在演练结束后将所有收集到的数据代入式（6-16）～式（6-22）进行计算，即得到一系列 $Q(t_i)$ 值，以反映演练在不同阶段以及演练总体的完成情况，各计算变量取值及计算结果如表 6-16 所示。

表 6-15 演练人员应急能力影响因子计算

i	任务	n_i	指挥组	抢险组	监测组	医疗组	现场控制组	$\lambda_i=\frac{1}{n_i}\sum_{j=1}^{n_i}\lambda_{ij}$
1	建立应急指挥中心	1	1.0	—	—	—	—	1.00
2	集结应急队伍	5	1.0	0.8	0.9	0.7	0.8	0.84
3	收集现场数据	2	0.7	—	0.6	—	—	0.65
4	警告和疏散	3	0.8	—	0.8	—	0.5	0.70
5	伤员抢救	3	0.9	—	—	0.8	0.7	0.80
6	封堵泄漏油罐	2	0.7	0.5	—	—	—	0.60

表 6-16 应急演练绩效评估结果计算

i	任务	$x_i/\%$	$F_{0i}/\%$	$F_{ri}/\%$	t_{ai}/h	t_{ri}/h	t_{di}/h	t_i/h	λ_i	(F_{ai}/F_{ri}) /%	$Q(t_i)$ /%	$Q_r(t_i)$ /%
1	建立应急指挥中心	10	50	100	0.4	0.4	0	0.4	1.00	100.00	10.00	10
2	集结应急队伍	15	45	100	0.8	0.6	0	1.0	0.84	106.60	25.99	25
3	收集现场数据	20	60	100	0.9	0.9	0	1.8	0.65	89.25	43.84	45
4	警告和疏散	15	45	100	0.6	0.6	0.1	2.4	0.7	77.08	55.40	60
5	伤员抢救	10	45	100	0.3	0.6	0.1	2.8	0.8	67.00	62.10	70
6	封堵泄漏油罐	30	30	100	1.0	1.2	0	4.0	0.6	65.00	81.60	100
	$Q(T)=Q(t_6)=81.60\%$											

根据表 6-16 中每一个 t_i 对应的 $Q(t_i)$，$Q_r(t_i)$ 值分别在以时间为横坐标、演练完成度为纵坐标平面上描点、连线，得到演练预期完成度曲线和实际完成度曲线，如图 6-11 所示。

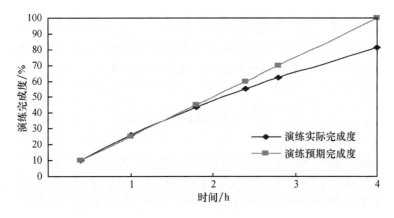

图 6-11 演练完成度曲线图

分析图 6-11 中两条曲线，可以看出演练活动的实际进度基本能够跟上预期进度，但在演练活动中期呈现出一定程度的滞后，并且延续到演练结束。

演练任务完成情况分析：在演练活动中，前两项应急任务完成情况较为出色，在前两项应急任务的预期完成时刻，演练的完成度已达到了 25.99%，高于演练策划方预期的完成度 25%，说明前两项任务比预期计划提前完成，为随后应急任务的进行赢得更多时间，这点由表 6-16 中 t_{a3} 大于 t_{r3} 得以反映。但随后在"现场数据的收集"应急任务中，由于演练人员的表现不尽如人意，对应的 λ_3 值仅为 0.65，演练的实际进度从此开始滞后于预期进度，而且这种滞后是难以消除的。因为一项应急任务的延误必将使后续应急任务所分配的时间资源减少，而且随着演练后期应急任务复杂程度增大，λ_i 取值往往偏低，导致滞后的情况加剧，在真实事故处置中，应急人员只有争分夺秒地完成好自己所肩负的每一项工作，才能最大程度地降低事故的负面影响。最后在预期的演练时间内，该演练活动的最终完成度 $Q(T)$ 为 81.60%，参演人员完成了大部分所预设的应急任务，经过演练，参演单位明确了在今后的应急工作需要重点加强现场监测数据收集和泄漏事故处置方面的技能。

6.7.6 基于时间约束模型评估方法的不足点

基于时间约束模型评估方法虽然给安全生产应急演练评估带来了定量的分析，给评估工作带来了很大的进步，但其本身也存在不足。

基于时间约束模型评估方法对小规模，简单的应急演练有实质性的作用，但对于大规模的综合演练活动，由于演练科目较多，存在不同应急任务间交叉进行的情况，超出了模型的假设范围，该方法不能处理。

除此之外，基于时间约束模型评估方法定量分析中的数值还受到人为因素的干扰，数值客观上并不是十分准确，评估的准确性可能会存在小小的偏差。这方面需要评估人员经验丰富，且判断准确，处理时应慎重。

6.8 其他评估方法

关键业绩指标法（KPI）、平衡计分法（BSC）等方法也是较为常见的绩效评估方法。KPI 方法把对绩效的评估简化为对几个关键指标的考核，将关键指标当作评估标准，它能够发现存在的关键问题，并能够快速找到问题的症结所在，不至于被过多的旁枝末节所缠绕。因此，KPI 方法可以将考核从无关紧要的琐事中解脱出来，从而更加关注整体绩效指标、重要工作领域及个人关键工作任务。

BSC方法是一种全新企业综合测评体系，核心思想是通过财务、客户、内部流程及学习与发展四方面指标之间的相互驱动的因果关系展现组织的战略轨迹，实现"绩效考核——绩效改进以及战略实施——战略修正"的战略目标过程，它把绩效考核的地位上升到组织的战略层面，使之成为组织战略的实施工具。

KPI方法和BSC方法在企业绩效管理中得到很好的运用，但这些方法在应急演练绩效评估中的运用还缺乏研究，安全生产应急演练评估方法还需要不断扩展和完善，从而促使评估结果更科学可靠，对应急管理工作的积极作用更加明显。

6.9 评估总结

6.9.1 专家点评

专家点评是指专家组成员在应急演练评估结束以后，通过共同讨论达成共识，对应急演练的得失进行口头上的点评，主要涉及到演练过程中出现的错误和不足、提出的相关建议等。对于规模较小的应急演练，参演人员较少，演练内容单一，目标明确，演练评估可采用专家点评方式，讲评必须在演练活动结束后第一时间进行，一般与演练总结大会一并展开，演练组织单位都应参加，安排人员做好记录。

专家点评过程尽量避免使用过于专业的词汇，要从实际出发，避免好高骛远，切实指出参演人员和应急程序中存在的不足并教导其该怎样做，内容简单具体，能及时被参演人员理解并牢记。

6.9.2 评估报告

安全生产应急演练评估报告是进行演练总结和后续工作的重要依据，评估报告适用于所有应急演练，规模较大、程序复杂的功能演练、综合演练、大型现场演练等更应该以撰写评估报告的形式记录演练得失。评估报告的撰写应该以肯定成绩、找出问题、提出建议为出发点和落脚点，没有特别的格式要求，内容要充实具体，清晰明了，切忌浮夸，以便更好地提升应急演练筹办水平和应急能力建设水平。评估报告中除了要介绍演练背景信息外，至少应包括如下内容：

（1）各评估要素的评估结果，重点为介绍演练目标实现情况，将评估过程中发现的问题及存在的不足进行综合整理后写入评估报告。

（2）得出总评估结果，根据各评估要素的评估情况，综合分析讨论得出总的评估结论，对演练开展所带来的得失进行分析。

（3）对加强安全生产应急演练工作和应急能力建设提出建议，对评估要素中存在的问题提出解决办法，如预案改进的建议、应急救援技术与装备改进的建议、人员培训方面的建议、完善演练方案的建议等。

7　安全生产应急演练总结与善后

安全生产应急演练总结与善后是演练过程的收尾工作，是一个深入挖掘和充分利用演练成果的过程，具有挑战性，且意义重大。整个安全生产应急演练过程中，总结工作呈现体系化，有个人总结、小组总结、部门总结、单位总结、总体总结等，从执行具体任务的个人到把握演练总体情况的总负责人，所有总结集结在一起构成一个安全生产应急演练总结体系，这个体系就是深入挖掘演练成果的重要依据之一。安全生产应急演练善后工作具有长期性，是演练成果的直接应用阶段。本章主要介绍安全生产应急演练总结和后续工作中应该注意的各方面问题，以期对总结与善后工作的顺利开展有所指导，本章主要内容如图 7-1 所示。

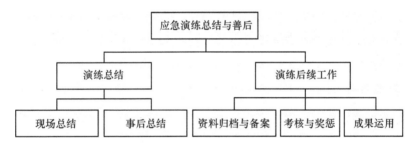

图 7-1　安全生产应急演练总结与善后

7.1　安全生产应急演练总结

安全生产应急演练总结是参演人员和组织总结成功经验、指出不足之处、分析失败原因、提出解决办法的综合过程，只有认真总结才能真正提升安全生产应急救援能力和应急管理工作水平。根据应急演练的时间发展顺序，应急演练总结有现场总结、事后总结两类，实际过程中通常是两者结合运用，以达到最佳效果。

7.1.1　现场总结

安全生产应急演练现场总结即现场讲评，一个阶段演练工作结束后，由现场领导小组组织开展该阶段工作的总结，所有参演人员都应该参加，主要是针对一个阶段内应急演练工作的成功经验、存在的问题、参演人员的表现等进行自查和反省，并提出合理有效的解决办法。在时间允许范围内和特定安排下，参演人员均可进行自我总结，做好相应记录工作，所有人员共同努力，及时扭转应急演练的不良走势，为下一阶段演练工作的开展奠定基础。开展现场总结工作应该注意以下四个方面的问题：

（1）现场总结不应影响安全生产应急演练总体进程，通常在某阶段工作结束后开展。

（2）现场总结需要针对具体问题进行深入分析，侧重于发现问题和解决问题。

（3）现场总结需要安排人员做出相应记录，为应急演练事后总结提供材料。

（4）现场总结所取得的成果尽可能在下阶段演练中得到运用，实现演练结合。

现场总结的优势在于：在真实氛围中充分利用参演人员短暂清晰的记忆，把握住参演人员的良好状态，在不影响演练总体进程的前提下，能将演练活动中出现的问题最大限度、最准确地挖掘出来并记录下来，与此同时还能找到解决问题的最合适方法。

7.1.2 事后总结

应急演练事后总结是指在演练结束后，由文案组整理演练记录、评估报告、现场总结、策划方案等材料，领导小组参考文本、音像记录材料，结合演练总体情况，对安全生产应急演练工作进行系统、全面总结，并形成演练总结报告。各参演部门、参演单位对本部门、单位在演练过程中的表现情况进行总结，各参演人员可对自身表现情况和感想进行总结。

事后总结一般在演练结束后的一到两天内进行，有助于参演人员全面、清晰地思考演练过程中所遇到的问题，做出深刻分析并提出解决办法，形成一份具有实践意义的总结报告。事后总结工作的一般程序如图 7-2 所示。

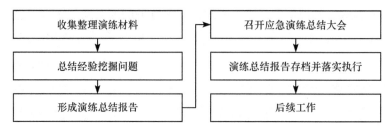

图 7-2 安全生产应急演练总结一般程序

文案组成员整理安全生产应急演练全过程资料，各部门、各单位整理与之相关材料，以便能够更加全面、深刻地展开演练总结工作，演练总结过程中的核心工作如下。

1）充分挖掘演练过程中存在的问题，分析内在原因，找到适宜解决办法

安全生产应急演练领导小组、各参与部门、各参与单位根据演练评估结果、现场记录、自身表现情况等，充分挖掘出演练准备、演练策划、演练实施、应急响应、应急处置、演练评估全过程所存在的不足，逐个详细记录在案。针对演练中存在的问题，演练领导小组、各部门、各单位认真分析内在原因，将问题划分为不足项、改进项、整改项，并通过自身实践找到适宜的解决办法，框架如图7-3所示。

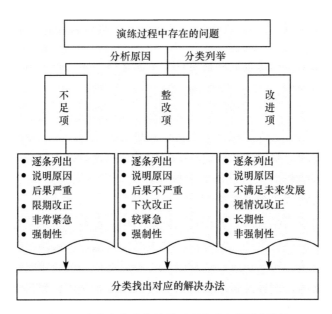

图 7-3 安全生产应急演练过程存在问题分析框架

（1）不足项。不足项是指应急演练过程中发现的，在真实事故发生时将严重影响事故处置或致使事故后果难以控制的问题。不足项应在规定的时间内予以纠正，当问题被确定为不足项时，需进行详细说明，给出纠正措施建议和完成期限。如在演练过程中出现的报警不及时、应急资源不足等都属于不足项，需规定期限整改。

（2）整改项。整改项是指演练过程中发现的，单独存在不会严重影响事故处

置或致使事故后果难以控制的问题，以及在应急演练时致使演练出现较大缺陷的潜在问题。整改项应在下次演练前给予纠正。两种情形的整改项可成为不足项：某应急组织中存在两个以上整改项，共同作用可构成严重威胁；某应急组织在两次以上演练过程中反复出现前次演练识别出的整改项。如演练过程中个别参演人员不服从调配、参演人员安排不当、演练方案不完善等都属于整改项，需要在下次演练或事故处置之前予以改正。

（3）改进项。改进项是指应急演练过程中发现的应予以改善的问题，改进项不同于不足项和整改项，该项可能满足当前需求，但不能确定能否满足未来发展需求，还有达到更好效果的提升空间，短时间内难以突破，需制订长期发展计划，不要求强制整改。如应急救援装备科技含量不够高、事态预测不精确等问题属于改进项。

2）领导小组、各部门、各单位分别组织人员综合讨论，形成应急演练总结报告

内部综合讨论是形成良好演练总结报告的关键，由领导小组、各部门、各单位组织各自人员开展，一般应在演练结束后立即进行。主持人根据所掌握的材料，既要肯定积极表现，又要明确演练过程中发现的问题，更要严肃指出表现欠佳人员。参与讨论会的人员在会上进行自我总结和反省，最主要的是围绕演练过程中存在的不足项、整改项、改进项等问题进行综合讨论和研究，提出实质性的解决办法，明确操作对象、操作人、操作期限，安排人员对讨论会进行详细记录，讨论会记录格式可参考表7-1。

演练总结讨论会结束后，根据讨论记录和相关资料，应急演练领导小组、各参演部门、各参演单位撰写安全生产应急演练总结报告。演练总结报告没有固定格式，主要包含演练背景信息、成功经验、不足之处、改正策略等方面内容，内容要符合客观实际，能体现各单位对自身表现的深入思考，在具备高度的同时还要具备较强的可操作性。

3）召开安全生产应急演练总结大会

组织召开应急演练大会，所有参演单位都应参加，领导小组宣读演练总结报告，各部门或单位宣读各自演练总结报告，表彰在演练中做出突出贡献的部门、单位及个人，处罚或批评在演练中违纪或处置不力的部门、单位及个人。下级部门、单位的应急演练总结报告交由上级部门、单位备案，领导小组撰写的应急演练总结交由当地安全生产监督管理部门备案。

表 7-1　演练总结讨论会议记录表样式

演练名称：			总结单位：	
会议时间：			会议地点：	
与会人员：				
演练过程中的优良表现				
序号	表现内容		涉及单位	优秀人员
1	演练人员能够把演练当作真实事件来处理		所有参演人员	×××
2	指挥人员始终沉着指挥，不慌乱，做出正确决策		应急指挥小组	×××
3	……		……	……
演练过程中存在的不足				
一、不足项				
序号	内容	内在原因	主要对策	整改单位	整改期限
1	不能与指挥中心取得联系	应急通信线路及联络人不够	增加指挥中心联络线路与联络员	指挥中心与当地电信部门	×××
2	……	……	……	……	……
二、整改项					
序号	内容	内在原因	主要对策	整改单位	整改期限
1	广播系统音量不够，比较嘈杂	未调试，无备用设备，无扩音器	增加备用设备与扩音器，使用前先调试	演练策划组、工程部、维修部等	×××
2	……	……	……	……	……
三、改进项					
序号	内容	内在原因	主要对策	整改单位	整改期限
1	事故扩展范围及对人员伤害后果难以确定	缺少计算模型和仿真系统	加强技术研究引进仿真系统	安全部门	×××
2	……	……	……	……	……
四、备注栏					

7.2　安全生产应急演练后续工作

安全生产应急演练后续工作是指演练总结大会结束后，对演练资料进行整理归档，逐步落实考核和奖惩工作、考察运用演练成果等一系列工作。演练资料的归档与备案能为后续演练工作的开展留下珍贵参考材料和可靠依据；考核与奖惩工作能有效提升参演人员对安全生产工作的积极性和重视程度；演练成果的运用是提升安全生产应急救援能力、加强安全生产管理工作的重要手段。

7.2.1 资料归档与备案

应急演练活动全部结束后，涉及演练的所有资料都要分类整理并归档保存，对主管部门要求备案的应急演练资料，演练组织单位应将相关资料报主管部门备案。需要分类整理并归档的资料主要有：

（1）演练策划系列材料；

（2）演练评估报告系列材料；

（3）演练总结系列材料；

（4）相关图片、视频、音频资料等。

应急演练资料的归档与备案工作一般由演练文案组负责，其他人员协助开展，保证演练资料的完整归档与备案，归档与备案过程中，按资料内容、性质、形式等进行分类与编号，并制定相关目录及登记文件，再统一装订或密封归档，然后移交给档案部门进行保管。

7.2.2 考核与奖惩

应急演练考核与奖惩是指演练组织单位对参演单位、人员进行考核，依据实际表现进行相应奖励和惩罚。对在演练中表现突出的单位及个人，给予表彰和奖励；对不按要求参加演练或影响演练正常开展的，给予批评和惩罚。

演练考核与奖惩制度应由策划人员在编制策划方案时确定，演练组织单位安排人员根据演练记录及考核制度对各参演部门、单位、人员进行考核，演练结束后公布考核结果。考核结果的宣布视情况而定，进程较快情况下，可在应急演练总结大会上当众宣布，后续工作在会后实施；进程较慢情况下，可在总结大会后通过其他方式宣布考核结果并进行后续工作。演练考核和奖惩工作具有一定约束力，将不断加强人们对安全生产应急演练工作的重视程度。

7.2.3 演练成果运用

演练成果是指通过演练所取得的成功经验和改进建议，演练成果是安全生产应急演练工作的结晶，也是安全生产应急演练工作的必然要求。演练成果运用工作体现在以下五个方面：

（1）对演练中暴露的各种问题，演练单位应当及时采取相应措施予以改进，消除安全生产应急管理工作中存在的隐患和缺陷。

（2）对演练过程中表现不佳的组织和个人，及时进行针对性教育和培训，加强相关人员应急能力建设。

（3）对应急救援预案中的不足、不合理之处，进行修正和改正，完善应急救援预案。

（4）对应急装备、器材和物资等方面的不足之处，进行有计划地加强。

（5）加强宣传，鼓励其他单位加强演练工作，提高公众防灾意识和自救互救能力等。

在执行过程中，要做好演练成果运用的记录工作，建立任务表格并注明应用时间、内容、效果等，保障演练成果能够真正运用于安全生产实践。对于演练中暴露的问题，应建立完善监督整改机制，进行长期监督和追踪，以保证所有问题都落到实处。

8 安全生产应急模拟演练

安全生产应急模拟演练系统借助空间定位与导航技术、计算机技术、网络技术、通信技术、数据库管理技术和图形图像处理技术等技术，结合相应的事件动力学模型和人员行为模型，尽可能接近真实事故情景的演练，促进应急体制与应急机制、人与装备诸要素的有机结合。

安全生产应急模拟演练涉及主要方面包括：

(1) 不同类型事故过程仿真模拟；

(2) 不同层次和角度演练方案的制定；

(3) 不同层次应急处置流程的模拟操作；

(4) 各种相关应急资源具备数据库级别的检查；

(5) 各种应急装备操作的模拟演练；

(6) 应急指挥通信系统实际应用演练；

(7) 各相关单位的应急协同模拟演练；

(8) 应急救援过程及应急善后模拟演练；

(9) 应急预案评估及完善；

(10) 个人、单位、系统不同级别的应急效能评估。

8.1 应急模拟演练概述

模拟，意为设计一种过程或一种模型去研究真正的对象。采用模拟，是因为与真正的研究对象比起来，模型更易于研究或处理。实际上，模拟是一种实验。模拟使用者把自己放在操作模型的实验者的地位。实验者操作模型，就好像在操作真正要研究的对象一样。在此过程中，可以从操作模型相关的行为的实验结果，得出有关研究对象的行为的足够精确的结论。

模拟演练是指运用实物、文字和符号等手段，组织相关单位及人员，依据有关的应急预案，模拟应对突发事件的一种演练。其主要特点：通过实物或者计算机，模拟实际的环境或者具有象征意义的要素，让每位相关的人员能够在这种模拟的环境下，提高自己处理特定情况的业务素质。

模拟演练最早出现在军事上面，最初是以棋戏的形式表现。由于战争是事关生死存亡的大事，所以指挥者对于每一个步骤都相当慎重，衍生了早期的沙盘演练。军事指挥员在作战之前常常用小石块或其他标记代表地形和双方的军队，把己方、敌方军队的态势在地面上或在粗糙原始的地图上摆放出来，然后针对敌人可能的对抗行动，提出自己的战术设想。经过边摆边思考的一番推演，最后推断出交战的可能结果。后来这种方式不断被改良，模拟演练逐步发展到兵棋推演。再后来，随着计算机及相关技术不断发展成熟，模拟演练发展到计算机演练。

总的来说，模拟演练技术的发展历史，可以分为以下四个阶段：

（1）最先出现的是指导者对实际发展过程从逻辑上进行的智力推演；

（2）接着出现的是操作演练；

（3）其后出现的是用道具进行的现实模拟；

（4）再往后，出现了精益求精的计算机模拟和现实环境仿真。

1）沙盘演练

沙盘演练又叫沙盘模拟培训、沙盘推演，是通过引领学员进入一个模拟的竞争性行业，由学员分组建立若干模拟公司，围绕形象直观的沙盘教具，实战演练模拟生产经营单位的经营管理与市场竞争，在经历模拟企业3～4年的荣辱成败过程中提高战略管理能力，感悟经营决策真谛。每一年度经营结束后，学员通过对"公司"当年业绩的盘点与总结，反思决策成败，解析战略得失，梳理管理思路，暴露自身误区，并通过多次调整与改进的练习，切实提高综合管理素质。

2）兵棋推演

兵棋推演是通过对历史的更深理解，尝试推断未来。一款兵棋通常包括一张地图、推演棋子和一套规则，通过回合制进行一场真实或虚拟战争的模拟。地图一般是真实地图的模拟，有公路、沙漠、丛林、海洋等各种地形地物场景；推演棋子代表实际情况下参加战斗的各个单位，如排、连、营、团、旅、师、军和各兵种、相应战斗力等描述；规则是按照实战情况并结合概率原理设计出来的裁决方法，告诉你能干什么和不能干什么，行军、布阵、交战的限制条件和结果等。

面对复杂的情况，人的计算能力的有限性，任何假想的策略和方案的实际结果都需要数值计算，计算的结果未必与策划者的意图一致。因此，在实际的策略选择和方案制定的决策上，就需要先进行可行性分析和结果推演计算，以起到评估和发现漏洞的作用。

目前，兵棋推演已经被广泛应用于经济、政治、外交等几乎所有的人类非军事性对抗活动之中。兵棋推演实质上相当于仿真系统，是用于实际问题的仿真模拟、推演计算的工具。

3）计算机模拟演练

20世纪末，随着信息技术的进步，使用具有计算快速、数据统计精准的计算机系统进行数字化推演逐步成为模拟演练的主要发展方向。虽然说，传统的沙盘演练和兵棋推演都有自己的一套道具，但现在都已经开始借助计算机作为更好的实现方式。对于兵棋推演来说，计算机兵棋推演首先必须将作战部队的休制编制、武器系统、战术作为等进行十分精确的评估，并将其逐一量化，换算成参数输入计算机数据库中；推演由作战指挥中心、作战演训中心及各作战执行单位指挥所执行，运用复杂的战区仿真系统，输入作战各方的各类参数，连续数小时乃至数月模拟实战环境和作战进程，实施重大战备议题的推演。而对于沙盘演练来说，也已经有成型的软件来对此进行模拟。就目前的发展趋势来说，计算机模拟演练将是今后应急演练的主要发展方向。

随着空间定位与导航技术、计算机技术、网络技术、通信技术、数据库管理技术和图形图像处理技术的发展，可视化的智能空间技术手段在安全生产、灾情数字化应急预案预演、防灾减灾、城市规划与征地拆迁、大型活动安保等影响社会可持续发展领域应用逐步增多，三维场景地图（客观反映真实地物、地貌、生产要素及相互之间空间关系的可量测、可人图交互、以用户为中心游览、具有一定物理属性的三维空间地图）可视化、数字化的应急预案预演、风险评估、决策指挥重要性越来越大。总而言之，智能空间技术在应急事件应急数据处理、信息分析、灾情监测、灾害风险评估等方面的应用将越来越多、越来越成熟，计算机模拟演练将是安全生产应急模拟演练的主要手段。

8.2 应急模拟演练过程

8.2.1 模拟演练系统策划

应急模拟演练之前，需要根据演练目的，对模拟演练进行策划，明确演练需求，配置演练场景，制订演练计划。应急演练策划内容包括：确定应急演练目的，明确演练要解决的问题和实现的目标；确定应急演练需求，设定应急演练等级、场景，明确应急演练范围、演练人员、演练方式等。

8.2.2 模拟演练场景配置

应急模拟演练之前，需要对演练场景进行配置，即设定或选定系统应急演练场景。应急演练场景包括：事件性质、类型，事发时间、地点、周边环境、气象条件，事件动力学模型（发展速度、强度、危险性、影响范围），人员和物资分布等。相应地，安全生产应急模拟演练系统应有事件模型库、人员库、材料库、地址库、气象库、应急物资库、三维场景地图、视频监控图像库、人员模型库等。

8.2.3　模拟演练系统实施

演练人员根据演练计划，各就各位进入演练系统后，按计划启动模拟演练场景，开始应急模拟演练。演练人员按照各自岗位职责，模拟并记录事件处置全部过程如图8-1所示。

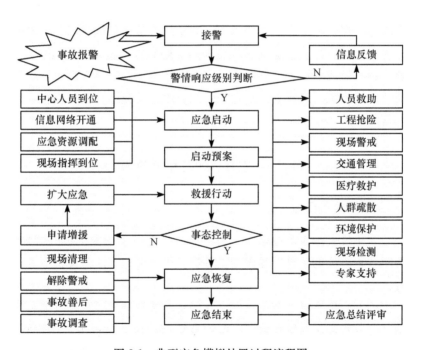

图8-1　典型应急模拟处置过程流程图

8.2.4　应急模拟演练评估

应急模拟演练评估是在全面分析应急模拟演练从突发事件发生到应急处置结束全部过程记录，以及相关资料的基础上，对比参演人员表现与演练目标要求，运用综合评价模型，对应急演练活动及其组织过程作出客观评价，并编制演练评估报告的过程。

对于每个应急模拟演练参演人员和参演单位，系统综合评估模型将根据预先设定的评分标准，在对其应急处置有关操作的正确性、及时性、有效性自动评分的基础上综合评价其应急表现。

模拟演练结束后可通过组织评估会议、填写演练评估表以及与应急参演人员访谈、自我评估总结等方式，进一步收集应急模拟演练组织实施的相关情况。模拟演练评估报告内容包括演练执行情况，应急预案的合理性与可操作性，应急指挥人员的指挥协调能力，参演人员的处置能力，模拟演练所用装备、设施器材的适用性，应急物资配置的合理性与有效性，演练目标的实现情况，演练的成本效益分析，应急预案改进意见与建议，应急工作流程改进意见与建议，应急资源配备改进意见与建议等等。

对于应急模拟演练暴露出来的问题，应急演练组织单位应当及时采取措施予以改进完善。根据应急模拟演练暴露出来的问题有针对性地修订完善应急预案、加强应急人员的教育培训、完善并更新应急工作流程、完善应急物资配备等，及时制定应急救援系统改进计划，按计划时间对改进情况进行监督检查，确保各项改进工作落到实处。

8.3　应急模拟演练系统

8.3.1　应急模拟业务目标

生产经营单位安全生产过程中，为降低各种突发生产安全事故带来的后果，经常需要对各种事故的预警、救援处置等进行应急模拟，应急模拟业务目标包括以下内容：

（1）模拟安全生产经营单位突发事故信息的接报处理、跟踪反馈和情况综合等应急值守业务管理。与所在地区、政府职能部门应急指挥平台保持联络畅通，通过应急指挥平台按照统一规范的格式向上一级应急指挥平台报送重大突发生产安全事故信息和现场音视频数据以及重大生产安全事故预警信息，并向有关部门通报。

（2）模拟安全生产经营单位突发事故紧急状况下调度指挥和协调，以及生产经营单位应对各种突发生产安全事故的应急信息网络。

（3）通过汇总突发事故的预测结果，结合事故的进展情况，对事故范围、影响方式、持续时间和危害程度等进行综合分析判定。

（4）提供对突发生产安全事故的处置指导流程和辅助决策方案，根据应急过程不同阶段处置效果的反馈，实现对辅助决策系统的动态调整和优化。

（5）模拟对应急资源（人员、装备、物资、车辆、道路交通）的动态管理，为应急指挥调度提供保障。

（6）模拟视频会议、远程控制和指挥调度等功能，为生产经营单位各级应急管理机构应对突发事故提供快捷指挥和对有关应急资源力量的紧急调度等方面的技术支持。

（7）建设满足安全生产单位突发事故应急救援管理要求的多维度、多尺度、多种类应急空间数据库系统。

8.3.2　应急模拟演练目标和功能设计要求

安全生产应急模拟演练是应急演练的一种典型方式，与综合演练等其他类型演练活动的目标一样，表现在以人为本原则、检验应急预案、完善应急准备、锻炼应急队伍、磨合应急机制、进行应急科普宣教。

应急模拟演练功能设计要求有：应急物资维护管理；应急装备管理更新；应急资源空间管理；应急装备模拟使用；应急事件配置管理；应急场景配置管理；应急通信保障管理；应急人员综合管理；应急车辆调度管理；应急道路交通管制；应急预案精细化管理；及时的应急预案启动；多维度空间辅助决策；一体化应急指挥调度；多层次多角色模拟演练；全方位全过程演练记录；仿真视频监控演练镜头；三维场景地图仿真回放；应急模拟演练综合评估；应急模拟演练成效报告。

8.3.3　应急模拟业务流程分析

应急模拟业务流程应该涵盖应急管理日常工作的各项业务需求，如值守应急、文电公文、预案管理、应急保障、监测防控、应急评估、培训演练等业务，以及非常态下的应急信息采集、信息传递、信息汇总、综合分析判定、方案生成和指挥处置等功能。

据此，应急指挥系统分为应急业务管理系统、风险隐患监测防控系统、预警管理系统、智能空间辅助决策系统、指挥调度系统、应急保障系统、模拟演练系统。开展应急模拟演练时，可结合应急指挥系统的各项系统业务要求进行。各系统所涉及业务流程描述如下：

（1）应急业务管理系统业务流程。应急业务管理系统的核心功能与信息接报。各单位收到应急事件信息后，主要业务流程分为信息接收、审批审核、信息上报、信息抄送和系统留档等步骤。

（2）风险隐患监测防控系统业务流程。风险隐患监测防控系统的业务流程分为监测数据的接入和风险分析两个阶段，监测数据来源于应急现场的监测信息，包括实时和非实时的监测信息，经过统计汇总的数据。监测数据通过网络或数据共享与交换平台接入后，进行综合分析，识别出重点监控目标，对监控目标进行风险分析，给出分析结果，生成风险分析报告。

（3）预警管理系统业务流程。预警管理系统的业务流程包括信息接报与汇总、综合预测、预警信息管理几个阶段。信息接报与汇总阶段获取事件影响范围数据、历史数据、统计数据、实时监测监控数据等，并对数据进行汇总与展示；综合预测阶段对事件进行综合分析和预测，分析事件周边环境信息、结合事件链模型，预测可能的次生、衍生事件，并将需要关注的事件信息下发到相关部门，由专业部门进行专业的预测分析并反馈预测结果，在此基础上再进行综合预测分析；预警信息管理阶段可以参考综合预测分析结果，开展对事件预警的分级核定和发布等。

（4）智能空间辅助决策系统业务流程。智能空间辅助决策系统主要业务流程是利用空间地理信息技术提供快速、灵活、准确的地理位置定位，在三维场景地图中显示相应的属性信息，帮助应急决策指挥人员直观、形象、可靠地对案情资料进行分析，最终形成应急救援的决策指挥方案，实现基于三维场景地图的应急指挥和辅助决策。

（5）指挥调度系统业务流程。指挥调度系统主要业务流程是对生产安全事故的信息情况（包括事件相关的接报信息、综合评判结果和当前事件处置状况）进行汇总，形成事件的情况汇总报告，分发相关单位和部门。

（6）应急保障系统业务流程。安全生产单位接到生产安全事故上报，对上报事件进行分析并启用相关应急预案进行处置，根据应急资源分布状态，确定应急保障计划并下发各单位执行。

（7）模拟演练系统业务流程。系统可进行安全生产应急处置模拟推演，对各类生产安全事故场景进行三维场景地图下仿真模拟，分析事态，提出对应策略，对处置生产安全事故的步骤、各方配合联动、具体措施等进行网络模拟演练。模拟演练系统依托于其他业务系统运行。

8.3.4 应急模拟演练系统分类

应急模拟演练系统根据不同的分类规则拥有多种多样的分类方式。常见分类

方式如下:

(1)应急模拟演练系统按照支持参加演练人员数量,分为单人模拟演练系统和多人模拟演练系统。多人演练系统按照参演人员是否协同演练,分为多人独立模拟演练系统和多人协同模拟演练系统;协同演练系统按照是否采用安全生产单位三维场景地图演练,分为虚拟场景地图模拟演练系统和三维场景地图模拟演练系统;三维场景地图模拟演练系统按照是否与外部真实环境联动,分为模型联动三维场景地图模拟演练系统和实景联动三维场景地图模拟演练系统。

(2)应急模拟演练系统根据系统计算机组网要求的差异,分为单机版应急模拟演练系统和网络版应急模拟演练系统。网络版应急模拟演练系统根据系统场景与真实环境的差异,分为三维场景地图网络版应急模拟演练系统和虚拟场景地图网络版应急模拟演练系统;三维场景地图网络版应急模拟演练系统根据系统信息反馈方式的差异,分为模型联动三维场景地图网络版应急模拟演练系统和实景联动三维场景地图网络版应急模拟演练系统。

(3)应急模拟演练系统按照系统用途不同,分为研究用应急模拟推演系统和培训用应急模拟演练系统。培训用应急模拟演练系统按照人机交互与否,分为全自动应急模拟演练示范系统和人机交互式应急模拟演练系统;人机交互式应急模拟演练系统按照事件模拟手段不同,分为模型仿真应急模拟演练系统和实景模拟应急实战演练系统。

(4)应急模拟演练系统根据针对的行业用户不同,按照《国民经济行业分类代码表》中的门类、大类、中类、小类划分安全生产应急模拟演练系统为不同的行业版本。

(5)应急模拟演练系统从用户系统建设角度考虑,安全生产应急模拟演练平台分为单机版应急模拟演练平台和网络版应急模拟演练平台。网络版应急模拟演练平台根据系统对用户二次开发需求响应的差异,应急模拟演练系统分为标准网络版应急模拟演练平台、增强网络版应急模拟演练平台和定制网络版应急模拟演练平台。具体分类情况如图8-2所示。

1. 单机版应急模拟演练平台

一般来说,单机版应急模拟演练平台一个 License 授权只能用于一台计算机,客户端与服务器装在一台电脑上,只能在这台电脑使用,一次只能登录一个账户。

单机版应急模拟演练平台主要用于对安全生产相关人员应急模拟操作常识培训与考核。其应急事件模型库、人员行为模型库、三维空间场景库、装备设施库

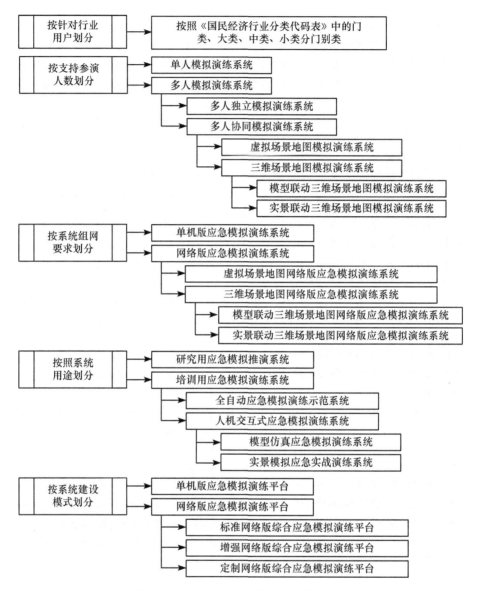

图 8-2 安全生产应急模拟演练系统分类

及应急资源库与所在单位所处国民经济行业分类相关；三维空间场景库与应急单位真实空间环境不强调——对应；一般不支持应急单位二次开发，但支持预先设置的升级网络自动升级或人工下载升级服务；支持根据预先设定的上报网络地址或电子邮箱通过网络定期向上级安全生产管理部门提交本机培训人员培训成绩汇总报告；提供特定 3D 场景应急模拟演练用电安全、防火、防水、防雷、中暑、溺水、触电基本救助等基本应急常识培训教程，满足用户安全生产共性应急知识需要。

2. 网络版应急模拟演练平台

网络版应急模拟演练平台服务器和客户端可以安装在同一个局域网内不同的电脑上，在服务器上安装系统共享数据库，其他电脑安装客户端，根据 License 授权用户数量，服务器支持多个账户同时登录共享数据库服务。

网络版应急模拟演练平台用于安全生产单位仿真环境下多层次、多角色、全方位、综合的各种安全生产应急模拟演练；应急事件模型库、人员行为模型库、装备设施库及应急资源库与所在单位所处国民经济行业分类相关；支持应急预案管理功能，支持预案增加、修订和删除；支持应急案例管理功能，支持案例增加、修订和删除；支持应急物资的维护与管理功能，支持应急物资录入、检定周期到期提醒和使用记录维护；支持根据预先设定的升级网络自动升级或人工下载升级服务，支持下载所在行业各种事件动力学模型、应急预案及案例；支持应急演练结束后根据预先设定的上报网络地址或电子邮箱通过网络及时向上级安全生产管理部门提交应急模拟演练评估报告。

标准版根据安全生产经营单位所在行业提供所在行业共性安全事件在特定 3D 场景地图的综合应急模拟协同演练，不支持功能扩展；增强版在标准版的基础上，提供软件二次开发接口，支持用户自建 3D 场景整合空间与非空间数据信息，支持用户在线应急预案脚本编写与组态功能，满足用户对扩展部分培训功能模块的需求，使用户根据自身需要进一步完善安全应急培训教程，但需要用户具有一定的开发能力；定制版在增强版的基础上，建立用户生产环境现实空间的三维场景地图（客观反映生产经营单位所在地真实地物、地貌、生产要素及相互之间空间关系的可量测、可人图交互、以用户为中心游览、具有一定物理属性的三维空间地图），满足用户模拟现场真实环境进行预案推演的需求，有针对性编制用户应急预案，根据人类行为模型和事件动力学模型，支持在特定的环境模型下开展预案分析评估。

1）系统用户管理

系统提供安全生产单位应急演练参与人员综合管理功能，所有参加演练的人员首次访问系统，必须先选择或填写所在单位、部门，填写用户名和密码注册，正确登录后方可进入系统参与演练。

系统建立应急演练参与人员管理动态目录树，对在线用户进行统一管理，支持应急事件模拟应急救援调度指挥。人员登陆系统后自动加载目录树中，人员退出系统后自动从目录树中卸载。

2）系统协同记录

系统提供突发事件应急模拟演练协同记录功能，按照突发事件发生、应急行动处置、演练结束的全过程记录应急模拟演练所有参与人员应急处置操作情况，支持按人员、按事件进行应急演练过程场景回放查看。

3）应急能力评估

应急能力评估根据模拟演练事件发生、应急呼叫受理、应急预案启动、协同应急处置到应急处置结束全过程记录，运用综合评价模型快速、精确评估安全生产应急模拟演练综合成效。按照预先指定的评估指标要求和评分标准，以图形和表格直观地显示参演人员和单位应急演练绩效评估结果。

8.4 应急模拟演练系统建设

8.4.1 系统设计要求

安全生产应急模拟演练系统通过对各类突发生产安全事故数值模拟和人员行为数值模拟的仿真，在虚拟现实空间中仿真应急事件发生、发展的过程，以及人们在灾害环境中可能做出的各种反应，为安全生产经营单位各级领导、应急管理及相关部门安全应急提供预案推演三维 GIS 仿真支持服务。安全生产应急模拟演练系统的建设目标可以概括为：建设包括空间信息和非空间信息在内的三维地理信息资源数据库，以及各种事故灾害事件动力学模型库和人员行为模型库，训练各级决策与指挥人员、事故处置人员，发现应急处置过程中存在的问题，检验和评估应急预案的可操作性和实用性，提高应急能力。使安全生产经营单位能够运用现代化演练手段，加强协调能力和应急能力，使应急演练科学化、智能化、虚拟化。

安全生产应急模拟演练系统是基于信息同步的空间地理信息交换和共享平台，以应急调度管理为核心，通过对生产经营单位安全生产环境及各类事故灾害、人员行为高度仿真，支持应对各类应急事件的应急协同演练。

系统设计要求如下：

（1）建立高效可扩展的空间地理信息标准编码体系；以安全生产单位所在地区现有的地理信息数据为基础，整理生产经营单位所在地区地形图、正射影像图数据；建立以航空测量摄影为主要数据源的单位建筑厂房、生产装置（包括管道、设备）、供电线路、供水管网、道路、植被，以及配套安全、消防、医疗卫生等设施三维模型和场景；初步完成生产经营单位所在区域安全应急空间信息资源库建设。

（2）确定生产经营单位所在地区空间信息资源库中各类基础和专业地理信息的数据传输和数据更新机制，确定各类数据的来源和更新流程，建设生产经营单位应急三维空间信息服务平台，保证安全生产应急空间信息资源库和安全生产应急模拟演练系统的可持续利用。

（3）建立生产经营单位应急管理三维空间信息系统，为生产经营单位安全生产提供空间地理信息资源共享和决策支持服务，首先实现为应急调度管理提供三维空间地理信息服务，并重点体现可视化、可量测三维空间地理信息在安全生产应急管理中的作用。

（4）安全生产经营单位各相关业务部门按照系统标准编码体系的要求，为安全生产应急三维空间信息资源数据库提供各部门相关的空间地理信息数据。系统平台对收集上来的数据进行整理、采集和录入，全面扩展生产经营单位安全生产应急空间地理信息资源数据库，并逐步在工作中强化安全生产数据库的更新流程与机制。建设生产经营单位安全生产业务流程协同督办系统，为单位领导提供各种专题的应急决策支持服务，并实现生产经营单位各部门间的协同督办。

（5）推动安全生产经营单位安全生产管理三维空间信息系统建设，建设生产经营单位地址编码标准体系，开发生产经营单位地址编码系统，使更多的生产信息通过地址与地理信息建立关联。使得空间地理信息与生产经营单位信息化应用紧密结合，建立三维可视化、可量测的安全生产单位空间地理信息，实现对生产经营单位所在区域内空间对象三维仿真、可视化预案推演和分析管理。在互联网上建立生产经营单位应急空间信息服务平台，为政府安全生产管理职能部门提供三维空间地理信息服务。

8.4.2　系统设计原则

应急模拟演练系统建设过程中一般应满足以下六个原则。

1）平台化与组件化

安全生产应急模拟演练系统设计应坚持面向数据（以真实空间地理信息、事故灾害模型以及人员行为模型数据为核心）、面向业务（以安全生产应急业务为基础）、面向用户（以安全生产综合应急演练为根本），采用平台化、组件化的设计思想，实现统一的数据交换、统一的接口标准、统一的安全保障。

2）先进性与成熟性

信息技术尤其是软件技术发展迅速，新理念、新体系、新技术层出不穷，新的先进的技术与成熟的技术之间的矛盾将不可避免。而大规模、全局性的应用系统，其功能和性能要求具有综合性。因此，安全生产应急模拟演练系统在设计理念、技术体系、产品选用等方面要求先进性和成熟性的统一，以满足系统在较长的生命周期内能够持续地可维护和可扩展。

3）可靠性与稳定性

安全生产应急模拟演练系统作为安全生产经营单位应急仿真数据资源中心、应用中心，其重要性不言而喻，为保证系统持续、安全、有效地运行，自身必须具有较高的可靠性与稳定性。

4）标准化与规范化

统一安全生产应急标准和规范是安全生产应急管理的基本要求，是系统与系统之间信息交换，信息共享的前提。三维应急模拟演练系统建设必须遵照相关标准、规范，并符合安全生产相关管理办法的要求，符合国家及地方政府颁布的各种信息化和应急管理的规范要求。

5）可扩展性

为了满足生产经营单位安全生产应急管理工作不断发展的需要，安全生产应急模拟演练系统的规模也会由小到大、从简单到复杂。在系统设计时充分考虑生产经营单位未来三到五年的数据扩充、当增加新的业务功能需求时，系统要能够灵活扩展新的应用，而不需要改变原有技术架构和系统结构。因此，可扩展性是系统设计中需要重点考虑的因素。

从设备配置角度来看，安全生产应急模拟演练系统软硬件配置要具备可伸缩及动态平滑扩展能力，通过系统框架和相应服务单元的配置，适应生产经营单位生产业务发展变化，以获得良好的性价比。系统架构在开放的安全应用支撑体系结构之上，系统易于扩展，通过开发或购买相应的适配器接口，即可整合现有的业务系统、扩建新的系统、集成购买的第三方应用，使得系统具有良好的可扩展性。

从功能结构来看，在基于生产经营单位应急应用支撑体系结构之上，系统应易于进行功能扩展，为生产经营单位安全生产工作提供更多的服务，如预案推演服务、Web/Mail/Tel/SMS等多渠道联系服务；为应急工作人员提供更多的决策支持手段和功能。

6）易维护性

安全生产应急模拟演练系统作为面向安全生产应急模拟演练应用的平台，要求维护功能简便、快捷、人机界面友好，尽可能减少维护工作，降低维护的难度。

8.4.3　应急模拟演练系统的内容

安全生产应急模拟演练系统建设，贵在"平战结合"，遵循"资源整合、统一规划、统一规范和标准、分步实施"原则，以实现安全生产应急业务需求为目标，保证模拟演练系统建设具有体系性、实用性、开放性、可扩展性，以及技术上的先进性、成熟性、可靠性和安全性，安全生产单位需建设三维场景地图应急模拟演练系统与单位应急系统应实现无缝对接，覆盖从预测预警、先期处置、应急响应、应急结束到信息发布的所有环节，二者共享地理空间信息和各种案例库、预案库、知识库、资源库，从而使之在安全生产应急处置资源配置、人员培训、应急流程优化、应急预案建立与完善等方面发挥重要作用。

基于真实环境的人机交互实景联动三维场景地图应急演练，如果应急事件为非人为模拟的真实事件，则其应急处置过程就是应急实战。应急模拟演练系统对比如表 8-1 所示。

表 8-1　应急模拟演练系统对比

主要特色功能	模型联动虚拟场景模拟应急演练系统	模型联动三维场景地图应急演练系统	实景联动三维场景地图应急演练系统	实景联动三维场景地图应急实战系统
1. 地址编码库	与实景无关	与实景有关	与实景有关	与实景有关
2. 对正常生产活动的影响	无	无	有局部影响	有直接影响
3. 多层次多角色模拟演练	人机交互	人机交互	实景演练	实战应急
4. 多人协同	支持	支持	支持	支持
5. 多维度空间辅助决策	模拟	支持	支持	支持
6. 及时的应急预案启动	模拟	模拟	模拟	实战
7. 全方位全过程演练记录	支持	支持	支持	实战记录
8. 人员行为模型	支持	支持	支持	支持
9. 人员行为模型库	支持	支持	支持	支持
10. 生产现场三维场景地图	虚拟	支持	支持	支持
11. 实景联动	虚拟	模拟	视频监控	视频监控
12. 事件动力学模型库	支持	支持	支持	支持
13. 事件动态模型	支持	支持	支持	支持
14. 事件环境影响	虚拟	虚拟	真实信息	真实信息
15. 事件交互	人机交互	人机交互	实景实时	实景实时
16. 事件联动	模型支持	模型支持	信息反馈	信息反馈
17. 视频监控	虚拟	虚拟	支持	支持
18. 视频监控演练镜头	模拟	仿真	实时	实时

主要特色功能	模型联动虚拟场景模拟应急演练系统	模型联动三维场景地图应急演练系统	实景联动三维场景地图应急演练系统	实景联动三维场景地图应急实战系统
19. 演练人员参与广泛性	可普遍参与	可普遍参与	选择性参与	无选择参与
20. 演练应急事件针对性	多事件演练	多事件演练	一般较单一	实时事件
21. 一体化应急指挥调度	模拟	模拟	实时应急	实时应急
22. 应急案例库	支持	支持	支持	支持
23. 应急场景配置管理	支持	支持	实时实景	实时实景
24. 应急车辆库	支持	支持	支持	支持
25. 应急车辆调度	虚拟	虚拟	支持	支持
26. 应急车辆调度管理	模拟	模拟	实时应急	实时应急
27. 应急成本	低	低	较高	高
28. 应急处置	虚拟处置	虚拟处置	现场处置	现场处置
29. 应急道路交通管制	模拟	模拟	实时管制	实时管制
30. 应急管理	模拟	模拟	模拟	支持
31. 应急过程回放	支持	支持	不支持	不支持
32. 应急恢复	模拟	模拟	实景实施	实景实施
33. 应急模拟演练成效报告	模拟	模拟	支持	支持
34. 应急模拟演练综合评估	模拟	模拟	支持	支持
35. 应急人员库	支持	支持	支持	支持
36. 应急人员评估	模拟	模拟	支持	支持
37. 应急人员综合管理	模拟	模拟	支持	支持
38. 应急认知	直观感知	直观感知	现场感知	现场感知
39. 应急善后	模拟	模拟	实景实施	实景实施
40. 应急设备库	模拟	模拟	支持	支持
41. 应急实际投入	人力	人力	人、财、物	人、财、物
42. 应急事件	动态模型	动态模型	模拟事件	突发事件
43. 应急事件配置管理	模拟	模拟	实景事件	突发事件
44. 应急通信	虚拟	虚拟	支持	支持
45. 应急救护120	虚拟	虚拟	支持	支持
46. 应急救援122	虚拟	虚拟	支持	支持
47. 应急消防119	虚拟	虚拟	支持	支持
48. 应急报警110	虚拟	虚拟	支持	支持
49. 应急物资库	支持	支持	支持	支持
50. 应急物资维护管理	虚拟	模拟	支持	支持
51. 应急系统性	历史回放	历史回放	事件回放	历史回放
52. 应急演练成效	高	较高	高	验证检验
53. 应急演练重复一致性	支持	支持	典型事件	特例事件

续表

主要特色功能	模型联动虚拟场景模拟应急演练系统	模型联动三维场景地图应急演练系统	实景联动三维场景地图应急演练系统	实景联动三维场景地图应急实战系统
54. 应急预案精细化管理	支持	支持	支持	支持
55. 应急预案库	支持	支持	支持	支持
56. 应急知识库	支持	支持	支持	支持
57. 应急装备管理更新	虚拟	模拟	支持	支持
58. 应急装备模拟使用	模拟	模拟	实际操作	实际操作
59. 应急装备与物资配置	虚拟	真实信息	真实信息	真实信息
60. 应急装备与物资消耗	虚拟	虚拟	真实信息	真实信息
61. 应急资源空间管理	模拟	模拟	支持	支持
62. 预案推演	支持	支持	支持	支持
63. 事故原因分析	模拟	模拟	模拟	实战

1）模拟演练系统的演练程序

虚拟场景模拟演练和模型联动三维场景地图模拟演练是以计算机系统为基础进行操作，完全模拟突发事故应急处置及响应过程。演练过程产生的数据不影响平台的实际运行，模拟演练报告将保存到文档库中。其应急模拟演练的程序如下：

（1）通知单位模拟演练人员参加应急模拟演练；

（2）启动应急模拟演练平台及网络系统；

（3）所有参加演练人员按照各自的角色分工登录模拟演练系统，进入模拟场景中；

（4）事故模拟负责人输入突发事故模型参数条件设定情景事件，模拟虚拟场景下事故灾害的发生与发展过程；

（5）事故现场人员发现灾情，报警；

（6）应急指挥中心值守人员接警，判断警情级别；

（7）根据应急响应等级，成立应急领导小组，同时向上级安全生产应急管理部门上报警情；

（8）模拟应急预案启动，制定应急处置方案；

（9）应急方案评估与决策；

（10）模拟应急处置过程；

（11）模拟视频监控联动；

（12）模拟应急物资调配与应急物品使用；

（13）人机交互模拟救援物资使用及善后；

179

（14）应急处置结束，恢复现场；

（15）应急评估总结；

（16）事故原因分析；

（17）结束应急模拟演练；

（18）参演人员退出系统。

实景联动三维场景地图应急模拟演练是结合实际场景，在现实环境中设置情景事件及应急处置操作，通过三维场景视频监控系统显示演练现场、指挥和控制整个模拟演练过程。演练过程产生的数据将影响平台的实际运行，模拟演练报告将保存到文档库中。其模拟演练程序如下：

（1）通知单位模拟演练人员参加应急事件现场模拟演练；

（2）启动应急模拟演练平台及网络系统；

（3）所有参加模拟演练的人员携带卫星定位及通信装置；

（4）应急模拟演练平台接入所有参加演练人员位置信息，并在三维场景地图中显示人员分布情况及联系方式；

（5）应急模拟演练平台接入所有视频监控信号，并在三维场景地图中显示视频监控类型及分布情况；

（6）模拟演练相关人员设置情景事件；

（7）事故现场人员发现灾情，报警；

（8）应急指挥中心应急值守人员接警，在三维场景地图中通过视频监控查看事故情况，判断警情级别；

（9）根据应急响应等级，紧急成立应急领导小组，同时向上级安全生产应急管理部门上报警情；

（10）启动应急预案，制定救援方案；

（11）方案评估与决策；

（12）实施应急救援处置；

（13）视频监控联动记录事故应急处置过程；

（14）应急救援结束，恢复现场；

（15）应急评估总结；

（16）事故原因分析；

（17）结束应急模拟演练。

2）模拟演练系统的相互关系

各种网络版应急演练平台，主要包括虚拟场景模拟应急演练系统、模型联动三维场景地图应急演练系统、实景联动三维场景地图应急演练系统、实景联动三维场景地图应急实战系统。前三种系统演练过程产生的数据不影响平台的实际运行，实战过程产生的数据直接影响平台的实际运行。按从泛化到具体、从典型到现实、从示范到应用、由低级到高级递进排序依次为虚拟场景模拟应急演练系统、模型联动三维场景地图应急演练系统、实景联动三维场景地图应急演练系统、实景联动三维场景地图应急实战系统。应急模拟演练系统之间的递进关系如图 8-3 所示。

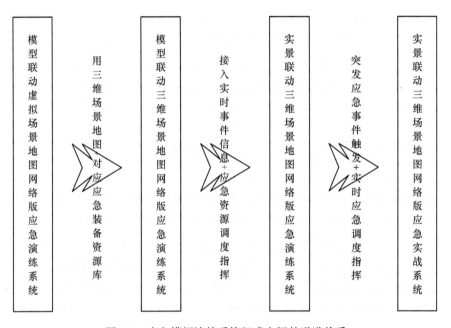

图 8-3 应急模拟演练系统组成之间的递进关系

9 安全生产应急演练案例

本书前面各章已经阐明安全生产应急演练的内容和实施程序，即生产经营单位或政府部门根据演练说明书和应急救援预案，结合本单位实际情况进行实施。但是，生产经营单位安全生产的差异性和实际情况的复杂性决定各单位应急演练具有多样性和灵活性。安全生产应急演练到底要如何落实呢？本章结合相关应急演练案例，对演练操作过程进行详细分析，促进读者对应急演练的了解与应用。

9.1　综合演练案例

以 2010 年 4 月"广石化苯乙烯装置模拟火灾事故综合演练"为例，依据本书对安全生产应急演练内容的介绍，给出案例应急演练详细操作过程，本章针对案例情况，从应急演练准备、演练组织实施、演练评估和总结四个方面对其进行详细说明，为广大生产经营单位安全生产应急演练的实施提供借鉴。

为响应国家对强化危化品安全生产工作的号召及本次会议的需要，中国石油化工股份有限公司广州分公司联合广州市政府相关部门于 4 月 1 日下午举行了"广石化苯乙烯装置模拟火灾事故综合演练"。本次演练主要是检验并完善各级、各部门相关的安全生产应急预案；磨合应急机制，规范生产安全事故应急处置流程，强化各级政府之间、政府与生产经营单位、生产经营单位与救援队伍、生产经营单位内部不同部门和人员之间的协调配合；锻炼应急队伍，充分展示各级应急机构的指挥决策水平和组织协调能力；展示应急救援装备建设成果，检验并提高相关各级应急装备和物资的储备、管理和实际运用的水平。

下面将从演练准备、演练组织实施、演练评估和总结等方面对这次演练全过程进行分析介绍。

9.1.1　演练准备阶段

演练准备是指为保障演练顺利实施而进行的一系列前期工作，包括应急演练策划、演练准备各项工作步骤安排、相关说明文件编写、人员和物资的储备与分配、安全保障措施的制定、突发意外情况应对措施等。

1. 演练目的和意义

利用全国安全生产现场会危险化学品应急救援演练在广州石化举行的契机，配合广东省和广州市政府做好现场演练和人员疏散工作，进一步增强生产经营单位应对化工生产突发事故的快速反应能力、应急处置能力和协调作战能力，提高广州石化应急救援水平，评估广州石化应急准备状态，发现并及时修改应急预案、执行程序中的缺陷和不足，进一步提高应急响应人员的业务素质和能力，提高全员安全意识。

2. 演练说明文件编写

在演练准备阶段，演练举办单位需要安排专门人员根据演练要求及注意事项编写相应的说明文件，主要有演练策划方案说明书、演练应急保障工作方案、演练脚本三个方面。其中演练策划方案说明书包括演练情景说明书、演练计划说明书、演练情景事件清单、演练控制指南、演练评估指南，演练人员手册、演练通讯录等文件内容。

3. 演练区域风险分析

本次演练区域苯乙烯装置的西面是循环水装置，正北面是聚苯乙烯装置，东北面是聚丙烯和聚乙烯装置，东面是裂解、加氢和丁二烯装置，南面是广州石化建设安装公司下属的机修厂房。演练期间，苯乙烯装置按照股份公司批复的停工方案进行，其他装置正常生产。现有 20 万吨/年聚乙烯、10 万吨/年聚丙烯、8 万吨/年苯乙烯、5 万吨/年聚苯乙烯等，危险化学品主要有：乙烯、丙烯、苯乙烯、乙苯、丙烷、丁烷、丁烯、氢氧化钠、氢气、三乙基铝、硫酸等。

演练当日将有约 210 辆车，近 3000 名领导嘉宾和参演人员进入化工区，演练现场正南面搭建能容纳 700 人的嘉宾观摩台。演练过程将使用烟火药，将有 1 架直升机降落运送伤员，1 架直升机低空航拍。

通过分析现场周边情况，应急演练现场主要存在以下安全风险：

（1）苯乙烯装置罐区现有 11 台储罐，总容积约 3000 立方米，储存主要为苯系物的液体氢化物。可能因演练过程中烟火药引起爆燃。

（2）聚乙烯装置存在工艺监测用放射源和易燃介质泄漏隐患。

（3）演练期间，负责航拍的飞机低空绕场飞行，飞行高度对裂解炉的操作可能造成影响。

（4）循环水装置使用的氯气存在泄漏的可能。

（5）演练现场可能有雷雨等不利天气。

（6）嘉宾观摩台临时搭建，存在触电、倒塌倾覆的危险因素，人员过多造成踩踏、坠落等危险事故。

（7）演练期间飞机的低空飞行，巨大的气流带动地面的碎片和沙土可能会对参演人员和装置设备产生一定的影响。

上述风险，都有可能导致演练现场秩序混乱，造成演练失败，严重的会危及检阅领导和参演人员的人身安全，必须制订切实有效的安全保障方案和应急响应程序，确保演练安全顺利实施。

4. 演练部门分工及人员安排

参加演练单位有生产调度部、机械动力部、安全环保部、行政保卫部、检验中心、消防支队、化工二部、广州石化建安安装公司、广州亿仁医院等。

（1）综合协调组。由分公司办公室、宣传部工会团委、安全环保部和消防支队等单位组成，分公司办公室主任王××任组长，协调事故现场救援工作。

（2）警戒疏散组。由行政保卫部张××任组长，负责划定现场的警戒区并组织警戒，维护现场治安和交通秩序；实行道路交通管制；负责疏散危险区域内的无关人员。

（3）救援排险组。由消防支队和广石化建安安装公司组成，消防支队副队长黄××任组长，对现场泄漏点进行控制和堵漏。

（4）医疗救护组。由广州亿仁医院院长助理武××任组长，负责组成现场临时救治中心，对现场人员实行救护。

（5）宣传报道组。由宣传部部长刘××任组长，负责媒体人员的接待，对群众及时传递应急信息，负责消息发布。

（6）生产应急组。由生产调度部、仪控中心、检验中心、化工二部、化工一部、公用工程部等单位组成，生产调度部部长杨××任组长，负责协调化工区各装置紧急停车安排处理。

（7）后勤保障组。由物资供应中心、机械动力部、广石物流有限公司等单位组成，物资供应中心经理陈××任组长，负责物资、车辆的调度分配和供应。

（8）后期处理组。由生产调度部、仪控中心、检验中心、化工二部、公用工程部等单位组成，安全环保部部长王××任组长，负责环境监测，消除污染隐患。

5. 安全保障措施

加强演练活动全过程安全管理,重点保障与会代表和参演人员的人身安全、装置安全和交通安全,严格落实安全管理措施。

(1)交通安全保障。交通保障措施主要在于落实演练机动车行驶路线,领导车辆行驶路线,嘉宾车辆行驶路线,工作车辆及广石化接待车、生产值班车、应急救援车辆行驶路线,车辆按位置要求停放,禁止职工等私家车在化工区门口和厂内停放,演练结束后车辆出厂路线和顺序安排,厂外交通等方面措施。演练期间,由广州市交警全面负责会议代表转场过程的车辆引导和交通要道的管制,确保会议车辆队形整齐,通行顺畅。动用会议车辆前,必须提前做好车辆的检测保养,消除事故隐患。

(2)警卫保障。主席台左右各设置3名固定哨警卫人员,厂区主要干道设置6名流动哨警卫人员,开通专用警卫通信联络频道保持通信畅通,防止无关人员进入现场。

(3)物资保障。主要包括物资配备、抢险队伍出勤情况、救援装备、信号规定等方面做出严格要求,以减少由于外在物资的缺陷或不足而造成人员伤亡情况出现。

(4)现场安全。演练期间,苯乙烯装置均应处于停产状态,装置内无存留危险爆炸物质;烟火、爆炸情景设置需经过安全距离测算,严格控制爆炸当量,残留物对环境不构成危害;主席台搭建应符合安全标准,并通过相应的承重试验;高空作业人员需配备安全防护装具并采取相应安全措施。

6. 意外紧急情况处置

根据工艺规程、操作规程的技术要求,针对不同的事故类别确定采取的紧急处理措施。因当日各部门主要负责人在演练现场,为确保演练顺利进行,发生紧急事故时按照不同级别程序分别通知各部门安全生产负责人。

按照演练实施方案,演练当天苯乙烯装置区提前做好停工安排,如其他作业部发生停水、停电、停蒸汽、工业风等事故时,按广石化企业内部各种事故状态下的生产作业应急处置方案处理。其中,主要对火灾事故处理、泄漏事故处理、其他紧急情况等相应措施作出详细安排。具体如表9-1所示。

表 9-1 演练现场应急处置措施对照表

类别	防范措施	应急处置
苯乙烯罐区火灾	按停工方案停工退料	演练消防车现场处置
循环水氯气泄漏	演练开始前 4 小时暂停循环水系统的加氯操作；通过工业电视对氯瓶间及周边情况进行监控	按紧急撤离路线撤离
其他生产事故	各作业部根据相应预案确定人员保障；建安公司配备气焊、堵漏木及其他抢险维修设施	启动相应预案；4 辆消防车在厂区外待命从东门进入
雷雨天气	雨棚检查；现场配制雨伞雨衣	引导至化工食堂和车内避雨
观演台结构失效	观摩台承重和稳定性检验	按专项方案迅速处置
观演台火灾	手提式干粉灭火器	按紧急撤离方案撤离
演练现场停电	加强监控	动力事业部安保方案
紧急医疗救护	亿仁医院在现场安排救护车	视现场情况救护
紧急撤离	疏散路线图标识；专人进行疏散引导	按紧急撤离路线有序撤离

9.1.2 演练组织实施阶段

1. 演练情景设置

2010 年 4 月 1 日广州石化苯乙烯装置中控室 DCS 氧含量报警仪出现报警，化工二部启动作业部级处理预案，立即将系统由负压切换成正压。现场操作人员发现换热器 TT-229 封头喷火，2 名检修人员烧伤后迅速上报，生产调度启动了广州石化分公司级事故处理预案并向广州市 119 报警。火势继续加大，2 名操作人员被困，油水分离罐（MS-202）发生爆炸，广州市启动市安全生产三级应急响应。污水池着火，污水井多次发生闪爆，启动疏散安置响应，苯乙烯装置周边 800 米范围和下风方向群众疏散。苯/甲苯罐 MT-609 闪爆，3 人受伤，启动广东省级事故处理预案。MT-608 罐闪爆，罐区发生连环爆炸，专家研究制定抢险方案，组织现场所有抢险力量发动总攻，直升飞机实施空中救援，全力灭火。在各方力量共同努力下，大火很快被扑灭，专家堵漏队伍对重要设备实施带压堵漏，成功控制堵漏点，演练结束。

2. 演练实施程序

演练实施是从演练人员进入到出发位置，省领导下达演练开始指令开始，到广石化总裁讲话、演练结束为止这段过程中的行动。演练实施行动依据演练方案说明书，根据现场指挥人员的指挥，按照演练情景事故发生的一般顺序进行。图 9-1 所示为情景事件及演练过程的大致程序。

图 9-1　演练情景事故情况

演练实施基本程序是按照情景事件的内在发展规律，将演练进程中的每一项行动及其实施时间相对应，组成一整套由时间和对应行动构成的完整系统过程。具体内容参见表 4-4 广石化应急演练基本程序。

3. 演练主要内容

应急演练科目如下。

（1）厂内抢险演练：接事故报告、报警、工艺处置、消防抢险、人员救护。

（2）厂外区域救援演练：接警报警、灭火洗消、交通管控、警戒保卫、疏散安置、医疗救护、环境监测、防火防爆、气象、通信、电力、供水保障、公众教育、新闻发布、应急恢复等。

（3）周围 1500 米范围内的企业（单位）、居民、公众实施紧急疏散演练。

（4）各级政府之间、政府与企业、企业与救援队伍、企业内部不同部门和人员之间的应急联动演练。

（5）应急指挥决策演练。

根据上述演练科目，各演练内容由相关部门和个人分工负责、相互合作、协调完成。演练具体内容如表 9-2 所示。

表 9-2 演练实施主要内容

操作/指挥单位、人员		应急主要内容
广东省省领导		在观摩台宣布演练开始
事故发生单位	主操陈××	向班长报告脱氢尾气氧含量连续高报
	班长孟××	接到报告，班长指挥主操陈××将系统切换成微正压操作，安排外操叶××跑到现场检查
	外操叶××	发现 TT-229 喷出火焰，两名检修人员在反应器平台上烧伤，并用对讲机向班长报告现场情况
	班长孟××	拨打公司消防支队电话报警，向公司生产调度中心报告
	内操闫××	向化工二部领导报告
	外操曾××	到路口接应消防队
	主操陈××	快速按停车按钮 HS-2191/HS-2191
	外操叶××、刘××	跑到现场关闭乙苯进料阀、关闭蒸汽阀、手动停 PC-271 压缩机
	外操曾××	启用现场固定消防炮灭火
消防支队		厂消防队值班领导詹××向杨副总经理、市消防局报告
		消防支队到达现场（路线事先制定），作业部人员介绍苯乙烯脱氢单元着火的情况，消防队员根据现场情况确定方案，成立临时指挥部（注意风向），以到达现场职务最大为指挥官，立即展开扑救及降温、气体防护等工作
		用担架将受伤人员撤离到安全地带，进行抢救
		将灭火、气体防护实施情况向总指挥汇报
		完成应急指挥中心交代的其他工作
生产调度部		生产调度接报后，调度值班长方××电话向杨副总经理报告，经同意后启动公司 A 级火灾爆炸应急预案
		以电话通知 A 级预案启动应急指挥中心人员（各参演部门和单位等）立即到位
		通知保卫部启动厂内交通管制预案，对事故区域进行管制
		安排车辆运送应急物资和采样监测
		通知门岗配合应急物资进厂
		到达现场后，承担现场临时指挥任务，进行应急处理
		公司领导到达后，向公司领导报告总体应急情况，移交指挥权
		调动中心及时了解各指令执行情况，及时将处理情况向现场总指挥进行汇报
		接到现场指挥部结束演练指令后，通知各单位演练结束，恢复生产
保卫部		派治安保卫人员到达现场，对事故区域进行管制
		指引各演练单位车辆停放到指定地点
		启动厂区各大门管制预案，保证应急物质入厂
		将无关人员清理出现场，严禁无证人员进厂
		对未经许可进入现场的新闻媒体以无正确着装和保障人身安全为由进行劝退
		及时将管制执行情况向总指挥报告
		完成应急指挥中心其他交代的工作

操作/指挥单位、人员	应急主要内容
前沿指挥部	公司领导到达现场，临时指挥部介绍现场情况，已开展的应急内容，并移交指挥权，成立现场指挥部
	公司应急指挥部相关室人员到达现场，向指挥部报到、签到，立即按预案职责开展应急工作
	各专业组及时将各职责范围内应急情况向前沿指挥部报告
	前沿指挥部对各单位的汇报情况进行决策，下达操作指令
	各单位清点人员向总指挥报告
安全环保部	联系华穗公司组织抢险队伍及物资进行支援，进行消防污水回收
	通知检验中心总调派员到事故现场，用便携式检测仪对事故区域大气气体进行动态监测（乙苯、可燃气体），根据风向指导警戒队伍调整警戒区域
	通知检验中心总调对北排洪沟进行监测（乙苯、COD），要求采集污水水样
	向前沿指挥报告大气、水监测情况
	根据事故情况及时跟地方安监、环保部门进行沟通
	向前沿指挥部报告北排洪水消防废水回收情况
	完成应急指挥中心其他交代的工作
机械动力部	检维修队伍到达现场向机动部报到，并在指定地点待命
	向前沿指挥报告设备损坏情况和检修队到达情况
	完成应急指挥中心其他交代的工作
公用工程部	派专人监护消防柴油泵的运行情况
	防止消防污水排出厂外
	安排化工区污水装置随时注意来水变化
	完成应急指挥中心其他交代的工作
检验中心	应急监测人员（注意带好个人防护用品）到达事故现场，对事故周边大气环境进行监测
	应急监测人员（注意带好个人防护用品）到达北排洪沟现场，对水质进行采样监测
	将监测结果报安全环保部
	完成应急指挥中心其他交代的工作
亿仁医院	接通知后到事故现场进行伤员抢救，向前沿指挥部报告急救情况
	完成应急指挥中心其他交代的工作
分公司办公室	根据事故情况请示前沿指挥部是否对接受媒体采访，审查采访内容
	完成应急指挥中心其他交代的工作
宣传部	在各大门口设立接待区，指引媒体到达临时接待区，安排人员接待
	向前沿指挥部报告到场新闻媒体及厂外接待情况
	及时将各媒体反应情况报告前沿指挥部
	对现场各应急处理点情况进行拍摄，编辑拍摄资料，组织做好对外媒体报道准备工作
	完成应急指挥中心其他交代的工作

操作/指挥单位、人员	应急主要内容
物供中心	调配后续现场抢险物资供应
	向前沿指挥部报告物资到位情况
	完成应急指挥中心其他交代的工作
广州石化建安公司	到达现场向机动部报到，根据指令完成各项抢险任务，注意抢险车辆不要堵塞应急通道
	向机动部汇报各项抢险任务完成情况
	完成应急指挥中心其他交代的工作
广石物流公司	到达现场向前沿指挥部报到，安排应急车辆
参加演练单位代表	演练结束讲评，地点：现场指挥部（仪控中心二楼会议室），现场总指挥主持
	演练结束后，冯总和杨总参加演练指挥部和有关专家对演练活动的点评，广州石化内部各参演队伍的演练活动本演练结束后择机点评

4. 演练行动过程

演练行动实施全过程完成了演练策划的各个科目和内容，由参演单位和个人分工协调、合作进行，良好地展示了应急演练各项功能。演练行动过程见附录二附件1。

9.1.3 演练评估与总结

1. 演练专家组评估意见

根据《突发事件应对法》、《安全生产法》和广东省、广州市危险化学品事故救援预案等法规、预案的要求，2010年4月1日在广州举行了广东省安全生产应急管理综合试点现场会暨全国安全生产应急管理工作会议，在国务院安全生产委员会、广东省、广州市人民政府及有关部门的领导下，在中国石化广州分公司的大力支持下，由广州市安全生产监督管理局具体组织实施了"广石化苯乙烯装置模拟火灾事故综合演练"。

演练指挥部成立了专家评估组，专家评估组在演练指挥部、演练现场、疏散集结点及安置点等现场对演练的组织指挥、预警与通信、应急响应、抢险救援、应急保障、疏散安置、现场处置、公众引导、现场恢复、协调配合等方面进行了认真细致的观摩、考察和评估，并对演练组织、准备、实施的全过程进行了调研，经充分讨论，形成评估意见如下：

(1) 本次演练体现了以人为本、科学施训的理念，贯彻实施了统一领导、综合协调、分级负责、属地管理为主的应急处置原则，演练规模大、科目多、规格高、联动层次和部门多，参演单位和人员广泛，内容丰富，场景逼真，演练难度大，科技含量及组织动员力度较以往有新突破，贴近实战，为 2010 广州亚运安保工作提供了思想准备、机制准备和工作准备，对促进全国安全生产应急管理工作具有重要意义。

(2) 本次演练指导思想明确，组织工作严密，准备工作充分，程序设置合理，安全保障可靠，过程公开透明。通过演练检验了各级应急预案的实用性和可操作性；检查了各有关部门和单位应急物资、装备、技术的准备情况，并锻炼了队伍；磨合了机制，特别是强化了省、市、区、街道各级政府及其部门之间，政府与企业之间的协调联动；增强了各级指挥人员处置重大事故的能力，圆满完成了预定的各项任务。

(3) 本次演练总体思想清晰，演练方案合理，情景设置准确，实施程序规范。突出表现在：①演练过程中决策指挥得当，预警及时准确，应急响应迅速，省、市、区、街道四级联动，相关部门协调，企业社区配合良好；②企业反应迅速，政府救援有效，现场处置科学，应急保障有力，公众组织有序，疏散安置妥善。参演队伍及人员训练有素，纪律严明，作风顽强；③及时采用定区域、定人群短信群发等方法组织动员群众，省、市人民政府及时召开新闻发布会，对正确引导舆论、稳定人心发挥了重要作用；④演练以现有生产装置为背景，对泄漏、火灾、爆炸和有害物质扩散等进行了事故现场模拟；演练采用先进的技术装备和信息化手段，并调用了直升机执行伤员救护和空中监测任务等；演练科技含量高，观摩性强；⑤演练过程组织严密，确保了参演人员的安全和演练地区的安全稳定。

专家组通过对演练全过程行动情况进行了解和评估，根据以上评估意见，形成演练情况评估表如表 9-3 所示。

(4) 专家组一致认为：本次演练取得圆满成功，具有实战性和创新性，评估等级为优秀。同时，提出如下建议：①认真总结本次演练的成功经验和不足，进一步修订完善各级应急预案。②进一步加强各层次、各方面的协调配合，加强演练及实战中指挥指令的执行力度，真正形成高效统一、协调联动的应急机制。③进一步做好应急物资的准备，提高应急救援装备水平、应急救援人员的防护水平和现场监测监控水平。④进一步加强应急救援培训和宣传教育，提高各级人员应对突发事件的能力。

表 9-3 广石化苯乙烯装置模拟火灾综合演练评估表

评估组别	（地点）广石化公司明珠宾馆会议室		
评估人	相关专家组成员	时间	2010.4.1
综合评估等级	优秀		
	评估单项	评估项目	评估等级 （优、良、中、差）
评估内容	演习组织	演习方案（合理性、必要性、可实施性）	优
		演习准备情况（动员、培训、评审、组织、专家参与）	优
		演习实施（报告、指挥、控制、协调、配合等情况）	优
		公众组织动员、社会稳定	优
		安全保证情况（现场事故模拟、参演人员安全保护）	优
	协调联动	各部门之间的联动	优
		省、市、区、街道之间联动	良
	舆论引导	与群众沟通（及时、有效）	优
		新闻发布（及时、公开、有效）	优
	人员状况	指挥人员（到位、熟悉方案、救援能力、精神面貌）	优
		救援队伍（到位、熟悉方案、救援能力、精神面貌）	优
		企业职工（到位、熟悉方案、操作技能、精神面貌）	优
		居民（到位、熟悉方案、精神面貌）	良
	硬件设施运行	模拟装置运行情况	优
		应急救援设备配套情况	优
		应急救援设备的功能能否满足要求	优
		实际操作时的技术状况及其效果	优
		通讯信息设备运行情况	优

2. 演练总结意见

这次苯乙烯火灾事故应急救援演练及应急队伍展示在广州石化化工区成功举行，取得了巨大成效。本次演练参加队伍多，规模空前，加上筹备时间紧，任务十分繁重，但是，广州石化以我为主，克服重重困难，周密组织，顽强拼搏，尤其在确定4月1日为演练时间后，仅仅在一个月时间内，克服了许多不确定的因素，积极配合广东省、广州市政府高标准、成功地完成了此次演练工作。本次演练被专家组评为优秀。为了总结经验教训，现将有关工作总结（详细演练总结内容见附录二附件2）如下：

1）领导高度重视，各部门紧密配合，严格认真地做好演练的各项筹备工作

正是由于中石化集团、广石化分公司和省、市相关领导的重视和各部门人员

的大力配合，才促使了本次演练活动的顺利开展和圆满成功。

2）克服困难，顽强拼搏，高效优质地完成上级领导安排的各项任务

广州石化作为演练的主要协助单位，承担了大量艰巨的任务：一是在化工区苯乙烯装置模拟火灾爆炸发生重特大事故并按照广州分公司的 A 级预案启动程序和相关响应；二是配合做好发生重特大事故时与中国石化集团公司、地方政府预案启动程序和相关响应；三是建设演练场地，配合广东省进行应急救援设备和煤矿坑道救援展示；四是配合广东省、广州市做好模拟模型和嘉宾观摩台的建设。

3）演练成功的启示

此次演练是广州石化协办的最大规模、层次最高的危险化学品应急演练，检验并完善了公司救援预案方案，提升了应急处置能力和应急管理水平，为以后举办其他综合演练提供了宝贵经验，其主要启示有：

（1）领导重视是演练成功的前提；

（2）协调到位是演练成功的保障；

（3）通讯通畅是演练成功的关键；

（4）合理使用经警和志愿者维持了演练的秩序。

4）演练中存在的问题及改进措施

这次演练虽然取得了圆满成功，但在组织工作中也暴露出了一些薄弱环节，主要表现如下：

（1）演练脚本定稿晚，导致参演单位有所不适；

（2）演练场地的选择存在安全风险。

（3）物资筹备过程中出现部分协调不畅。

（4）部分应急预案的编制还不能切合实际，不够完善。

为此，将采取四条措施加以改进：一是认真总结经验和不足，进一步修订完善预案。二是进一步加强各层次、各方面的协同配合。三是进一步做好应急物资准备。四是进一步加强应急救援培训和宣传教育。

9.2　模拟演练案例

9.2.1　地铁应急推演仿真系统

地铁是现代特大城市首选的大容量快速交通工具，其系统的完善和密集程度集中反映了所在城市的经济能力和现代化水平。由于地铁深埋地下、环境封闭、

结构复杂、人员密集且流动性大，其通风排烟和人员疏散受到很大制约，一旦发生事故或突发事件，就会造成人员伤亡和巨大的经济损失，对社会政治、经济持续稳定发展产生巨大影响。因此，有必要对地铁站点进行突发事件人员疏散的应急综合分析与评估，利用科技手段采用三维场景地图开展应急模拟演练，对地铁站场内突发事件应急处置与人员疏散进行仿真模拟，通过计算不同人群密度情况下的人员疏散时间，提出有效可行的应急疏散方案，以便突发事件发生时切实保障人民群众人身安全及财产安全，全面提高地铁站场应对突发事件的综合保障能力。

1. 地铁应急演练系统功能

（1）安防设施属性查询。点击任意一个安防设施，系统自动将设施局部放大，三维场景地图中可以清楚查看设施周边的情况，被选中的安防设施高亮显示，同时弹出属性框，列明设施的性能、工作原理和使用方法，如图 9-2 所示。

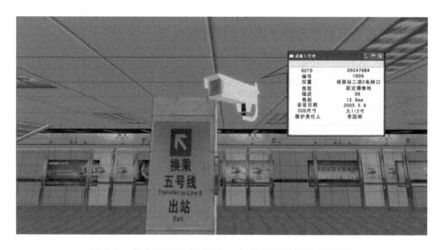

图 9-2　点击视频监控设施，高亮显示并弹出属性框

（2）应急队伍分布查询。采用专题图层展示各专业应急处置力量队伍的分布情况，点击相应的专业队伍可以查看到其人、事、物三个方面的详细信息。

（3）应急专家分布查询。采用专题图层展示各类应急处置专家分布情况，在地图上用不同图标区分专家类别，并在地图上定位，发生不同类型应急事件，立即调派相关领域应急处置专家到位。

（4）安保力量分布查询。采用专题图层展示地铁站内各类安保力量分布情况，按照日期、班次和岗位显示当班安保人员的个人信息和通信工具，将安保人员本周值班表用 Excel 表格导入系统中，系统每天自动显示各地铁站内执勤人员信息列表。在发生事故时，指挥中心可以直接呼叫当班人员，了解第一线情况。

（5）最佳逃生办法及最短逃生路径查询。空间仿真子系统中明确标出消防通道和安全门的位置，点击逃生指示牌，系统可自动显示当前位置最佳逃生路径，如图 9-3 所示。

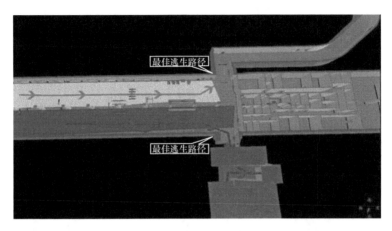

图 9-3　逃生通道与最佳逃生路径指示

（6）应急物资分布信息。采用专题图层展示各类应急救援物资分布情况。在地图上用不同图标区别应急救援物资类别，并在地图上定位。根据实际需要，输入查询条件获得想要的物资情况。点击相应的物资可以获得详细的物资信息，包括物资储备、物资库存、物资产地、生产厂家等，如图 9-4 至图 9-6 所示。

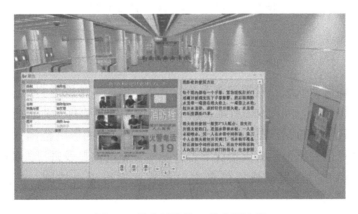

图 9-4　单击消防栓，弹出属性框

图 9-5 单击防毒面具，弹出属性框

图 9-6 单击干粉灭火器，弹出属性框

2. ××地铁火灾应急模拟演练

根据上述对地铁应急模拟演练系统的介绍，以××地铁为例，进行火灾事故应急模拟演练分析，如图 9-7 所示。模拟演练设定情景事件为地铁进站口处发生火灾，模拟现场消防设施的范围和属性以及火灾造成的影响范围（图 9-8），然后通过系统点击控制显示火灾情况下各种安防设施的信息及进行人员疏散的最佳逃生路径（图 9-9），根据设施信息定位设施并进行灭火控制，模拟演练结束（图 9-10）。

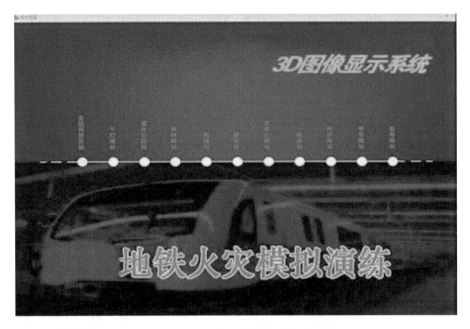

图 9-7 ××地铁火灾模拟演练界面图

图 9-8 火灾发生及设施搜索

3. 地铁站场人群疏散模拟演练

针对××市地铁站场现状及其火灾模拟演练情况，选取一个重要地铁站场及其典型火灾场景，利用已建成的仿真系统和火灾事故动力学模型，计算烟气蔓延过程，提供烟气扩散的快速预测方法和可用安全疏散时间的计算模型，地铁站场人群疏散仿真模型如图 9-11 所示。

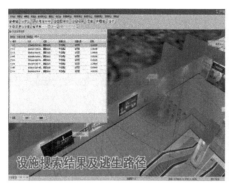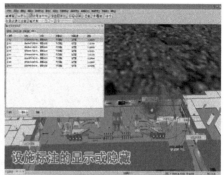

图 9-9　设施结果信息及疏散路径

图 9-10　演练模拟设施灭火控制

图 9-11　地铁人群疏散仿真

设计 2~3 种人群疏散方案，计算仿真人群的疏散过程，比较不同方案下所需安全疏散时间，及地铁通道拥堵状况、疏散效率等。通过比较不同方案下的可用安全疏散时间和所需安全疏散时间，对人群是否能够安全疏散进行评估。

地铁站场疏散能力验证分析。基于最大乘客数量和多种疏散方案的测试分析，通过数值模拟方法，对地铁站的疏散通道的设计进行验证分析，提供影响疏散安全的关键部位，同时给出控制人流、改善通道设计形式等建议，为防止突发事件发生时出现人群拥挤混乱的局面。

从保障乘客生命安全的角度，提出人群应急疏散的优化方案。地铁站场作为地下大空间封闭建筑，发生火灾时烟气在扩散过程中将卷吸大量的空气，对乘客的生命造成威胁。除起火点外，其他部位烟气温度一般不会很高，对人员安全疏散造成主要影响的应是烟气中的有毒成分（主要是CO）和烟气的遮光性，因此采用以下人员疏散性能指标：

（1）距地面1.8m高度处烟气温度不超过60℃；

（2）烟气中的CO浓度不超过2500ppm（1ppm＝10^{-6}）；

（3）距地面1.8m高度处烟气能见度不小于10m。

因此必须针对不同的火灾场景，比较不同的疏散方案的优劣，提出地铁站场人群应急疏散的优化方案。

1）地铁站人群疏散预案策划

（1）制定人群疏散策略。确定必要的疏散分析场景、疏散人群规模、疏散范围、确定疏散工作先后顺序、疏散到达的安全区域、疏散过程中需要达到的指标等。

（2）分析人群疏散路径。分析疏散通道的可用性，疏散路径上的通道构成（如楼梯、坡道、门道、走廊等），确定可能导致人员聚集的关键部位，疏散分布图如图9-12所示，分析疏散过程中通道情况的变化以及人员实际选择不同疏散

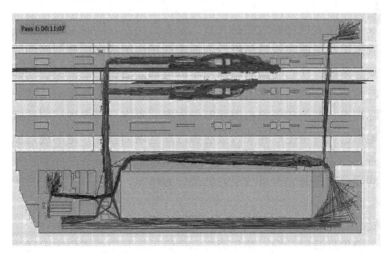

图 9-12　地铁乘客疏散行动路径及密度分布图

路径的差异性。

（3）确定疏散人群规模。确定疏散范围内最大可能容纳人数，模拟演练在应急情况下人群规模最大时的疏散过程。鉴于人员流动性特点，可能出现局部空间在某一瞬间大量人员聚集的情况，因此需要根据实际设计方案，对场景内的最大可能疏散人数进行评估，选出充分考虑各种可能发生的极端状况、有代表性的典型人群疏散场景。其中人员密度确定，应以国内可提供数据为主，在目前缺乏此方面数据的情况下，可参考当前国际上权威机构提出的通用数据。

（4）分析人员的类型和组成。分析疏散人员的类型、人员自身条件和当前状态、人员密集场所中人员之间以及人群之间的关系及其相互作用；分析人员对建筑疏散通道的熟悉程度、人员的可能分布情况。

（5）选择疏散分析方法和工具。根据地铁建设施工方案与建筑结构，如单层或多层，疏散通道构成形式，结构复杂程度和需要处理的工作量等，结合疏散模型自身的特点，选取适合的疏散分析方法或模型，同时考虑疏散人员的分布和组成情况，以及分析结果后处理的效率。

（6）人群疏散建模与仿真。为了快速建模，在预案推演中对疏散模型进行一定的简化和假设是必要的，假设应急过程中人群始终有序疏散。在应急预案中给出人群出现的密集区域，同时给出控制人流、改善通道设计形式等建议，为防止人群拥挤混乱局面的出现提供参考。为了保证推演结果的可靠性，在简化过程中通常进行保守取值。

2）地铁站人群疏散模拟演练

人群疏散模拟演练是发生地铁事故时人员伤亡降至最低的最有效预防措施。由于一旦发生地铁火灾等事故极易导致大量人员伤亡，同时地铁乘客流量大、工作性质等决定了不可能在地铁站进行大规模现场演练或多次开展演练活动，所以采取模拟演练是减少伤亡、提高疏散效率的有效方法。

地铁疏散模拟演练应根据上述人群疏散策划方法、疏散模型及演练所选取的地铁站实际情况，然后按照模拟演练策划方案、程序及需要展示的目标等进行演练活动。地铁公司安全生产相关人员应参加安全培训教育，定期进行预案模拟演练，掌握各自的工作责任，熟悉突发地铁事故应急处置的各个环节，发现预案可能存在的问题，改进并完善事故应急救援处置措施，确保事故发生时能够做到临危不乱，果断处置。

3）地铁模拟演练应急处置智能联动

在发生突发事故时，同一站场内各类安防设施与应急资源实现联动。如模拟火灾情况下，通过感烟探测器定位火灾位置，系统自动给出就近消防栓位置、临近应关闭的防火卷帘门、现场周边干粉灭火器和防毒面具摆放地点等；以及当前可用的应急救援资源分布，如最近医院及最短达到路径，最近消防中队及最佳进入通道等。在发生有人施放毒气时，经报告并确定毒气位置后，系统能指示最佳乘客疏散通道、应关闭的通风口、应封闭的地铁区域、禁止他人进入的地铁入口、现场处置人员的行进路线、救护车停放的位置等事项。

9.2.2 天然气井喷事故应急模拟

我国很多地方天然气含硫量很高，开采过程中一旦发生井喷泄漏，高浓度的硫化氢气体将对钻井所在区域周边人民群众的生命安全直接构成威胁，因此钻井选址和事故发生后的人员疏散必须科学化，在三维场景地图中利用井喷事故毒气扩散动力学模型和人体行为模型结合现场地理空间信息综合分析决策，指导寻找最佳的天然气钻井位置以及周边危险区域居民搬迁，对事故可能影响区域居民进行安全生产培训教育，在事故发生时正确选择疏散路径。

2003 年，重庆市开县发生天然气井喷事故，造成 243 人因硫化氢中毒死亡，4000 多人受伤，6 万多人被疏散转移，9.3 万多人受灾，直接经济损失高达6432.31 万元。国家有关部门指示相关生产经营单位制定全国高含硫气井的生产安全事故应急预案，以防止同类事故的重演。为使预案对事故后果的模拟和预测更加准确，提出应用真三维地理信息系统，分别选择重庆开县罗家 16 号气井、四川达县普光镇 P301 气井，进行安全生产应急三维地理信息系统的研发，其界面图如图 9-13 所示。根据真三维系统界面各菜单、工具等内容，可对气井现场、周边环境进行模拟，构建与真实情况相符的三维模型，如图 9-14 和图 9-15所示。

图 9-13　四川普光、罗家气井安全生产应急三维地理信息系统界面

图 9-14 四川普光气井现场模拟   图 9-15 重庆罗家气井周边环境模型

通过对当地 2500 栋房屋进行实地纹理采集并完成三维构建,同时实现三维地理信息系统与其他主流平台的数据交换,按照测绘规范生产的真三维空间模型与其他专业数据的加载,将含硫气体在 ArcGIS 系统中的扩散模型数据实时与三维地理信息系统(V2.0)挂联,实现了动态显示井喷时 1 米精度的空间气体浓度分布,用可视化的手段标定在井喷发生后 18 小时内毒气对当地周边村庄的危害过程,毒气扩散大致范围分析如图 9-16 所示。每户农民的房屋属性及人物属性均可显示(图 9-17、图 9-18),根据相关属性对人物疏散路径在系统中进行模拟演练,分析方案的可行性和改进措施。系统导入了 1:2000地形图精度和 1:1000 影像分辨率的空间模型,开发了实时调用外部数据的功能。

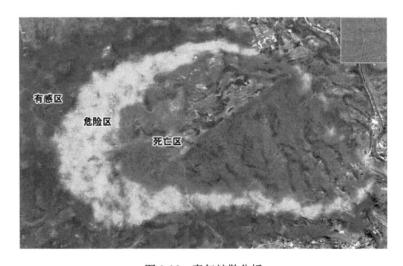

图 9-16 毒气扩散分析

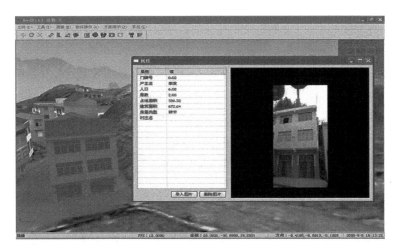

图 9-17 物体属性

图 9-18 人物属性

模拟演练过程中，根据毒气扩散动力学模型和外部现场环境数据，进行毒气初始化分析（图 9-19），根据模拟显示菜单（图 9-20），即时显示毒气扩散的范围和速度，研究其对周边环境的影响程度，然后根据信息显示功能（图 9-21），可以看到毒气实际扩散时间与演练时的模拟扩散时间、模拟伤亡人数等信息。

演练模拟井喷事故时的毒气泄漏过程，可根据毒气扩散范围、速度及时间，进一步模拟事故现场及周边人员、居民的疏散过程，该单位坐落于山脚下，人员疏散可以朝山上、山下两个方向，毒气扩散影响及人员疏散路径等情

图 9-19　毒气初始化菜单

图 9-20　模拟显示菜单

况如图9-22和图 9-23 所示。根据疏散情况显示疏散平面分析图二维与三维互动显示，可以显示人员疏散的各个终点位置、各疏散方向大致人员密度、人员死亡统计等详细信息，如图 9-24 所示，同时在平面分析图上，还可以清晰地显示每个人员的坐标位置、人员编号、类型、行进方式与速度、吸入毒气量及所处状态

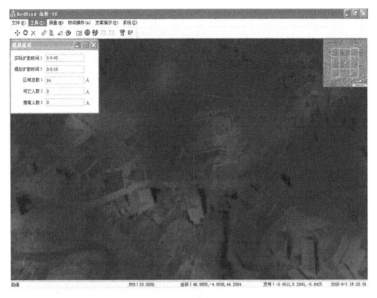

图 9-21　模拟过程中的信息

图 9-22　人员疏散模拟-山下方向

图 9-23　人员疏散模拟-山顶方向

等。模拟疏散结束后，可以调出山上、山下两个疏散方向的各人群疏散总人数、死亡人数详细情况及对比分析信息，如图 9-25 所示。

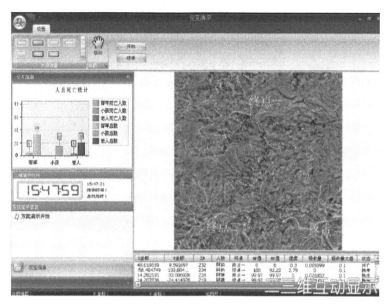

图 9-24　人员疏散模拟-平面分析图

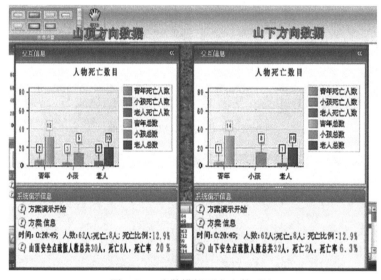

图 9-25　疏散模拟死亡人数对比

通过设置井喷事故，进行毒气泄漏扩散及人员疏散模拟演练，为当地居民应对可能发生的相似事故提供逃生指导，为政府和管理部门提供决策支持。

附录一　生产安全事故应急演练指南

中华人民共和国安全生产行业标准 AQ/T 9007—2011

生产安全事故应急演练指南

（国家安全生产监督管理总局 2011 年 4 月 19 日发布）

1　范围

　　本标准规定了生产安全事故应急演练（以下简称应急演练）的目的、原则、类型、内容和综合应急演练的组织与实施，其他类型演练的组织与实施可参照进行。

　　本标准适用于针对生产安全事故所开展的应急演练活动。

2　规范性引用文件

　　下列文件对于本文件的应用是必不可少的。凡是注日期的引用文件，仅注日期的版本适用于本文件。凡是不注日期的引用文件，其最新版本（包括所有的修改单）适用于本文件。

　　AQ/T 9002—2006　生产经营单位安全生产事故应急预案编制导则

　　突发事件应急演练指南　国务院应急管理办公室函〔2009〕62 号

3　术语和定义

　　下列术语和定义适用于本标准。

3.1　应急预案 Emergency response plan

　　针对可能发生的事故，为迅速、有序地开展应急行动而预先制定的行动方案。

3.2　应急响应 Emergency response

　　事故发生后，有关组织或人员采取的应急行动。

3.3 应急救援 Emergency rescue

在应急响应过程中，为有效控制事故，防止事故扩大或恶化，最大限度地降低事故造成的损失或危害而采取的救援措施或行动。

3.4 事故情景 Accident scenario

针对生产经营过程中存在的危险源或有害因素而预先设定的事故状况（包括事故发生的时间、地点、特征、波及范围以及变化趋势等）。

3.5 应急演练 Emergency exercise

针对事故情景，依据应急预案而模拟开展的预警行动、事故报告、指挥协调、现场处置等活动。

3.6 综合演练 Complex exercise

针对应急预案中多项或全部应急响应功能开展的演练活动。

3.7 单项演练 Individual exercise

针对应急预案中某项应急响应功能开展的演练活动。

3.8 现场演练 Field exercise

选择（或模拟）生产经营活动中的设备、设施、装置或场所，设定事故情景，依据应急预案而模拟开展的演练活动。

3.9 桌面演练 Tabletop exercise

针对事故情景，利用图纸、沙盘、流程图、计算机、视频等辅助手段，依据应急预案而进行交互式讨论或模拟应急状态下应急行动的演练活动。

4 应急演练目的

应急演练目的主要包括：

a）检验预案。发现应急预案中存在的问题，提高应急预案的科学性、实用性和可操作性。

b）锻炼队伍。熟悉应急预案，提高应急人员在紧急情况下妥善处置事故的能力。

c）磨合机制。完善应急管理相关部门、单位和人员的工作职责，提高协调配合能力。

d）宣传教育。普及应急管理知识，提高参演和观摩人员风险防范意识和自救互救能力。

e）完善准备。完善应急管理和应急处置技术，补充应急装备和物资，提高其适用性和可靠性。

f）其他需要解决的问题。

5　应急演练原则

应急演练应符合以下原则：

a）符合相关规定。按照国家相关法律、法规、标准及有关规定组织开展演练。

b）切合企业实际。结合企业生产安全事故特点和可能发生的事故类型组织开展演练。

c）注重能力提高。以提高指挥协调能力、应急处置能力为主要出发点组织开展演练。

d）确保安全有序。在保证参演人员及设备设施的安全的条件下组织开展演练。

6　应急演练类型

应急演练按照演练内容分为综合演练和单项演练，按照演练形式分为现场演练和桌面演练，不同类型的演练可相互组合。

7　应急演练内容

7.1　预警与报告

根据事故情景，向相关部门或人员发出预警信息，并向有关部门和人员报告事故情况。

7.2　指挥与协调

根据事故情景，成立应急指挥部，调集应急救援队伍和相关资源，开展应急救援行动。

7.3 应急通信

根据事故情景，在应急救援相关部门或人员之间进行音频、视频信号或数据信息互通。

7.4 事故监测

根据事故情景，对事故现场进行观察、分析或测定，确定事故严重程度、影响范围和变化趋势等。

7.5 警戒与管制

根据事故情景，建立应急处置现场警戒区域，实行交通管制，维护现场秩序。

7.6 疏散与安置

根据事故情景，对事故可能波及范围内的相关人员进行疏散、转移和安置。

7.7 医疗卫生

根据事故情景，调集医疗卫生专家和卫生应急队伍开展紧急医学救援，并开展卫生监测和防疫工作。

7.8 现场处置

根据事故情景，按照相关应急预案和现场指挥部要求对事故现场进行控制和处理。

7.9 社会沟通

根据事故情景，召开新闻发布会或事故情况通报会，通报事故有关情况。

7.10 后期处置

根据事故情景，应急处置结束后，所开展的事故损失评估、事故原因调查、事故现场清理和相关善后工作。

7.11 其他

根据相关行业（领域）安全生产特点所包含的其他应急功能。

8　综合演练组织与实施

8.1　演练计划

演练计划应包括演练目的、类型（形式）、时间、地点，演练主要内容、参加单位和经费预算等。

8.2　演练准备

8.2.1　成立演练组织机构

综合演练通常成立演练领导小组，下设策划组、执行组、保障组、评估组等专业工作组。根据演练规模大小，其组织机构可进行调整。

a）领导小组

负责演练活动筹备和实施过程中的组织领导工作，具体负责审定演练工作方案、演练工作经费、演练评估总结以及其他需要决定的重要事项等。

b）策划组

负责编制演练工作方案、演练脚本、演练安全保障方案或应急预案、宣传报道材料、工作总结和改进计划等。

c）执行组

负责演练活动筹备及实施过程中与相关单位、工作组的联络和协调、事故情景布置、参演人员调度和演练进程控制等。

d）保障组

负责演练活动工作经费和后勤服务保障，确保演练安全保障方案或应急预案落实到位。

e）评估组

负责审定演练安全保障方案或应急预案，编制演练评估方案并实施，进行演练现场点评和总结评估，撰写演练评估报告。

8.2.2　编制演练文件

a）演练工作方案

演练工作方案内容主要包括：

——应急演练目的及要求；

——应急演练事故情景设计；

——应急演练规模及时间；

——参演单位和人员主要任务及职责；

——应急演练筹备工作内容；

——应急演练主要步骤；

——应急演练技术支撑及保障条件；

——应急演练评估与总结。

b）演练脚本

根据需要，可编制演练脚本。演练脚本是应急演练工作方案具体操作实施的文件，帮助参演人员全面掌握演练进程和内容。演练脚本一般采用表格形式，主要内容包括：

——演练模拟事故情景；

——处置行动与执行人员；

——指令与对白、步骤及时间安排；

——视频背景与字幕；

——演练解说词等。

c）演练评估方案

演练评估方案通常包括：

——演练信息：应急演练目的和目标、情景描述、应急行动与应对措施简介等；

——评估内容：应急演练准备、应急演练组织与实施、应急演练效果等；

——评估标准：应急演练各环节应达到的目标评判标准；

——评估程序：演练评估工作主要步骤及任务分工；

——附件：演练评估所需要用到的相关表格等。

d）演练保障方案

针对应急演练活动可能发生的意外情况制定演练保障方案或应急预案，并进行演练，做到相关人员应知应会、熟练掌握。演练保障方案应包括应急演练可能发生的意外情况、应急处置措施及责任部门，应急演练意外情况中止条件与程序等。

e）演练观摩手册

根据演练规模和观摩需要，可编制演练观摩手册。演练观摩手册通常包括应急演练时间、地点、情景描述、主要环节及演练内容、安全注意事项等。

8.2.3　演练工作保障

a）人员保障

按照演练方案和有关要求，策划、执行、保障、评估、参演等人员参加演练活动，必要时考虑替补人员。

b）经费保障

根据演练工作需要，明确演练工作经费及承担单位。

c）物资和器材保障

根据演练工作需要，明确各参演单位所准备的演练物资和器材等。

d）场地保障

根据演练方式和内容，选择合适的演练场地。演练场地应满足演练活动需要，避免影响企业和公众正常生产、生活。

e）安全保障

根据演练工作需要，采取必要安全防护措施，确保参演、观摩等人员以及生产运行系统安全。

f）通信保障

根据演练工作需要，采用多种公用或专用通信系统，保证演练通信信息通畅。

g）其他保障

根据演练工作需要，提供的其他保障措施。

8.3 应急演练的实施

8.3.1 熟悉演练任务和角色

组织各参演单位和参演人员熟悉各自参演任务和角色，并按照演练方案要求组织开展相应的演练准备工作。

8.3.2 组织预演

在综合应急演练前，演练组织单位或策划人员可按照演练方案或脚本组织桌面演练或合成预演，熟悉演练实施过程的各个环节。

8.3.3 安全检查

确认演练所需的工具、设备、设施、技术资料以及参演人员到位，对应急演练安全保障方案以及设备、设施进行检查确认，确保安全保障方案可行，所有设备、设施完好。

8.3.4 应急演练

应急演练总指挥下达演练开始指令后，参演单位和人员按照设定的事故情景，实施相应的应急响应行动，直至完成全部演练工作。演练实施过程中出现特殊或意外情况，演练总指挥可决定中止演练。

8.3.5 演练记录

演练实施过程中,安排专门人员采用文字、照片和音像等手段记录演练过程。

8.3.6 评估准备

演练评估人员根据演练事故情景设计以及具体分工,在演练现场实施过程中展开演练评估工作,记录演练中发现的问题或不足,收集演练评估需要的各种信息和资料。

8.3.7 演练结束

演练总指挥宣布演练结束,参演人员按预定方案集中进行现场讲评或者有序疏散。

9 应急演练评估与总结

9.1 应急演练评估

9.1.1 现场点评

应急演练结束后,在演练现场,评估人员或评估组负责人对演练中发现的问题、不足及取得的成效进行口头点评。

9.1.2 书面评估

评估人员针对演练中观察、记录以及收集的各种信息资料,依据评估标准对应急演练活动全过程进行科学分析和客观评价,并撰写书面评估报告。

评估报告重点对演练活动的组织和实施、演练目标的实现、参演人员的表现以及演练中暴露的问题进行评估。

9.2 应急演练总结

演练结束后,由演练组织单位根据演练记录、演练评估报告、应急预案、现场总结等材料,对演练进行全面总结,并形成演练书面总结报告。报告可对应急演练准备、策划等工作进行简要总结分析。参与单位也可对本单位的演练情况进行总结。演练总结报告的内容主要包括:

——演练基本概要;

——演练发现的问题,取得的经验和教训;

——应急管理工作建议。

9.3　演练资料归档与备案

（1）应急演练活动结束后，将应急演练工作方案以及应急演练评估、总结报告等文字资料，以及记录演练实施过程的相关图片、视频、音频等资料归档保存。

（2）对主管部门要求备案的应急演练资料，演练组织部门（单位）应将相关资料报主管部门备案。

10　持续改进

10.1　应急预案修订完善

根据演练评估报告中对应急预案的改进建议，由应急预案编制部门按程序对预案进行修订完善。

10.2　应急管理工作改进

（1）应急演练结束后，组织应急演练的部门（单位）应根据应急演练评估报告、总结报告提出的问题和建议对应急管理工作（包括应急演练工作），进行持续改进。

（2）组织应急演练的部门（单位）应督促相关部门和人员，制定整改计划，明确整改目标，制定整改措施，落实整改资金，并应跟踪督查整改情况。

附录二　广石化苯乙烯装置模拟火灾综合演练

附件1：广石化应急演练组织实施过程（演练脚本）

15:46′25″（用时 10″）

　　解说：（男）下面将要进行的科目是：中石化广州分公司苯乙烯装置火灾事故应急救援演练。

15:46′25″（用时 215″）

　　【参演分队：进入到出发位置】

　　【保障分队：做好情况显示准备】

　　【屏幕显示：观礼台领导、嘉宾；苯乙烯装置区；演练现场模拟装置；导演部】

　　解说：（男）下面将要汇报演练的科目是：广石化苯乙烯装置模拟火灾事故实战演练。

　　解说：（男）广石化苯乙烯装置模拟火灾事故实战演练，在国家、省、市有关部门和专家顾问的指导帮助下，在中国石化广州分公司的大力支持下，由广州市安全监管局具体负责组织实施。

　　【屏幕显示：苯乙烯装置和模拟装置（全景、特写，不同角度）】

　　解说：（女）这次演练的情景设想是：广石化苯乙烯装置负压反应器因裂纹导致空气进入，引起氧含量超标，为防止设备爆炸，反应系统从负压切换至正压，高温苯系物料从裂纹处泄漏并着火，火势蔓延引起罐区发生连环爆炸，大量苯蒸汽向外扩散。

　　【屏幕显示：观礼台领导和嘉宾；现场；应急救援队伍集结点】

　　【屏幕显示：观礼台领导和嘉宾；现场】

15:50′00″（用时 60″）

　　【情景设置：苯乙烯装置中控室含氧量报警仪出现报警，班长安排操作人员将系统从负压切换至正压，同时安排外操叶建国跑到现场检查，发现负压反应器的换热器 TT-229 下封头喷出火焰，并迅速蔓延，将正在反应器平台作业的 2 名检修人员烧伤。】

　　【情况显示：苯乙烯装置中控室 DCS 上尾气氧含量 AI-2082/A/B 上出现声

216

光报警；氧含量趋势图曲线上升】

【分队动作：苯乙烯装置中控室操作人员发现异常后，及时进行处置】

【屏幕显示：苯乙烯装置中控室情况显示与处置；情况显示内容；采用多屏显示各级预警预报与接警处置场景（加屏幕注记）】

【扩音：苯乙烯装置中控室；班长与操作人员处置对话；有关人员的预警预报】

解说：（男）各位领导、同志们，正常运行的广石化苯乙烯装置突然出现异常！

▲15：50′10″

主操（陈胜飞）**报告：**"班长，脱氢尾气氧含量超高报警！"

班长（孟凡沛）："将系统切换成微正压操作，叶建国去现场检查！"

操作员（叶建国）**答：**"是！"

解说：（女）面对突发情况，班长立即安排操作人员将系统从负压切换至正压，并派人到生产装置区检查，同时紧急向公司总值班室报告。

公司总值班室迅速通知公司有关领导和相关部门，密切监控苯乙烯装置生产情况。

解说：（男）（根据现场进展）外操检查发现乙苯脱氢反应器换热器下封头喷出火焰，2名检修人员被困平台。

大火烧断燃油燃气管线，蔓延到油水分离罐，物料喷溅，火势蔓延。

▲15：51′00″（用时25″）

【情景设置：外操叶建国跑到现场检查，发现乙苯脱氢反应器换热器TT-229下封头喷出火焰，并迅速蔓延，将正在反应器平台作业的2名检修人员烧伤。启动广石化应急预案】

【情况显示：负压反应器的换热器TT-229下封头脱落喷出火焰；2名检修人员在反应器平台被烧伤；大火烧断燃油燃气管线，火势蔓延到油水分离罐MS-202，MS-202液位计被破坏，物料喷出，火势进一步扩大】

【分队动作：班长安排内操陈胜飞将系统从负压切换至正压，并继续向厂有关部门领导报告事故情况；场外2名检修人员身上着火并烧伤，被困在反应器平台；班长及时向公司消防队报告】

【屏幕显示：苯乙烯装置中控室情况显示与处置；情况显示内容；采用多屏显示各级预警预报与接警处置场景（加屏幕注记）】

【扩音：操作员对话】

外操（叶建国）**用对讲机向班长报告：**（在喷出火焰几秒钟后报告）"班长，TT-229下封头处着火，有2名检修人员被困在2层平台。"

班长（孟凡沛）向厂区消防队报告："消防队！苯乙烯装置脱氢反应单元着火，两人被困。"

15：51′25″（用时 35″）

【情景设置：火焰继续喷射，2名检修人员烧伤继续被困】

【情况显示：火焰喷射；2名检修人员烧伤被困】

【屏幕显示：苯乙烯装置中控室情况显示与处置；情况显示内容；采用多屏显示各级预警预报与接警处置场景（加屏幕注记，预拍）】

解说：（女）请大家向右前方看，乙苯脱氢反应单元起火了！火势越来越大！火灾发生后，操作人员立即采取停车措施。

【屏幕显示：广石化、中石化领导（预拍25″）】（先插播录像）

解说：（男）公司领导立即启动广石化应急预案，组织抢险救援工作，及时向119、110联动台，市安全监管局，市应急办和黄埔区等有关部门报告，同时上报中石化。

15：52′00″（用时 30″）（消防队进入）

【屏幕显示：公司抢险救援队伍进入与实施作业情况；广石化前沿指挥部】

解说：（男）（在公司抢险队进场停车后解说）火光就是命令，时间就是生命！

广石化消防支队接到火灾报警，迅速赶赴火灾事故现场进行扑救，营救被困人员。

（视情解说）他们共出动了9台消防车辆。其中，指挥车、抢险救援车、气防车和云梯车各1台，水罐泡沫车5台。

15：52′30″（用时 45″）

【情景设置：火焰继续喷射扩大，2名检修人员烧伤继续被困】

【情况显示：火焰喷射；2名检修人员烧伤被困】

【分队动作：市安全监管局接警后迅速处置，局领导向市政府领导报告建议；杨栋副总经理现场指挥公司抢险力量实施救援，救人灭火同时展开（广石化消防支队的1台直臂登高消防车和气防抢险车，主要负责解救被烧伤的2名人员；303、304、306泡沫车在装置南面负责灭火和掩护气防员救人；301、302、305车在装置的东北面灭火掩护设备；广石化消防支队利用直臂云梯和15米三节拉梯把操作员刘泰贤和叶建国救出；操作员谭汝锦关闭界区物料互供阀和污水外排阀；企业抢险堵漏车辆到现场堵漏）】

【屏幕显示：杨栋副总经理在公司前沿指挥部指挥】

解说：（女）现在广石化杨栋副总经理已抵达事故现场，指挥公司抢险力量展开救人灭火工作。

▲**15：52′40″**（杨栋特写、声音）

广石化杨栋副总经理："各抢险分队注意：全力抢救受伤人员，控制火势蔓延，确保消防供水，防止环境污染。"

【屏幕显示：消防灭火、救人演练，医疗救护人员演练】

▲**15：52′52″**（云梯、拉梯救人特写与全景）

解说：（男）4 名受困职工被炙热的火焰分别困在脱氢反应器平台和压缩机平台上，正在不断呼救。在烈焰的包围下，命悬一线，危在旦夕。身着避火服的消防队员利用直臂云梯和 15 米三节拉梯深入火海，抢救受伤被困人员。

泡沫车展开后分别在火场南面和东北面灭火、掩护气防员救人和保护设备。

（视情解说）公司亿仁医院两台救护车也已迅速到场参与救护。

15：53′15″（用时 28″）（先插播录像）

【屏幕显示：梁醒虾局长向甘新副市长报告情况（预拍）；手机短信内容（今日 15 时 40 分左右，广石化公司苯乙烯装置发生物料泄漏着火事故，现命令：各应急救援分队按市安全生产应急三级响应预警程序做好应急救援准备。市安全生产应急指挥部总指挥甘新）（预拍录像，只显示画面）】

解说：（女）（屏幕显示市领导后开始解说）市安全监管局在接到事故报告后，梁醒虾局长立即向甘新副市长报告。市政府决定进行市安全生产应急响应预警，采用发送手机短息、电话、传真等多种手段同时预警预报，并向省安全生产应急指挥中心报告情况。

15：53′43″（用时 22″）（先插播录像）

【情景设置：火焰继续喷射扩大；交警实施交通管制】

【情况显示：火焰喷射】

【分队动作：交警实施交通管制】

【屏幕显示：播放 110 指挥中心和 110 报警台（预拍 7″）】

解说：（男）市 110 指挥中心接到应急预警，快速做出反应。

【屏幕显示：交警实施交通管制（预拍或实况）】

解说：（女）市公安交警接到指令后，对广石化事故现场周边道路采取临时交通管制，保障抢修救援人员、车辆安全，及时进入现场，协助指挥附近群众疏散。

15：54′05″（用时 45″）（前沿指挥部全景与特写）

【情景设置：火焰继续喷射扩大】

【情况显示：火焰喷射】

【分队动作：公司应急力量在现场继续展开作业；市安全监管局彭超盼副局长率有关人员乘坐市安全生产应急指挥车抵达现场；厂领导向彭超盼副局长及有关领导汇报情况；市安全生产应急指挥车展开摄录像与传输作业。】

【屏幕显示：市前沿指挥部现场勘察、作业与听取公司领导介绍情况（实况）】

解说：（男）现在我们看到，广州市安全生产监管局彭超盼副局长率有关人员乘坐市安全生产应急指挥车抵达事故现场。

广石化杨栋副总经理向彭超盼副局长汇报情况。

市前沿指挥部开设在市安全生产应急指挥车上，正在迅速展开作业。他们利用指挥车图像传输系统将事故现场的实况通过卫星或网络实时准确地传送至省、市各应急指挥中心，为指挥员和专家提供决策依据。

15：54′50″（用时40″）

【情景设置：火势进一步蔓延，烧裂了反应区管廊上的燃料油、燃料气管线。炙热的火焰烘烤着旁边 MS-202 油水分离器，将现场紧急停压缩机的两名操作人员刘泰贤、叶建国困在压缩机平台。】

【情况显示：火势进一步蔓延，烧裂了反应区管廊上的燃料油、燃料气管线】

【分队动作：操作员刘泰贤和叶建国现场关闭阀门被困压缩机平台；广石化消防支队现场继续战斗：301 车在装置东面出 2 支泡沫枪灭火，302 车在装置北面出 2 支泡沫枪灭火，303、304 在装置南面双线供水出车顶炮灭火，305 班利用装置固定炮保护重点部位，306 出一门移动炮掩护气防班，救护人员抬伤员至观礼台东面道路进行简单抢救，亿仁医院两台救护车到场后将伤员迅速载离现场；公司保卫部组织人员将 8 号路、11 号路等苯乙烯周边道路进行警戒】

【屏幕显示：大火烧裂管线，燃料油、燃料气泄漏；外操刘泰贤和叶建国现场关闭阀门被困；广石化消防支队利用直臂云梯把操作员刘泰贤和叶建国救出；广石化环保及监测人员检查污水池污水收集以及北排洪污水回收设施的启用情况；广石化建安公司抢险堵漏人员在泄漏点带压堵漏，现场抢救，救护车出入】

解说：（女）（在情况显示几秒钟后解说）爆炸造成物料溅落，引发雨水井内可燃物爆燃，火势在进一步蔓延，已经烧裂了脱氢反应区管廊上的燃料油和燃料气管线。

被困职工从平台上被营救下来后，医护人员立即对伤员进行简单救护。重伤者将送往医院抢救，轻伤者根据情况及时转移。

★15：55′30″（用时30″）

【情景设置：油水分离器发出"滋滋"声音，出现爆炸征兆；前沿指挥部研

究决定现场抢险救援人员后撤】

【情况显示：油水分离器发出"滋滋"声音】

【分队动作：公司抢险力量继续作业；1名消防队员听到油水分离器发出"滋滋"声音，立即报告前沿指挥部；前沿指挥部研究决定现场抢险救援人员后撤，并利用市安监应急指挥车车载广播系统指挥后撤。】

【屏幕显示：油水分离器发出"滋滋"声音；消防队员报告；前沿指挥部；应急指挥车广播；现场人员撤离】

【扩音：以下对讲机报告与指令】（消防指挥长报告特写与声音）

广石化消防支队（黄松桥）**报告**："前沿指挥部，现在油水分离器不断发出'滋滋'声音，有爆炸迹象，请撤离现场人员。报告完毕!"

▲15:55′42″（前沿指挥部报告）

前沿指挥部用车载大功率广播："现场可能发生爆炸，抢险分队停止救援，人员马上撤离！马上撤离!"

解说：（男）抢险人员发现火场出现异常征兆，现场指挥员决定暂停救援，立即组织人员撤离。（现场撤离）

▲15:56′00″（用时30″）

★①撤【分队动作：现场所有人员、车辆全部撤离；广石化化工厂区人员、车辆撤离】

【屏幕显示：（来回切换不同角度、方向画面）广石化化工厂区人员、车辆撤离（撤离人员要采取防护措施）；现场人员、车辆撤离】

解说：（女）（人员撤离时开始解说）按照市前沿指挥部的指令，现场抢险人员和广石化化工区操作管理人员迅速向安全地带撤离。

解说：（男）（根据现场两边公路撤离人员情况解说）请向左右两侧看，广石化正组织化工区操作管理人员开始撤离。

★15:56′30″（用时65″）

【情景设置：油水分离器爆炸，事故升级。爆炸后救援人员迅速重新开展救护。广州市启动危化品应急预警，各救援分队赶赴现场应急救援。】

【情况显示：油水分离器爆炸，火势进一步扩大蔓延。】

【分队动作：前沿指挥部经现场实况图像分析，指挥现场抢险分队继续救援；广石化救援分队迅速进场继续作业；（★②进）场外各应急救援分队迅速出动，陆续抵达现场，各专业分队指挥员分别向前沿指挥部报告情况，请领任务；前沿指挥部指挥各救援分队分别进入现场作业；市治安分队进场维持秩序，拉出警戒线；市公安消防和广石化消防支队协同作战】

【屏幕显示：爆炸；前沿指挥部指挥决策；抢险分队进场作业；场外救援分队进入（预拍）】

【屏幕显示：爆炸场景】

解说：（女）（在现场爆炸结束后解说）火场再次发生剧烈的爆炸！

由于火势不断蔓延扩大，引发油水分离器的爆炸，事故已经升级。

（视情具体指示方位）1 名来不及撤离的抢险救援人员被烧伤，1 名操作人员中毒昏迷。

【屏幕显示：市前沿指挥部和指挥车】

解说：（男）市前沿指挥部经现场情况分析判断后，指挥现场抢险分队再次进入现场抢救人员，重新开展灭火、救护。

（根据现场实际动作解说）公司治安分队进入火灾现场维持秩序，他们拉出了警戒线。

【屏幕显示：消防分队紧急启动，快速出击（预拍20″）】（插播录像）

解说：（女）火情就是命令！面对熊熊火焰和有害化学气体，肩负着保护人民群众生命财产安全的神圣职责，英勇的消防队员又一次挺身而出。

【屏幕显示：消防分队紧急启动，快速出击；市消防车辆进入（现场）】

解说：（男）市公安消防局调派各式消防车急速赶到火场。

首批增援的 4 台消防车已经到达现场，他们将和广石化消防支队并肩作战，共斗火魔。

15:57′35″（用时 10″）

【情景设置：火灾蔓延扩大】

【情况显示：烟火范围扩大】

【屏幕显示：分屏显示梁局长向甘副市长报告建议（预拍录像）】

解说：（女）火势仍未得到有效控制，继续蔓延扩大，广州市政府决定启动应急响应。

15:57′45″（用时 40″）

【情景设置：现场烟火继续燃烧】

【情况显示：烟火继续】

【分队动作：应急分队赶赴现场；消防和公司应急分队继续作业】

【屏幕显示：4 屏同时显示场外各应急分队出动画面（预拍录像）】

解说：（女）警情就是命令，指令就是责任，事故现场就是战场。

解说：（男）广州市公安、消防、卫生、运输、环保、环卫、气象、通信、供水、供电、物资等抢险、抢救、抢修、保障应急分队和市危化品专业抢险队，接到命令后迅速出击，火速奔向事故现场实施救援。

15：58′25″（用时 30″）（医疗救护）

【情景设置：现场烟火继续燃烧】

【情况显示：烟火继续】

【分队动作：医疗救护应急分队进场（左侧进入，指挥员向市前沿指挥员报告，医务人员下车抢救伤员）；消防和公司应急分队继续作业】

【屏幕显示：医疗救护分队作业（左侧进入，指挥员报告，现场救护）】

解说：（女）市医疗救护分队已到达事故现场。

现在医疗救护分队正在对受伤和中毒人员进行简单应急救护处理。

15：58′55″（用时 30″）（环保）

【情景设置：现场烟火继续燃烧】

【情况显示：烟火继续】

【分队动作：环保监测应急分队进场（左侧进入，指挥员向市前沿指挥员报告，展开器材，实施环境监测）；消防和医疗卫生应急分队继续作业】

【屏幕显示：环保监测分队作业（左侧进入，指挥员报告，现场救护）】

解说：（男）大家向左右两侧看，市环保监测分队现已到达事故现场。

现在他们正利用先进的便携式监测仪器对周边环境空气及水体进行监测，为现场指挥部及专家组决策提供依据。

15：59′25″（用时 45″）（气象）

【情景设置：现场烟火继续燃烧】

【情况显示：烟火继续】

【分队动作：气象应急分队进场（左侧进入，指挥员向市前沿指挥员报告，展开器材，实施气象观测）；消防、医疗救护、环境监测应急分队继续作业】

【屏幕显示：气象分队作业（左侧进入，指挥员报告，现场救护）】

解说：（女）大家向左右两侧看，广州市气象局的应急气象保障分队已到达事故现场。

危险化学品发生泄漏事故，将导致有毒化学物质在大气中扩散。

气象部门准确监测和采集事故现场地面和空中的气象要素信息，及时做出现场及周边的天气预报，为应急现场指挥部提供科学的决策依据。

16：00′10″（用时 40″）（现场效果特写与全景）

【情景设置：污水池着火，雨水井发生多次闪爆，事故进一步扩大，事故升级】

【情况显示：污水池着火、雨水井闪爆5次，大面积火、烟】

【分队动作：现场抢险队伍继续实施作业】

【屏幕显示：污水池着火、雨水井闪爆；抢险分队救援】

解说：（男）（连续闪爆过后开始解说）污水池着火，雨水井连续发生闪爆，火场进一步扩大，事故进一步升级。

浓烟滚滚，烈焰熊熊，情况更加危急！

16：00′50″（用时60″）（插播录像）

【情景设置：现场烟火继续燃烧】

【情况显示：烟火继续】

【分队动作：甘新副市长、梁醒虾局长等市政府有关部门的领导和专家到达现场指挥部，甘新副市长等指挥部成员通过指挥部窗户观察现场后迅速回到现场座位】

【屏幕显示：市现场指挥部有关领导特写与全景（录像）】

解说：（女）广州市政府的有关领导和专家现已赶赴事故现场，迅速成立了市现场指挥部，由甘新副市长任总指挥，市政府张火青副秘书长、市安全监管局梁醒虾局长、市应急办邓庆彪主任任副总指挥，相关应急部门有关领导任专业指挥长。

解说：（男）甘新副市长在察看事故现场和听取各专业指挥长以及专家的报告建议后，果断定下决定。

广州市政府甘新副市长（现场总指挥）："综合大家的意见，我决定：1、立即组织周边群众疏散。2、向省汇报情况，请求空中支援。3、召开新闻发布会。"

解说：（男）各专业指挥长迅速制订方案，适时指挥各专业分队抢险抢救。

▲16：01′50″（用时50″）

【情景设置：现场指挥部决定组织广石化周边800米范围和下风方向群众立即疏散】

【分队动作：指挥部通过应急指挥平台显示有关信息；交警、治安、运输、医疗救护、物资、供电等应急分队进入指定位置就位；各安置点做好接收安置各项准备工作】

【屏幕显示：疏散群众集结点和安置点（直升机空中实况）】

解说：（女）事故已危及灌区，苯储罐内300吨苯及苯系物随时有泄漏的危险。

【屏幕显示：黄埔区副区长冯广俊指令（预拍20秒录像）】

▲16：02′02″（插播录像）

黄埔区政府冯广俊副区长："我是黄埔区副区长冯广俊，石化厂事故已升级，可能波及周边，接现场指挥部指令，我区立即按计划启动预案，组织周边7个村庄群众立即疏散。"

【屏幕显示：<u>疏散集结点、安置点应急分队集结（录像）</u>】

解说：（男）交警、治安、运输、医疗救护、物资、供电等应急分队，立即按应急预案进入指定位置就位，做好了接送、安置疏散群众的各项保障工作。

16：02′40″（用时 120″）

【分队动作：黄埔区疏散指挥部拉响疏散警报（时间控制在 1 分钟），组织群众疏散；疏散人员跑步前往各集结点；区、街、村指挥部组织人员乘车；疏散人员乘车进入各安置点】

【屏幕显示：疏散群众集结点（插播录像）；行进、安置（实况、航拍）】

【在疏散防空警报响 20 秒后开始解说】

解说：（女）黄埔区疏散安置指挥部根据市现场指挥部甘新总指挥的命令，立即拉响疏散警报，采取多种措施预警预报，及时通知广石化化工区周边 800 米范围内 7 个村庄、30 多家企业的人员进行紧急疏散到 4 个集结点。

解说：（男）通过大屏幕可以看到，黄埔区政府周密计划，严密组织，上下配合，全民动员，正在组织周边群众有序疏散。

解说：（女）群众接到危险化学品事故报警后，采用湿毛巾、口罩对呼吸道进行防护，并向上风、侧风方向撤离疏散。

（以下内容根据现场作业穿插解说）

<u>现在环保、气象保障分队指挥员及时向前沿指挥部报告环境监测、气象观测情况。</u>

<u>现场又一名伤员被救出。</u>

解说：（女）现在疏散群众正乘车前往疏散安置点。

16：04′40″（用时 20″）（先插播录像）

【情景设置：广州市政府召开新闻发布会】

【情况显示：新闻发布会会场（标题、新闻发言人、媒体记者）】

【分队动作：各级指挥部、现场抢险分队继续作业；新闻发布会】

【屏幕显示：新闻发布会现场全景与特写（预拍，不出声音）】

解说：（女）现在屏幕上显示的是广州市政府召开新闻发布会，向新闻媒体通报事故发展和组织救援工作情况，以制止谣言，安定民心，保持社会稳定。

16：05′00″（用时 35″）（通信）

【情景设置：现场烟火继续燃烧】

【情况显示：烟火继续】

【分队动作：电信、移动应急通信分队进场（左侧进入，指挥员向市前沿指挥员报告，展开器材，开通应急通信）；消防、医疗救护、环境监测、气象观测

等应急分队继续作业】

【屏幕显示：电信、移动应急通信分队作业（左侧进入，指挥员报告，装备展开）】

解说：（男）请大家向左前方看，应急通信分队正在现场开通应急通信指挥中心，为现场抢险救援指挥开通有线、无线、卫星通信，提供实时图像、视频、数据等决策信息，保障应急所需。

16：05′35″（用时 25″）（供水）

【情景设置：现场烟火继续燃烧】

【情况显示：烟火继续】

【分队动作：供水、供电应急保障分队进场（供电左侧、供水右侧进入，指挥员向市前沿指挥员报告，展开器材）；消防、医疗救护、环境监测、气象观测、通信等应急分队继续作业】

【屏幕显示：供水应急保障分队作业（右侧进入，指挥员报告，装备展开）】

解说：（男）供水、供电等抢修人员分兵突击，防止灾害蔓延。

解说：（女）供水保障分队将实施调水作业，确保现场抢险消防用水。

解说：（男）为确保疏散群众饮用水，送水车已经到达疏散安置点。

16：06′00″（用时 30″）（供电）

【情景设置：现场烟火继续燃烧】

【情况显示：烟火继续】

【分队动作：供电应急保障分队作业；消防、医疗救护、环境监测、气象观测、通信等应急分队继续作业】

【屏幕显示：现场和安置点供电保障车作业实况（进入、指挥员报告、装备展开）】

解说：（女）电力保障分队正在进行供电保障作业，确保火灾事故一旦导致大面积停电和衍生、次生灾害，能够立即开展社会救援、事故抢险、电力供应恢复等应急处置行动。

16：06′30″（用时 60″）（录像与现场）

【情景设置：疏散群众到达疏散安置点，民政部门组织安置工作，群众领取食品】

【分队动作：民政部门引导疏散群众进入各安置点休息；组织疏散群众有秩序的领取食品、水、日用品、被服等物资】

【屏幕显示：安置点（实况为主，预拍为辅）】

解说：（女）请看大屏幕，现在疏散群众已抵达临时安置点。

解说：（男）现在民政部门正引导疏散群众进入各安置点休息，向疏散群众发放食品、水、日用品、被服等物资。

解说：（女）卫生部门正组织医务人员对临时安置点群众进行巡诊。

解说：（男）宣传部门和街道、居委会干部正对疏散群众进行心里辅导和做稳定工作。

解说：（女）市交委派出 30 台公交车，组成 4 个应急运输车队，将 4 个集结点的群众陆续转移到临时安置点。

16：07′30″（用时 45″）

【情景设置：苯/甲苯 MT-609 闪爆将罐顶掀翻，火势再次蔓延扩大，事故进一步升级。】

【情况显示：苯/甲苯 609 闪爆将罐顶掀翻，火势蔓延扩大】

【分队动作：现场抢险救援人员 3 人受伤，消防、医护队员实施现场救护作业】

【屏幕显示：闪爆特写，火势蔓延扩大全景，受伤人员与现场救护特写】

解说：（男）（闪爆过后开始解说）现在事故现场再次发生闪爆。

解说：（女）火势继续蔓延扩大，再次形成大面积的火灾，事故进一步扩大和升级。

解说：（男）在这次闪爆事故中，又有 3 名抢险救援人员受伤。

解说：（女）消防、医疗救护队员正迅速将受伤人员移送安全地域进行现场急救处理。

16：08′15″（用时 55″）（航拍）

【情景设置：MT-609 闪爆后，火势未能得到有效控制，经事故模拟分析、智能方案分析，现场指挥部决定向省提出启动省应急响应支援的申请】

【情况显示：现场火势由弱到强】

【分队动作：市现场指挥部分析事故，向省报告情况，请示支援；省启动应急响应；各抢险分队继续救援（预拍）】

【屏幕显示：市现场指挥部事故模拟分析（显示屏）；广石化周边航拍】

解说：（男）市现场指挥部根据现场情况和事故模拟分析，苯系物大量泄漏，可能波及下风 1.5 公里范围内 1 万多人，一时难以控制，决定向省建议启动省级应急响应。

▲16：08′15″（插播录像）

【屏幕显示：省局研判情况；陈建辉局长向林英副秘书长报告情况（预拍 19″，要简短）】

解说：（女）省安全生产应急指挥中心接到广州市现场指挥部请示后，立即通过应急指挥平台研判事故进展情况，部署应急救援事宜。陈建辉局长向林英副秘书长和国家安全生产应急救援指挥中心报告情况。

解说：（男）省政府决定启动省级应急响应。

16：09′10″（用时 25″）（插播录像）

【情景设置：省应急指挥中心章云龙主任及有关人员乘坐省安全生产应急指挥车抵达现场；林英副秘书长、陈建辉局长等省有关部门领导抵达现场】

【分队动作：省安全生产应急指挥车抵达事故现场；林英副秘书长、陈建辉局长到达现场指挥部；省应急指挥车展开工作；各抢险分队继续救援】

【屏幕显示：省指挥车到达现场；省应急指挥车现场展开工作】

解说：（女）现在省安全生产应急指挥中心领导乘坐指挥车抵达事故现场。

【屏幕显示：现场指挥部全景与林英副秘书长、陈建辉局长特写（插播录像，要精简）】

解说：（男）省政府林英副秘书长、省安全监管局陈建辉局长现已到达广州市现场指挥部，指挥、协调抢险救援工作。

16：09′35″（用时 20″）（直升机）

【情景设置：省公安厅应急救援直升机抵达事故现场进行航测】

【分队动作：前沿指挥部组织分队标注直升机降落点；1 架直升机在空中执行航测任务；各抢险分队继续救援】

【屏幕显示：直升机现场上空盘旋（航拍与地面拍摄相结合实况画面）】

解说：（女）（在<u>直升机临空解说</u>）省公安厅飞行队救援直升机已飞临上空，正在对事故现场实施空中监测。

16：09′55″（用时 50″）（插播录像）

【情景设置：现场可能再次发生爆炸】

【情况显示：事故模拟分析软件界面】

【分队动作：现场指挥部专家组分析认为可能再次发生爆炸，建议人员后撤；总指挥同意专家意见，前沿指挥部广播通知现场人员后撤；现场抢险救援人员后撤】

【屏幕显示：现场指挥部；现场；航拍；3D 模型（插播录像）】

解说：（男）现场指挥部专家组根据现场和航测情况，利用 3D 事故模拟软件，罐区事故后果分析，认为罐区可能发生连环爆炸，向总指挥建议抢险人员后撤。

现场总指挥同意专家意见，命令前沿指挥部立即通知抢险救援人员后撤！

▲**16：10′25″**（扩前沿指挥部声音）

前沿指挥部广播: "各抢险分队指挥员注意!罐区可能再发生连环爆炸,所有人员立即撤离!立即撤离!"

【分队动作:现场抢险人员后撤全景与特写】(现场撤离实况全景与特写)

解说:(男)由于罐区可能再发生连环爆炸,前沿指挥部命令现场抢险人员迅速撤离现场。

16:10′45″(用时60″)(罐区爆炸)

【情景设置:MT-608闪爆,罐区发生连环爆炸,苯蒸汽快速扩散,事故升级】

【情况显示:608罐爆炸,紧接着罐区连环爆炸,苯蒸汽快速扩散】

【分队动作:现场人员后撤,来不及撤离人员就地采取防护措施,有2名抢险人员受伤】

【屏幕显示:608罐爆炸,紧接着罐区连环爆炸,苯蒸汽快速扩散(全景与特写)】

解说:(女)(在爆炸后开始解说)储罐区又一次发生了猛烈的爆炸。

几乎是在指挥员下达撤退命令的同时,又一次爆炸发生了。

解说:(男)霎时间,火借风势、风助火威、浓烟滚滚、烈焰翻腾!苯乙烯装置遭到严重破坏,苯系物大量泄漏,苯蒸汽快速扩散,事故再次升级。

市消防局第二批增援的3台大功率消防车立即赶赴事故现场。

16:11′45″(用时70″)(现场全景与特写)

【情景设置:现场火势继续燃烧,现场指挥部与专家迅速研究制定抢险救援方案,决定集中现场所有抢险力量发动总攻,全力灭火、堵漏】

【情况显示:大火继续燃烧,浓烟不断冒出】

【分队动作:现场指挥部研究制定总攻方案;指挥部指挥抢险救援分队实施冷却,控制火势;大功率消防车进场快速展开】

【屏幕显示:现场】

解说:(女)针对大面积池火,现场指挥部沉着应战,及时调整力量,组织几只移动水炮、车载炮不停地对装置进行冷却。

【屏幕显示:现场指挥部、前沿指挥部】

解说:(男)指挥部成员与专家分析形势后,制订了作战方案,决定发起总攻。

【屏幕显示:大功率消防车特写,现场全景与特写】

解说:(女)大功率消防车,现已调整好泡沫炮的角度,参战车辆、人员准备就绪,随时等待指挥部下达总攻的命令!

▲16:14′05″

【屏幕显示：以下报告人员特写（3组镜头切换）】

消防分队指挥员报告："消防总攻准备完毕！"

堵漏分队指挥员报告："堵漏准备就绪！"

前沿指挥部彭超盼报告："总指挥，前沿指挥部报告，现场各抢险分队总攻准备完毕！请指示！"

16:12′55″（用时10″）（插播录像）

【屏幕显示：林英总指挥下达总攻命令（预拍10″）】

广东省政府林英副秘书长（现场总指挥）："开始总攻！"

【屏幕显示：现场指挥部全景】

众指挥员一起回答："是！"

★【分队动作：开始喷水】

16:13′05″（用时45″）（现场全景与特写）

【情景设置：大火继续燃烧，泄漏口继续泄漏；抢险实施总攻】

【情况显示：大火继续燃烧，泄漏口继续泄漏（冒浓烟）；2名伤员被救出】

【分队动作：总攻开始，大功率消防车灭火，对罐体继续实施冷却；消防、医疗救护分队对受伤人员进行现场急救；堵漏人员做好准备】

【屏幕显示：现场总攻；消防、医疗救护分队对受伤人员进行现场急救（空中、地面不同角度全景与特写）】

解说：（男）随着总指挥一声令下，水枪水炮怒吼，水流泡沫齐发，银龙飞舞，激流四射，形成了一道与火灾作斗争的铁壁铜墙，迅速压制了强劲的火势。

解说：（女）（根据现场救援实际）火灾无情人有情！现在被困人员已经全部被成功地救出。

16:13′50″（用时90″）（空中直生机）

【情景设置：省1架警用直升机机降现场，将1名重伤员转运救治；另1架直升机在空中侦测】

【情况显示：烟火继续；1名重伤员，1名轻伤员】

【分队动作：直升机降落现场；将1名重伤人员抬上飞机，医生、护士各1人同乘飞机，飞机起飞；堵漏小组开始实施堵漏；消防分队继续灭火】

【屏幕显示：直升机起降；伤员上机；直升机空中巡测（地面、空中不同角度全景与特写）】

解说：（女）（在直升机临空时开始解说）各位领导、同志们，蓝天上呼啸而至的是省公安厅的EC135型警用直升机。

解说：（男）（以下内容根据现场实际解说）（地面直升机与人员救护）

好！直升机顺利降落！

在今天的救援中，主要担负转运重伤员的任务。

在飞行人员和医疗乘员配合操作下，病人已被迅速安全地转移直升机内。

直升机起飞，它将迅速安全地把重伤员运往救治地点。

解说：（女）（根据现场实际）现在继续实施空中侦测的是 EC120 型警用直升机。

16：15′20″（用时 60″）（现场全景与特写）

【情景设置：火已被扑灭，泄漏口继续泄漏苯物质】

【情况显示：火停止显示，4 个堵漏口冒出浓烟】

【分队动作：堵漏小组作业；大功率消防灭火停止作业，消防分队进行扑灭零星火苗】

【屏幕显示：现场灭火作业】

解说：（男）（稍停）现在大火被彻底扑灭了！

解说：（女）消防废水经下水管网集中回收到污水处理装置，实施清污分离。

【屏幕显示：装置几处泄漏部位】

解说：（男）装置区内的设备设施由于遭到连环爆炸的破坏，化学物料仍在不停地泄漏，必须立即实施堵漏。

【屏幕显示：堵漏人员作业（2 个组特写镜头切换显示）】

解说：（女）大家向右前方看！消防特勤和广州市承压容器事故应急救援抢险队的堵漏人员，携带堵漏组合器材，身着全密封防化服，佩戴空气呼吸器，在水枪的掩护下，深入苯乙烯装置区，迅速接近泄漏部位作业。

16：16′20″（用时 50″）（现场全景与特写）

【情景设置：抢险分队实施堵漏】

【情况显示：烟雾停止显示】

【分队动作：消防和堵漏抢险 4 个堵漏小组正在对烃化 MR-101 反应器出口法兰（温度：400℃，压力：1200KPA）、MS-102 苯罐出口法兰（温度：180℃，压力：1040KPA）、多乙苯 MS-112 罐出口法兰（温度：112℃，压力：13KPA）和粗苯乙烯分离罐 MS-202 顶部法兰（温度：40℃，压力：33KPA）实施堵漏作业；消防分队进行扑灭零星火苗】

【屏幕显示：分屏显示 4 个堵漏小组实施堵漏作业特写切换】

解说：（男）现在消防特勤和承压堵漏人员正在对被连环爆炸破坏的烃化反应器、苯储罐、乙苯储罐的出口法兰和粗苯乙烯分离器法兰进行堵漏。

他们在破损的管道上套上密封套，使用无火花扳手紧固，将密封套紧贴在破损管道上，制止泄漏，避免恶性事故的发生。

▲16：16′55″

堵漏指挥员报告："报告指挥长，堵漏完毕！"

解说：（女）（听到报告后）堵漏终于成功了！泄漏停止了，毒烟消失了！

16：17′10″（用时120″）（插播录像）

【情景设置：堵漏成功，火灾彻底扑灭，各抢险救援分队报告情况】

【情况显示：烟火停止显示】

【分队动作：各抢险救援分队检查汇总结果后，分别向市现场指挥部报告情况；各抢险分队做好集结准备；总指挥下达解除应急响应，并对事故善后工作进行部署】

【情况显示：事故现场（不同角度镜头切换）】

【屏幕显示：省前沿指挥部指挥长报告】

前沿指挥部章云龙报告："总指挥，前沿指挥部报告，火灾已彻底扑灭，经检测堵漏成功，报告完毕！"

【屏幕显示：现场指挥部各专业指挥长报告建议（录像）】

广州市环保局谢明副局长（环保指挥长）："总指挥，我是环保指挥长谢明，经监测，目前事故现场周边环境、安置点以及附近水体的环境指标符合标准。报告完毕！"

黄埔区政府杨雁文区长（疏散指挥长）："总指挥，我是疏散指挥长杨雁文，疏散群众已全部得到妥善安置。报告完毕！"

广州市卫生局唐小平副局长（医疗救护指挥长）："总指挥，我是医疗救护指挥长唐小平，经统计，此次事故共造成11人受伤，其中重伤1人，轻伤10人，无人员死亡，所有伤员已送到医院救治。报告完毕！"

广东省安全监管局陈建辉局长（现场副总指挥）："总指挥，目前事故应急处置基本完成，我建议：解除应急响应，并向国家安全生产应急救援指挥中心报告抢险救援已成功。"

【屏幕显示：现场指挥部总指挥定决心】

广东省政府林英副秘书长（现场总指挥）："综合大家意见。我决定：1. 解除应急响应，并立即向国家安全生产应急救援指挥中心报告；2. 环保部门继续实施环境监测，广石化注意加强现场监控，广州市组织疏散群众返回、救援分队人员洗消；3. 省安监局牵头成立联合事故调查组进行事故调查；4. 召开新闻发布会，通报事故应急救援情况。"

众指挥长一起回答："是!"

16:19′10″（用时 45″）（现场全景与特写）

【情景设置：组织监控、监测、洗消和现场评估】

【分队动作：各抢险分队根据指挥部指令，展开监控、环境监测、地面洗消、开设洗消站、检查准备器材、集结等；前沿指挥部有关成员、专家对现场进行检查评估】

【屏幕显示：地面洗消、人员洗消站】

解说：（男）各位领导、同志们，经过省、市、区和企业应急响应、联合指挥、协同作战，毒魔终于被降服了。

解说：（女）现在环保、环卫、消防分队正在组织对现场和周边环境进行洗消，以确保安全。

解说：（男）洗消保障分队的 6 辆洗消车一字排开，正在对污染区地面实施洗消。他们来自广州市城管委属下的洒水车队。

解说：（女）消防官兵已开设完毕人员除污洗消站，正在指导抢险人员洗消。

16:19′55″（用时 60″）（先插播录像）

【情景设置：省召开末次新闻发布会】

【分队动作：省召开新闻发布会；参演领导回到观礼台；参演分队迅速集结】

【屏幕显示：省政府新闻发布会（录像 13″，显示画面，不播声音）】

解说：（男）（屏幕显示后解说）请看大屏幕，省政府正召开广石化苯乙烯装置发生苯泄漏火灾爆炸事故新闻发布会。

【屏幕显示：观礼台领导、嘉宾；现场不同角度全景与特写】

解说：（女）临危不惧显英勇，化险为夷展豪情！大火被扑灭了，毒魔被降服了，滚滚浓烟被驱散了，一场惊心动魄的化工火灾扑救胜利结束了!

▲16:20′55″（用时 60″）（现场全景与特写，专家特写）

【屏幕显示：现场集结；评委专家；现场不同角度全景与特写】

解说：（男）此次演练，共有 29 个单位、2500 余人、150 余台车辆参演。

解说：（女）此次演练共分六个课题：1、预警预报；2、企业应急抢险；3、政府应急救援；4、应急决策指挥；5、群众疏散安置；6、信息发布。

解说：（男）在这次模拟火灾事故实战演练中，广石化和黄埔区、广州市、广东省政府相继启动了危化品事故应急预案，开展事故应急救援工作，最大限度地降低事故造成的人员伤亡、经济损失和社会影响。

解说：（女）担任今天演练的评委专家有：国务院参事、国务院应急管理专家组组长闪淳昌，广东省公安消防总队副总队长丁潘明，华南理工大学机械与汽车工程学院副院长陈国华教授，广州市第 12 人民医院副院长刘移民副教授，广州市环境监测中心站张治明书记，广州市南沙区应急中心高工贾宝硖。

解说：（男）各位领导、同志们，广石化苯乙烯装置模拟火灾事故实战演练——

（合）到此结束！

附件 2：广石化应急演练工作总结

以我为主　周密组织
确保危化品应急预案演练成功
—— 广州石化危险品应急预案演练及应急队伍展示工作总结

2010 年 4 月 1 日，全国安全生产应急管理工作会议暨广东省安全生产应急管理综合试点现场会——危化品应急救援演练及应急队伍展示在广州石化化工区成功举行。广东省委副书记、省长黄华华，国务院安委办副主任、国家安全生产监管总局副局长、国家安全生产应急救援指挥中心主任王德学，国家煤监局副局长黄毅，国务院参事闪淳昌，中国石化股份公司总裁王天普，国务院安委会成员单位、国家安全生产监督管理总局、国家煤矿安全监管局、国家安全生产应急救援指挥中心、广东省人民政府、广州市人民政府、各省市（自治区、直辖市）安全生产监督局以及中国石化总部、中国石化广州分公司等近 700 名领导出席了会议。本次演练参加队伍多，规模空前，加上筹备时间紧，任务十分繁重，但是，广州石化以我为主，克服重重困难，周密组织，顽强拼搏，尤其在确定 4 月 1 日为演练时间后，仅仅在一个月时间内，克服了许多不确定的因素，积极配合广东省、广州市政府高标准、成功地完成了此次演练工作。本次演练被专家组评为优秀。为了总结经验教训，现将有关工作总结如下。

一、领导高度重视，各部门紧密配合，严格认真地做好演练的各项筹备工作

本次演练包括广州石化应急救援装备及队伍展示、危险化学品运输事故救援演练以及苯乙烯装置模拟火灾事故实战演练部分，其中模拟火灾事故是本次演练的重头戏，也是广州石化与地方参与综合性的大型演练。

集团公司总经理、党组书记苏树林以及股份公司王天普总裁对演练高度重视，并先后做了重要批示；集团公司安环局局长徐刚、张志刚处长多次到广州石化现场指导工作，了解筹备工作中存在的困难和问题，并对演练脚本的修改及苯乙烯装置的停工提出了详细明确的指导意见。国家安全生产应急救援指挥中心主任王德学、国家安全生产应急救援指挥中心副主任王志坚、广东省安监局局长陈健辉、副局长冯寿宗、广东省安全生产应急救援指挥中心主任章云龙，广州市副市长甘新及市安监局局长梁醒虾、副局长周雪芳等领导先后多次到广州石化现场检查指导工作，并在广州石化明珠宾馆设立由国家、省、市以及中石化总部、广州石化等单位组成的筹备工作协调小组，随时解决演练现场和脚本中出现的问题。广州石化冯健平总经理、杨栋副总经理多次明确指示对演练筹备工作采取"一路绿灯"的特殊政策，解决筹备过程中人员、资金、物资的需求，多次深入现场检查筹备工作及训练情况，所有这些都大大地促进了各项工作的顺利展开。

本次演练时间原定于 2009 年 11 月 23 日，9 月初广州石化接到任务后迅速成立了以冯健平总经理为组长的演练领导小组，负责统一指导，总体部署演练工作。在演练领导小组下设演练协调、安全保障、后勤保障、企业形象和宣传策划四个专业职能小组，并于 9 月 17 日召开了动员大会。冯健平总经理要求各单位要本着一切为了演练工作、一切有利于演练工作、一切服务于演练工作的精神做好演练筹备工作。杨栋副总经理多次召开专题会议研究部署和解决筹备工作中存在的问题，并要求筹备组要特事特办，有问题随时报告。筹备组按照广东省、广州市安监局给广州分公司布置的任务对各单位职责进行明确和细化，确保任务落实细化分解到人。对 26 个大项目进行统筹控制，每日召开专题协调会，安排专人全程跟踪工作落实情况。

2009 年 11 月 5 日王德学主任一行到广州石化考察后，暂定广东省安全生产应急管理综合试点现场会推迟至 2010 年 3 月份"两会"后举行。3 月 3 日国家安全生产应急救援指挥中心综合部王瑞武主任一行到广州考察现场会筹备工作进展情况，最后定于 4 月 1 日在广州石化正式演练。广州石化再次迅速启动各专业职能小组工作，筹备小组和参演单位由各部门一把手亲自指挥，为演练筹备工作的快速推进提供了有力的组织保障；3 月 13 日上午（周六）广州石化召开处级以上干部及筹备组全体人员动员大会，要求公司全体职工树立与国家、省、市各部门一家人、一条心、一个目标、一股劲的观念，克服困难，奋力拼搏，确保演练一次成功，为中国石化争光，为广州石化添彩。动员大会后各单位迅速组织召开了本部门的动员会议，从演练分项训练、安全稳定生产、员工精神面貌、厂容厂貌等方面进行全面动员。

为保证效率，广州石化安排筹备组 20 多人集中办公，根据新的时间节点及工作任务重新制定了进度网络控制图，并把涉及到的近 60 项工作细分后绘制成《广州石化筹备工作监控图标》，全部进行上墙管理，对后续工作中陆续提出解决的新问题进行滚动补充；各项工作任务分配到人，并安排专人跟踪提醒。每天下午 15：00 开会协调解决筹备过程中的问题。所有人员放弃了节假日，克服了重重困难，毫无怨言地超常规、超负荷工作，几乎每天都在晚上 11 点后结束工作，有时甚至到凌晨 3 点钟，有的职工好几次早上 5 点钟就起来开始工作。所有这些都确保了演练筹备工作高效、有序的运转。与此同时，我们积极加强与国家、省、市、区安监局及协调单位的及时有效沟通，也有力地推进了各项筹备工作的顺利开展。

二、克服困难，顽强拼搏，高效优质地完成上级领导安排的各项任务

广州石化作为演练的主要协助单位，承担了大量艰巨的任务：一是在化工区苯乙烯装置模拟火灾爆炸发生重特大事故并按照广州分公司的 A 级预案启动程序和相关响应；二是配合做好发生重特大事故时与中国石化集团公司、地方政府预案启动程序和相关响应；三是建设演练场地，配合广东省进行应急救援设备和应急队伍救援能力展示；四是配合广东省、广州市做好模拟模型和嘉宾观摩台的建设。

1. 完成了演练场地（210 米×80 米）土方清理和场地硬质化处理，共清理土方 21 500 立方米，铺设水泥地面近 16 000 平方米；完成化工区消防设施的整改完善及部分设备更新，化工区内建筑物楼顶整治约 10 000 平方米，场内排水系统的全面清理下水井 300 多个管长近 5 公里，迁移树木 150 棵异地养护；完成国家及省市主要领导临时休息室、现场临时指挥部、消防支队营房及车库的修缮，化工区生产调度室修缮，建安机四大院的修缮以及其他厂容厂貌的改善；完成演练会标、车标、路标、警示牌、阻火器、广告宣传牌、企业形象宣传、广州石化安全宣传手册及企业宣传手册等设计与制作。

2. 为满足演练工作的需要，我公司分别在去年年底和今年 3 月 25 日两次对苯乙烯装置进行停车处理。在保证演练安全的前提下，优化苯乙烯装置开停车及消缺方案，制定详细的时间和项目网络进度图，调整其他生产装置的生产方案和产品结构，在演练结束后尽快恢复生产，最大程度地减少了损失。

3. 全力消除安全隐患，想方设法确保生产平稳。广州石化安排对化工区特别是苯乙烯装置区域及周边地下管网和污水池进行了彻底的排查清理，所有污水井铺上石棉布，用沙石压紧封严。专门组织相关人员对化工区各生产装置的动静密封点进行排查，并排查出各种漏点 986 个，对排查出的漏点进行了及时整改。优化裂解炉烧焦周期，避免预演和正式演练期间大气污染。对各套装置可能影响演练正常进行的生产隐患制订了详细的安全防范措施，按时间倒排顺序加紧对存在隐患进行整改，如 3 月 24 日对碳二加氢系统内漏的换热器 E1451 进行带压开孔和在线处理、对化工区管廊的各蒸汽漏点及时消漏处理等，为演练当天的生产稳定消除了一个又一个隐患。为减少直升机低空飞行、起飞降落以及爆炸产生的冲击波对裂解装置仪表连锁系统的影响，广州石化安排裂解气压缩机、裂解炉连锁临时摘除，给操作岗位下发了操作指导书及加强现场巡检和中控 DCS 监控等措施确保演练时的生产安全稳定，在每次预演及正式演练结束时对连锁系统进行及时恢复，这样即加强了仪表的监护，又满足了演练和生产两方面的需要。

4. 全程参与演练脚本的编制与修改，确保演练程序符合企业和地方的实际情况。本次演练脚本一共修改了 21 次，广州石化参加了所有脚本的变更和讨论，在省市大幅消减演练脚本内容的情况下，我们据理力争，最大程度地保证了石化系统应急程序的完整性。围绕演练脚本和苯乙烯装置停工方案一事，广州石化专门聘请青岛安全工程研究院专家和燕山石化、扬子石化的安全专家及南京理工大学的爆破专家一起对模拟装置的事故应急演练进行了风险评估，制订了专项方案，并促使广州市组织专家对烟火剂燃爆危险进行评估，严格按照燃放规定监控施放单位控制好烟火剂的使用量。

5. 及时主动收集检阅队伍和参加演练人员及车辆的相关信息，并组织广州石化各有关部门对演练期间化工区各生产装置的安全生产状况进行了认真详细地分析评估，对识别存在的危险源和安全隐患问题逐项提出对策和方案，并监督实施。先后编制了《国家危化品事故应急救援演练现场安全保障方案》、《国家危化品事故应急救援演练广州石化演练方案》、《国家危化品事故应急救援演练期间场内交通疏导总体方案》、《国家危化品事故应急救援演练化工区危化品救援演练期间仪表特护预案》、《国家危化品事故应急救援演练广州石化治安保卫、防恐维稳方案》、《国家危化品事故应急救援演练广州石化后勤保障方案》、《国家危化品事故应急救援演练车辆及人员进出场安全教育方案》、《国家危化品事故应急救援演练广州石化生产应急方案》以及《国家危化品事故应急救援演练的新闻应对方案》等等。

6. 全面配合省、市政府和各参演单位做好人员和车辆进入演练区域的相关工作。制定了详细的车辆及人员厂区行驶路线图、车辆停放区域分布图、紧急疏散路线图，并印制在相关车证、人员进出证件和安全指导手册上。为省市各参演单位办理工作人员、安保人员、新闻记者等出入证 1200 余个，办理车辆通行证 456 张，为各类车辆订做了近 500 个不同类型的防火罩；累计接待上级来访领导 42 次达 300 多人次；分训、合练、预演及正式演练累计进出场车辆达 1300 多辆次，人员达 12 200 多人次。

7. 配合省、市做好演练模型和嘉宾观摩台的建设。由于苯乙烯仍在正常生产，为保证模型和观摩台搭设及装置生产的安全运行，广州石化多次催促施工单位提供相关的技术方案和施工安全措施，强烈要求对模型和观摩台加固处理，得到省、市政府的及时响应，分别安排有关专家到现场落实加固措施。在此基础上，广州石化在演练区域四周临时增设围栏，严格按照动土、动火程序安排专人为施工单位开出票证，作业部基层人员现场轮流监护，从而确保了施工过程和生产装置运行的安全。

8. 完成了演练专项分训、配合省、市搞好合练工作。为保证演练效果，从去年10月份开始筹备组就制定了详细的分训计划，组织消防支队、化工二部、化工一部、亿仁医院、建安公司、生产调度部、行政保卫部、化验中心等单位人员熟悉脚本、台词和动作。特别是演练场地初步具备条件后广州石化内部也加大了训练力度，消防支队与市消防局多次进行局部分训合练。积极配合省、市3月23日、24日、25日、26日、27日、28日、29日、30日举行了合练及预演，参演人员一丝不苟地对具体动作反复操练，严格按照演练实施方案参与训练。筹备组还制定了详细的以秒为单位的训练计划表，做到以秒为单位展示动作，每一秒需做什么动作都让每位参演人员牢记脑海，做到精耕细作，确保万无一失，为演练圆满成功贡献了一份力量。

9. 在预演和正式演练过程中分别为广铁集团、广州气象局等参演单位受伤、中暑人员给予及时应急处理。特别是在4月1日正式演练过程中出苯乙烯装置起火、储罐闪爆，广州石化紧急启动演练安全应急预案，消防支队迅速出击及时扑灭明火，在电视实况转播的情况下体现了广州分公司对突发事故的快速反应和应急处理能力，得到了到场观摩领导和嘉宾的一致表扬。

10. 全力做好治安保卫和厂容厂貌整改工作。为确保筹备和演练期间厂区安全，做好治安维稳工作，广州石化成立了治安维稳保卫领导小组，统筹协调治安保卫工作和化工区车辆和人员进出、车辆停放的管理，演练场地及周边生产装置、储罐、场所的防控。安排专职保卫干部20名、警员150名、民兵预备役20名，对各门岗和演练现场进行严防死守执勤保卫、重点要害部位的巡逻防控。按照"逢车必检"、"逢人必查"，"凭证进出"的原则控制人员和车辆进出化工区并成立由30人组成的应急分队随时协助处理突发事件。

演练筹备阶段，广州石化对演练场周边环境进行全面整治，对道路两侧树木和绿化植物进行修剪整型；安排演练路线及主要场所进行时鲜花摆放布置，铺垫草皮，清理厂区绿地所有垃圾杂物；现场布置10个临时流动厕所，对演练场地的周边进行全天候保洁。

11. 以我为主，提前策划，密切配合做好宣传报道。自去年5月初步确定演练在广州石化举办，企业宣传部门就按照公司领导对演练"既是挑战，也是机遇"的指示，高度重视该项工作的宣传相关工作，并指派专人跟进。3月初明确演练具体时间后，广州石化及时准备各参演队伍的视频、图片预拍摄以及《广州石化》报和视频新闻摄制，在石化报和《大田风》等平台刊登有关稿件合计近100篇次；播出视频新闻8条，全过程展播筹备和演练过程；制定宣传栏2次；通过及时向集团公司供稿，演练活动的图文被《中国石化报》4月6日头版刊出，4月7日中国石化电视新闻头条采用。

广州石化主动联系省、市安监局负责此次活动宣传和媒体接待的有关负责人，召开专题会议，研究应对策略，防止可能产生的现场媒体人员失控影响演练效果以及可能产生的负面效应。在演练结束后不失时机地提供给未能参与现场拍摄的其他重要媒体，收到了较好的正面宣传效果。为强化宣传效果，广州石化举办了"全国危化品事故应急救援演练摄影比赛"，组织广大摄影爱好者参与活动，让更多的职工和家属关注演练、体验演练，也为该项活动留下重要图片档案打下了基础。

12. 严格控制费用，节约办好演练。为了深入贯彻国家安全生产监督管理总局及集团公司总部安环局关于勤俭办演练的精神，去年9月广州石化筹备组根据省、市给广州石化分配的任务，组织内部单位认真细致进行初步预算，形成报告上报给广州分公司主管领导和集团公司安监局审批，同时在企业内部迅速展开各项工作，并严格控制费用。特别是演练场地的铺设，我们向省安监局积极建言，将场地进行车辆人员分区，分载合理使用，从而将场地建设费用降低了50%以上；原计划需要广州石化铺设负载300KW/H电缆近400米，经交涉后，该项目由承接导调任务的新杰公司外租处理，此项目节约费用近40万元。根据已经发生费用的初步估计，本次演练将比2006年举行的同类型危化品演练发生的费用要节约很多。

三、演练成功的启示

此次演练是广州石化协办的规模最大、层次最高的危险化学品应急演练，检验并完善了广州石化危险化学品应救援演练方案，提升了广州石化危险化学品应急处置能力和应急管理水平，为以后举办其他综合演练提供了宝贵经验，其主要启示有：

（一）领导重视是演练成功的前提

在时间紧、任务重、要求高的情况下，演练能够如期成功举行并取得良好效果，各级领导高度重视是前提。国家安全监督总局、广东省政府、市政府应急办、省安全生产监管局、中石化总部、广州市政府、市政府应急办、市安全生产监管局、市公安局、市公安消防局等单位领导多次亲临现场了解并解决筹备工作中存在的困难和问题。广州石化冯建平总经理、杨栋副总经理多次指示对演练工作"一路绿灯"的特殊政策,帮助解决了筹备过程资金、物资和人员的困难,再加上各参演单位由部门一把手亲自指挥,为演练筹备工作提供了有力的组织保障。

(二)协调到位是演练成功的保障

此次演练参演单位多,规模大,涉及广,协调各单位步调一致是演练成功的重要保障。筹备过程中,广州石化领导和筹备组多次与省、市、区等相关部门联系,及时解决对外联络问题,同时对广州石化下属单位采取每日例会、特殊工作会、领导直接下达指令等方式完成协调沟通问题,确保了筹备及演练工作的顺利开展。

(三)通信通畅是演练成功的关键

除了与省、广州市导调组联系外,广州石化内部有8个参演单位人员需要调度,特别要保证近400台车辆进厂定置停放。为此我公司特地从基层单位抽调50台对讲机,根据需要调制不同频道,确保快捷联络,指挥畅通。

(四)合理使用经警和志愿者维持了演练的秩序

广州石化共动员了150多名经警和48名志愿者参加预演和正式演练,并提前进行集中培训。为保证服务到位,我们从经警及志愿者的小组分工、工作要求、工作内容和分区安排,工作的跟踪落实等编制了书面材料,安排三个晚上集中讲课,具体到每个路口、每个岗位、每一个人、不同工作反复交底,不厌其烦,力求每个人明白清楚,实现了全过程的人员调度;在演练现场全过程注意场地卫生,包括丢弃的每一个纸皮箱和每一个矿泉水瓶,紧盯外来司机的一举一动,确保进入厂区不抽烟等等。此外,我公司安排了16个志愿者到东方宾馆为嘉宾车辆带队,在车上播放广州石化简介和安全知识录像片,为嘉宾带去了广州石化的安全文化。

四、演练中存在的问题

(一)演练脚本定稿晚,导致参演单位有所不适。因演练脚本迟迟未定稿,参演单位分训工作受到较大影响,部分单位有抵触情绪,影响分训效果。

(二)演练场地选择有待进一步商榷。这次演练虽然是在模拟装置上进行,但该模拟装置距离生产装置太近,而且演练过程使用了烟火剂、液化气等危险化学品,存在很大的安全隐患。大家最担心"假戏真演",万一发生问题,将给企业造成无法挽回的损失。

(三)筹备过程中出现部分协调不畅。因国家级危化品应急救援演练工作在广州石化首次举行,尚缺乏经验,加上时间比较紧,省、市工作分工部门多,广州石化与省、市、区等有关部门曾出现部分协调不畅现象。

　　（四）部分应急预案的编制还不能切合实际，应急预案的实用性、基本要素的完整性、预防措施的针对性、组织体系的科学性、响应程序的操作性、应急保障措施的可行性不是太到位。广州分公司编制的综合应急预案、专项应急预案和现场处置方案之间缺少相互衔接，与所涉及的地方部门及其他单位的应急预案缺乏相互响应。

附录三 非煤矿山火灾事故综合演练

广东省非煤矿山火灾事故应急救援综合演练方案

一、演练目的

通过现场演练，快速响应，果断处置，妥善应对，体现我省矿山救援队伍最大限度地减少事故造成的政治和社会影响，降低经济损失的能力，提高社会对矿山救援队伍的关注，展现我省矿山应急救援队伍积极向上的精神风貌。

二、演练依据

本次演练依据《矿山救护规程》、《金属非金属矿矿山安全规程》进行。

三、演练筹备

1. 矿山救护队演练领导小组

组长：张放华，副组长：彭焕增，

成员：黄朝辉、谢秋梅、余顺超、刘国存。

工作职责：负责本次演练的具体组织和指挥工作，确定演练内容、演练形式、演练区域和参演人员，初步审定演练方案。

2. 演练策划

策划单位：广东省梅州市矿山救护队

策划人：余顺超

工作职责：制定演练计划、目标、程序，审定演练所需必要支撑条件和工作步骤。

3. 演练前培训和准备

（1）由实战训练室对全体参演人员进行《演练方案》内容培训，明确各自职责。

（2）演练领导小组要进行精心组织和准备，落实演练经费、协调演练套具按质制作、演练人员训练和演练任务的圆满成功。根据演练方案组织现场指挥人员、救援人员、场景布置人员等10次以上实景训练和3次以上现场彩排。

4. 后勤保障

组长：谢秋梅，成员：刘国存、丘志东。

工作职责：协调演练资金到位及预决算，负责演练套具制作、训练场地租用、演练器材购置和场景布置等准备工作。

四、演练组织策划

1. 演练范围、原则、时间

1）演练范围

全国安全生产应急管理综合试点工作现场会主会场内设置演练区 300 平方米，演练区内模拟非煤矿山火灾事故现场布置演练井巷。演练警戒区 600 平方米。

2）演练的原则

以人为本，科学施救的原则

统一领导，分级负责的原则

快速反应，协同应对的原则

依法规范，加强管理的原则

3）演练的时间

2010 年 4 月在广州召开的全国安全生产应急管理综合试点工作现场会期间举行。

2. 演练情景事件

4 月 1 日下午 3 时，梅花铁矿第一平峒工作面发生火灾事故，当班井下作业人员 20 人，矿山企业启动应急预案成立了抢险指挥部，立即将灾情报告安监部门和矿山救护队并组织自救，引导出 18 名矿工后，因井下有毒气体浓度和温度升高、能见度低，部分巷道垮落，自救人员被迫撤出事故矿井，经清点人员后发现二名矿工被困井下，着火地点和范围不明。要求接到灾情报告后快速赶到的矿山救护队救出遇险人员并尽可能控制火灾范围。

3. 演练程序

（1）演练总指挥：宣布演练开始。

（2）矿山救护队（战斗、待机各一个小队共 12 人和指挥员 1 人）坐着两辆矿山救护车赶到事故矿井地面基地前。

（3）设置在基地的抢险指挥部向救护队指战员简要介绍事故情况和任务（抢救被困人员，控制火灾范围）；救护队指挥员布置抢险路线、往返时间、携带设备、基地建立地点等注意事项后，下达第一小队进入灾区侦察、第二小队基地待命的命令。

（4）第一小队（6 人）配用氧气呼吸器、带上生命探测仪、多种气体检测仪、测风表，灾区电话、红外测距仪等相关侦察设备，从 A 门进入到 B 交叉口停留，利用多种气体检测仪测漏功能检测出火灾产生的气体浓度比较高的位置，判断火灾发生方向并沿该巷道继续前进到 C 点停留，发现工作面巷道前进方向 2 米处（C-F 工作面）有一处暂时无法扑灭的火情（救援人员无法通过），同时利用生命探测仪向周围未进行的巷道进行扫描，发现前进方向有生命迹象，从图纸中确定人员所处的平面位置，侦察小队向指挥员报告井内灾区情况，请求指示。指挥员命令侦察小组以最快速度寻找被困人员，侦察小队快速到达 E 点后发现前方巷道（E-F 间）垮落只留下低矮（1 米高）的通道，高温浓烟从巷道口不断冒出，侦查人员无法进入，利用生命探测仪向周围进行扫描，发现 F 点方向有生命迹象，锁定目标方向并从图纸中确定人员所处的平面位置返回到基地指挥部汇报。指挥部根据侦察小队报告的情况，命令矿井进行反风。

（5）第二小队在矿井反风改变风机风流方向后，立即从 D 门进入到 E-B 联络巷道适当位置用快速气囊密闭。

（6）反风达到效果后，指挥员命令第一小队带上医疗急救各灭火工具爬进矮巷（E-F）进行救人和灭火，第二小队密闭后马上到达 E 点矮巷前接应。

（7）第一小队爬过矮巷前首先发现一名左小腿被木支架压住的伤员（1 号伤员），前三名队员立即移开木支架对伤员进行检查，发现伤员左小腿骨折，马上对其包扎固定后戴上自救器扶上担架；后三名队员在距 1 号伤员 4 米的巷道上发现一名呼吸困难神志不清的伤员（2 号伤员），马上对其实施心脏按压，使 2 号伤员恢复自主呼吸后帮其戴上二小时呼吸器并抬上担架。

（8）第一小队队员爬进垮落巷道把伤员传递给 E 点接应的第二小队队员后，拿起灭火器到达起火点把火扑灭，然后返回 D 门撤出基地；第二小队队员在 E 点接到第一小队队员传出的二个用担架抬着的伤员后，从 D 门撤出并把伤员送到医院救护车上，伤员由救护车送往医院，第二小队队员回到基地。

（9）第一小队、第二小队队长分别向指挥员汇报救援任务的完成情况。指挥员向指挥部领导报告，被困矿工安全救出，火灾已经扑灭。

（10）演练指挥部下令解除应急状态，救援行动结束，救护队二个小队整理救援器材，做好撤离的准备。

（11）演练总指挥宣布演练结束。

五、演练控制目标

（1）进入演练灾区前准备时间：演练前 5 分钟演练队员准备完毕，演练前 2 分钟模拟伤员到达指定位置，演练前 1 分钟启动烟火设置。

（2）灾区侦察前下达任务：（55 秒）

指挥员带领全体救护队员从矿山救护车上跳下 20 秒内跑步到达 A 门口列队，指挥部 20 秒内讲明矿井情况和任务，救护队指挥员 15 秒内下达战斗的命令，第一侦察队6人带着侦察装备进入事故现场巷道A点入口进行侦察；第二小队6人基地待命并准备救人、灭火器材。

（3）进入灾区中侦察时间：（115秒）

第一小队到达第一停留点利用气体检测仪测漏功能判断行进方向时间为25秒；第二停留点生命探测仪探测时间为45秒；第三停留点侦察时间45秒。

（4）第一、第二小队平行作业时间：（190秒）

第一小队滞后第二小队15秒（准备救援器材）从D门第二次进入灾区，从E点爬到F点15秒，救助2名伤员90秒，把第二名伤员用担架抬到E点交给第二小队25秒。灭火时间30秒，从D门撤出到达基地15。小计190秒。

矿方反风操作时间10秒，第二小队从D门进入到B-E巷道并装设好气囊密闭的时间110秒，到E点接应等待安置伤员时间45秒，把伤员送到医院救护车25秒。合计190秒。

（5）解除应急状态时间：（60秒）

救护队集合时间15秒，向指挥部汇报时间15秒，指挥部下达解除应急状态10秒，撤离到矿山救护车的时间20秒。

（6）实战演练时间控制在7分钟以内，演练前套具准备时间2分钟，演练后撤场1分钟，整个演练10分钟内结束。

六、演练有关要求

（1）加强领导、严密组织。演练各有关部门一定要高度重视，指定负责人，按照实战的要求，组织协调，指导好所承担的演练科目的前期培训和预演工作。同时，要严密组织，周密安排，搞好配合，做好环环紧扣，不出纰漏。

（2）听从命令，服从指挥。所有演练人员必须服从演练指挥小组统一调度指挥，确保参演科目的演练内容、任务落实到位，并认真做好演练期间的安全保障工作，杜绝一切事故发生，保障演练人员安全，做到忙而不乱，紧张有序。

（3）演练过程中如遇突发事件影响演练，如不危及人身安全的不得终止部分或全部演练。

（4）全体演练人员要牢固树立"安全第一"的思想，认真做好自我防范工作，要有认真、负责的态度，搞好本次演练。

（5）参演单位要做好相关安全措施，加强组织和培训，认真贯彻落实演练各个环节的注意事项和防范措施，保证演练安全顺利进行。

附录四　交通事故"闪电出击"综合演练

危险化学品交通事故"闪电出击"应急演练方案

——演练单位：东莞市公安消防支队

根据广东省公安消防总队要求，东莞消防支队积极做好参与全国安全生产委员会现场会，并承担现场会交通事故救援处置应急演练任务。为确保演练任务圆满完成，特制定如下演练方案。

一、时间安排

3月10日～14日完成筹备方案；3月15日～20日为初练阶段；3月21日～28日为现场合练阶段；3月29日～31日为彩排阶段；4月1日正式演练。

二、组织领导

为加强此次交通事故演练工作的组织领导，确保任务圆满完成，支队成立演练领导小组，由支队刘云副支队长担任组长，司令部黄仁照参谋长担任副组长，成员由吴晓军副参谋长、刘卫军参谋、特勤一中队张育群指导员组成。参加演练人员和车辆器材设备由特勤一中队负责。

三、演练程序

1. 情景事件

在某公路上，1辆的士因机械故障紧急刹车，紧跟其后的1辆危险化学品（二甲苯）槽车因刹车不及撞上前面的的士，另1辆紧跟其后的中巴车也因刹车不及撞上危险化学品槽车尾部，导致二甲苯槽车因撞击罐体破裂发生二甲苯泄漏爆炸发生火灾，中巴车车门锁失灵而无法开启，部分人员出现中毒现象。的士车司机立即下车报警，槽车司机利用手提式干粉灭火器灭火自救，因火势较大无法扑灭二甲苯后弃车逃跑，紧跟槽车后面的1辆乘载12人的中巴车因刹车不及，中巴车车头受损，乘客不同程度受伤，车门启动系统失灵而无法开启车门，除5名乘客破窗逃生外其他7人被困车内。场面一遍混乱。（烟火设计由司令部负责）

2. 力量调集

119指挥中心接到报警后，迅速调集东莞市公安消防支队特勤一中队1台防化洗消车、1台A类泡沫消防车、1台大功率水罐泡沫消防车和1台多功能抢险救援车，25名指战员前往增援。同时调集了1台120救护车。（演练共需5辆车，28人；其中消防车4辆，25人；联动单位1辆救护车，3人。）

3. 现场处置

（1）现场侦察：东莞特勤一中队力量到场后，指挥员迅速带领两名班长进行现场事故侦察。经过侦察发现：槽车的二甲苯罐体被撞击而破裂，二甲苯发生泄漏爆炸引发火灾，中巴车车头因撞击受损严重，中巴车上有7名被困人员出现轻度中毒现场。

（2）救援准备：指挥员通过现场侦察后迅速确定救援方案，对人员进行分工，各参演人员准备有关器材。

（3）实施救援：命令警戒组立即利用警示带划定警戒区域，并设立明显标志。命令：①灭火组利用A类泡沫车双干线出2支泡沫枪立即对着火二甲苯槽车进行灭火；②大功率水罐泡沫车出2支水枪对二甲苯槽车罐体进行冷却；③破拆组对中巴车门、窗进行破拆；④抢险救援组将中巴车内被困人员安全救出并抬上120急救车送往医院进行救治；⑤堵漏组在水枪手的掩护下强行对泄漏罐体进行堵漏。

（4）恢复现场：指挥员确定被困人员成功救出和堵漏成功后，组织清点人数和器材设备，交通拯救车将不能开的车拖出现场。

四、演练工作要求

（1）各级领导高度重视。此次演练级别高、任务重，所有人员要提高思想认识，切实做好全国安全生产现场会的应急演练工作。

（2）周密部署、精心组织。相关负责领导和所有参演人员务必按照方案要求认真抓好训练工作，以高质量完成任务。

（3）所有参演人员要做到服从领导，听从指挥，顾全大局，克服困难，全力以赴做好演练工作。

（4）特勤一中队要做好参演车辆、器材的维护修养，按照司令部要求做好演练培训工作。

参 考 文 献

陈国华. 2010. 国外重大事故管理与案例剖析 [M]. 北京：中国石化出版社

陈国华，张新梅，金强. 2008. 区域应急管理实务——预案、演练及绩效 [M]. 北京：化学工业出版社

陈伟，梁忠琦. 2006. 浅谈石化企业应急演习策划与组织实施 [J]. 西部探矿工程，（1）：268～270

邓云峰. 2004. 重大事故应急演习策划与组织实施 [J]. 劳动保护，（4）：19～25

邓云峰. 2005. 城市重大事故应急演习方法研究——演习目标及其评价准则 [J]. 中国安全生产科学技术，1（2）：16～20

傅世春. 2009. 日本应急管理体制的特点 [J]. 党政论坛，（4）：58～60

顾林生，王猛. 2007. 日本国家综合演练大纲内容及作用 [J]. 中国应急救援，（5）：7～11

广东省安全生产监督管理局. 2009. 安全生产应急管理实务 [M]. 北京：中国人民大学出版社

广东省安全生产委员会办公室. 2010. 广东省安全生产应急管理实践与探索 [M]. 广东：广东经济出版社

广西国安安全环境技术服务有限公司. 2007. 城市突发公共事件政府、部门、企业应急演练策划与实战 [M]. 广西：广西科学技术出版社

郭翔，佘廉，唐林霞等. 2008. 国外应急管理政策研究述评 [J]. 软科学，22（10）：33～36

国家安全生产监督管理总局. 2009. 安全生产应急演练指南（征求意见稿）[S]

国家安全生产监督管理总局. 2011. 生产安全事故应急演练指南 [S]

国家安全生产应急救援指挥中心. 2007. 安全生产应急管理 [M]. 北京：煤炭工业出版社

国家安全生产应急救援指挥中心. 2009. 有色金属企业安全生产应急管理 [M]. 北京：煤炭工业出版社

国务院应急管理办公室. 2009. 突发事件应急演练指南 [S]

黄典剑，李传贵. 2008. 国外应急管理法制若干问题初探 [J]. 职业卫生与应急救援，26（1）：3～6

黄典剑，李文庆. 2003. 现代事故应急管理 [M]. 北京：冶金工业出版社

黄金印，巩玉斌. 2007. 消防部队化学事故应急救援预案的制定与演练 [J]. 武警学院学报，17（5）：15～19

计雷，池宏，陈安等. 2006. 突发事件应急救援管理 [M]. 北京：高等教育出版社

金磊夫，殷晓波. 2004. 英国安全管理见闻 [J]. 劳动保护，（9）：86～88

黎健. 2006. 美国的灾害应急管理及其对我国相关工作的启示 [J]. 自然灾害学报，15（4）：

33~38

李林. 2010. 数字城市建设指南［M］. 南京：东南大学出版社

李小建. 2010. 安全生产乃和谐之基——访国家安全生产监管总局局长骆琳［J］. 中国人大，（5）：38~39

李雪峰. 2010. 英国应急管理的特征与启示［J］. 行政管理改革，(3)：54~59

刘德辉. 2006. 企业安全生产管理工作指导书［M］. 北京：中国工人出版社

刘焕成，刘芬，刘爽等. 2009. 美国应急管理现状及对我国的启示［J］. 情报科学，27(11)：1619~1622

刘茂，吴宗之. 2004. 应急救援概论［M］. 北京：化学工业出版社

刘铁民，张兴凯等. 2005. 安全生产管理知识［M］. 北京：煤炭工业出版社

卢文刚. 2010. 广东突发公共事件应急管理科技支撑体系建设对策建议［J］. 科技管理研究，(12)：32~36

卢文刚. 2010. 经营管理者［J］. 安全与环境工程，(4)：326~327

罗云恒. 2008. 英国危机管理简述［J］. 党政论坛，(4)：57~58

全国注册安全工程师执业资格考试辅导教材编审委员会. 2004. 安全生产管理知识［M］. 北京：煤炭工业出版社

尚积伟，吴群红. 2009. 国外重大应急演练案例解析及对中国的启示［J］. 中国卫生事业管理，29(1)：63~66

滕五晓，加藤孝明. 2003. 日本灾害对策体制［M］. 北京：中国建筑工业出版社

王红汉，罗育斌等. 2009. 生产企业安全生产应急管理存在的问题与对策［J］. 工业安全与环保，35(9)：53~55

王军. 2010-10-22. 美国加州举行地震应急演练［J/OL］. http://news.xinhuanet.com/world/2010-10/22/c_13570931_2.htm

王军，于大波. 2010-05-20. 美国加州举行反恐应急演练［J/OL］. http://news.sohu.com/20100520/n272237928.shtml

王磊，陈国华. 2008. 基于时间约束模型应急演练绩效评估的实证研究［J］. 中国安全科学学报，18(2)：35~39

吴宗之，刘茂. 2003a. 重大事故应急救援系统及预案导论［M］. 北京：冶金工业出版社

吴宗之，刘茂. 2003b. 重大事故应急预案分级、分类体系及其基本内容［J］. 中国安全科学学报，13(1)：15~18

邢娟娟. 2004. 重大事故的应急救援预案编制技术［J］. 中国安全科学学报，14(1)：57~59

邢娟娟. 2008. 企业事故应急救援与预案编制技术［M］. 北京：气象出版社

佚名. 2009-09-02. 日本近80万人参加"防灾日"地震应急演练［R/OL］. http://gb.cri.cn/27824/2009/09/02/782s2609529_5.htm#none

佚名. 2009-10-12. 美国应急管理演练分类. http://www.dgemo.gov.cn/Html/yjzx/gjyc_

152_396. asp

游志斌. 2008. 俄罗斯的防救灾体系 [J]. 中国公共安全,(3):163～167

于鸣平. 2010. MEPP 应急演练系列培训课程. 无锡京兆祥科技有限公司北京宽信减灾系统技术有限公司

翟良云. 2010. 英国的应急管理模式 [J]. 劳动保护,(7):112～114

张超,陈晓,陈建国等. 2009. 考虑应急救援的危化品泄漏事故后果风险评估 [J]. 清华大学学报,45(5):1～4

张新梅,陈国华等. 2006. 我国应急管理体制的问题及其发展对策的研究 [J]. 中国安全科学学报,16(2):79～84

邹逸江. 2008. 国外应急管理体系的发展现状及经验启示 [J]. 灾害学,23(1):96～101

FEMA. Plan and Preparedness:exercise [J/OL]. http://www. fema. gov/prepared/exercise. shtm

Furukawas. 2000. An institutional framework for Japanese crisis management [J]. Journal of Contingencies and Crisis Management,8(1):3～14

Larkena J, Shannon H. 2001. Performance Indicators for the Assessment of Emergency Preparedness in Major Accident Hazards [M]. Britain:Health & Safety Executive

Porfiriev B. 2001. Institutional and legislative issues of emergency management policy in Russia [J]. Journal of Hazardous Materials,88(2-3):145～167

Staffordshire Raynet. 2011-2-11. Disaster and Emergency Management on the Internet [R/OL]. http://www. keele. ac. uk/depts/por/disaster. htm♯em

Thomas T L. 1995. EMERCOM:Russia's Emergency Response Team [J]. Law Intersity Conflict and Law Enforcement,4(2):227～236